Schulze / Lange / Wanner

# Kleine Baustatik

**Einführung in die Grundlagen der Statik und die Berechnung der Bauteile für den Baupraktiker**

Bearbeitet von Oberstudienrat A. Wanner, Lübeck

11., überarbeitete Auflage
Mit 199 Bildern, 46 Tabellen, 90 Beispielen und 168 Übungen

B. G. Teubner Stuttgart 1994

Die Deutsche Bibliothek – CIP-Einheitsaufnahme

**Schulze, Walter E.**:
Kleine Baustatik : Einführung in die Grundlagen der Statik und die Berechnung der Bauteile für den Baupraktiker ; mit 46 Tabellen, 90 Beispielen und 168 Übungen / Schulze/Lange/Wanner. Bearb. von A. Wanner. – 11., überarb. Aufl. – Stuttgart : Teubner, 1994
ISBN 3-519-15625-3
NE: Lange, Joachim:; Wanner, Artur:



Printed in Germany
Satz: SATZPUNKT Ursula Ewert, Braunschweig
Druck und buchbinderische Verarbeitung: Druckhaus Beltz, Hemsbach/Bergstraße
Umschlaggestaltung: Peter Pfitz, Stuttgart

# Vorwort

Es ist eine verbreitete Ansicht, daß Statik nur der verstehen kann, der auch Mathematik sehr weitgehend beherrscht. Dies ist zweifellos richtig für große und schwierige Bauteile. Es trifft aber nicht zu für die statische Berechnung einfacher Bauteile, wie sie auf jeder Baustelle vorhanden sind. Es sollte vielmehr jeder Baupraktiker imstande sein, solche einfachen Aufgaben auch selbst zu lösen. Dieses Buch will ihm die Wege hierzu aufzeigen.

Es fußt daher nur auf mathematischen Kenntnissen, wie sie etwa die Hauptschule vermittelt, und Statik wird dem Leser im wesentlichen an Hand praktischer Beispiele und durch Hinweise auf praktische Erfahrungen nahegebracht. Soweit irgend möglich, werden die Gesetze der Statik aus der Anschauung und aus bekannten Erscheinungen auf dem Bau abgeleitet. Der Praktiker wird dabei erfahren, daß die oft so gefürchtete Statik nicht ein ihm wesensfremdes Gebiet ist, daß er sich vielmehr in seinem beruflichen Alltag fast ständig mit ihr beschäftigt, ohne sich dessen bewußt zu werden.

An 90 Beispielen wird der Gang der Berechnungen bei den verschiedenen Kräftewirkungen erläutert, und 168 Übungen sollen dazu dienen, den Leser tiefer in die einzelnen Gebiete einzuführen und ihn zum selbständigen Lösen von Aufgaben anzuhalten. Die hierfür notwendigen Zahlentafeln und Auszüge aus den DIN-Normen sind im Anhang enthalten. Im Abschnitt 8 sind noch einmal die Berechnungen von vielen wesentlichen Bauteilen aus Holz und Stahl zusammengefaßt. Am Schluß des Buches sind die Ergebnisse aller Übungen genannt, so daß der Leser die Richtigkeit seiner eigenen Lösungen prüfen kann.

Die 11. Auflage wurde dem Stand der Normen und Technik angepaßt. Ungereimtheiten und Fehler, die sich eingeschlichen hatten, konnten beseitigt werden.

Lübeck, Frühjahr 1994 A. Wanner

# Inhaltsverzeichnis

Seite

Hinweise auf DIN-Normen in diesem Werk entsprechen dem Stand der Normung bei Abschluß des Manuskripts. Maßgebend sind die jeweils neuesten Ausgaben der Normblätter des DIN Deutsches Institut für Normung e. V., die durch den Beuth-Verlag, Berlin-Wien-Zürich, zu beziehen sind. – Sinngemäß gilt das gleiche für alle in diesem Buch angezogenen amtlichen Richtlinien, Bestimmungen, Verordnungen usw.

# Einleitung

Ein Buch, das ein dem Leser bisher unbekanntes Stoffgebiet behandelt, darf nicht schnell gelesen werden.

> In ein neues Stoffgebiet muß man langsam eindringen und das Buch Seite für Seite gründlich durcharbeiten, damit man alles versteht und auch anzuwenden lernt.

Mit Rücksicht hierauf ist das Buch in viele Abschnitte und Unterabschnitte eingeteilt, deren Umfänge möglichst klein gehalten wurden. Der Leser, dem das Gebiet der Statik neu ist, sollte an einem Tage möglichst nur einen Unterabschnitt durcharbeiten. Hierzu gehört aber nicht nur das Durchlesen. Die Beispiele, die den Rechnungsgang angeben, müssen unter gleichzeitigem Nachschlagen der eingesetzten Tafelwerte durchgerechnet und die Übungen sorgfältig gelöst werden. Die gefundenen Ergebnisse sind mit den auf Seite 180 bis 182 aufgeführten zu vergleichen. Kleine Abweichungen sind belanglos, jedoch lassen große Unterschiede auf eine fehlerhafte Lösung schließen.

Der Leser sollte auch nicht einzelne Beispiele oder gar Abschnitte überspringen. Jedes Beispiel und jede Übung zeigt eine neue Anwendung, auf der sich häufig spätere Berechnungen aufbauen. Man sollte auch nicht einen beliebigen Abschnitt, für den man gerade Interesse hat, aus dem Buch herausgreifen. Zu dessen Verständnis würden dann die vorhergehenden Ausführungen fehlen. Die Statik ist ein Gebiet, das in jeder Beziehung folgerichtig aufgebaut ist und in das man sich am besten, vom Einfachen zum Schwierigen fortschreitend, einarbeitet.

Die „Kleine Baustatik" kann in der Zielsetzung nicht allen Leserwünschen gerecht werden. Autor und Verlag möchten daher die bisherige Beschränkung auf die wichtigsten Gebiete der Elementarstatik beibehalten. Der Fachlehrer, der mit diesem Buch unterrichtet, muß je nach Stoffplan und Kenntnisstand seiner Schüler manche Abschnitte durch Übungen erweitern, andere kürzen, einige Sondergebiete (z. B. den Holzbau) hinzufügen.

# 1 Kräfte am Bauwerk

## 1.1 Bauen und Berechnen

Bewundernd stehen wir heute noch vor alten Bauten, die die Jahrhunderte überdauert haben. Die Treppe **1**.1 scheint sich fast schwerelos emporzuwinden. Schön sind ihre Formen, und harmonisch ausgeglichen erweckt sie den Eindruck, daß sie allen Belastungen gewachsen ist. Solche und andere Bauwerke haben die alten Handwerksmeister errichtet ohne genaue Kenntnisse der Gesetze der „Statik" und der „Festigkeitslehre" und ohne vorherige Berechnung. Sie hatten ein Gefühl für die richtigen und zweckmäßigen Abmessungen. Wegen geringer Lohnkosten und Abgaben konnten sie es sich auch leisten, mit dem Baustoff verschwenderischer umzugehen, als wir es heute können.

Eine neuzeitliche Stahlbetontreppe wie in Bild **1**.2 darf heute nicht ohne statische Berechnung gebaut werden. Wir dürfen uns nicht mehr auf unser „Gefühl" verlassen, zumal uns dies im Laufe der Zeit mehr und mehr verlorengeht. Neue Baustoffe und Bauarten (z. B. der Stahlbeton, der Ingenieur-Holzbau, der Stahlbau) erfordern sichere Beherrschung der Gesetze und Regeln, nach denen die einzelnen Bauteile wie auch das gesamte Bauwerk zu bemessen sind.

**1**.1 Treppe in Schloß Niederschönhausen, erbaut um 1700

**1**.2 Neuzeitliche Stahlbetontreppe

> Neuzeitliche Bauwerke werden nach festen Regeln und Gesetzen bemessen, deren wichtigste auch der Bauhandwerker kennen sollte.

Je mehr er mit den Grundgedanken der Statik und Festigkeitslehre vertraut wird, desto mehr wird er erkennen, daß das, was die Praxis täglich lehrt, von der Statik und Festigkeitslehre bestätigt wird. Und er wird finden, daß er viele seiner Arbeiten sachkundiger ausführen kann.

**Übung 1** Vergleichen Sie alte und neue Bauwerke hinsichtlich der verwendeten Baustoffe und Bauarten sowie hinsichtlich ihrer Abmessungen.

## 1.2 Kräfte im Gleichgewicht

**Gleichgewicht.** Wenn sich ein Muldenkipper auf dem Gleis bewegen soll, muß er durch einen oder zwei Mann angeschoben werden, d. h., es muß auf ihn eine Kraft ausgeübt werden (**1**.3). Soll er trotzdem in Ruhe bleiben, muß man auf der anderen Seite mit gleichgroßer Kraft dagegendrücken. Die von beiden Seiten wirkenden Kräfte müssen sich also gegenseitig aufheben, sich das Gleichgewicht halten oder – wie man auch sagt – im Gleichgewicht stehen.

**1**.3 Der Muldenkipper bleibt nur dann in Ruhe, wenn die auf ihn wirkenden Kräfte gleich groß sind

Bauwerke können außer der eigenen Gewichtskraft verschiedenen anderen Kräften ausgesetzt sein. Wind bewirkt z. B. Druck- und Sogkräfte an Dächern und Wänden, schwere Fahrzeuge belasten Brükken, Personen und Einrichtungsgegenstände lasten auf den Decken von Gebäuden. Stets sind gleichgroße Gegenkräfte erforderlich, damit das Bauwerk insgesamt in seiner Ruhelage verharrt.

Die Lehre vom Gleichgewicht der Kräfte, die an einem Bauteil wirken, nennt man „Statik". Ihre Aufgabe ist es, alle Kräfte zu erfassen und über Fundamente sicher auf tragfähigen Baugrund zu übertragen.

Statik kommt von dem lateinischen Wort „stare", das „stehen", „in Ruhe sein" bedeutet. Es kommt also darauf an,

1. die auf einen Bauteil wirkenden Kräfte zu ermitteln,
2. die notwendigen Gleichgewichtskräfte (Reaktionskräfte) festzustellen, damit die drei Gleichgewichtsbedingungen erfüllt sind.

1. Gleichgewichtsbedingung:
   Summe ($\Sigma$) aller horizontal wirkenden Kräfte = 0 $\Sigma F_H = 0$
2. Gleichgewichtsbedingung:
   Summe aller vertikal wirkenden Kräfte = 0 $\Sigma F_V = 0$
3. Gleichgewichtsbedingung:
   Summe aller Momente = 0 (s. Abschn. 5) $\Sigma M = 0$

**Beispiel 1** Welche Kräfte wirken auf den Balken, der im Dachgeschoß des Speichers auskragt, und wie halten sie sich das Gleichgewicht (**1**.4)?

Am Ende des auskragenden Balkens zieht die Gewichtskraft der am Zugseil hängenden Last. Gleichgewicht entsteht durch die stützende Auflagerkraft des Giebelmauerwerks und durch Verankern des ins Gebäudeinnere führenden (hier nicht dargestellten) Balkenteils.

Vergleichbare Fälle gibt es in der Baupraxis bei auskragenden Deckenbalken und -platten (z. B. Balkonplatten), bei auskragenden Dachpfetten, Treppenpodesten und Vordächern.

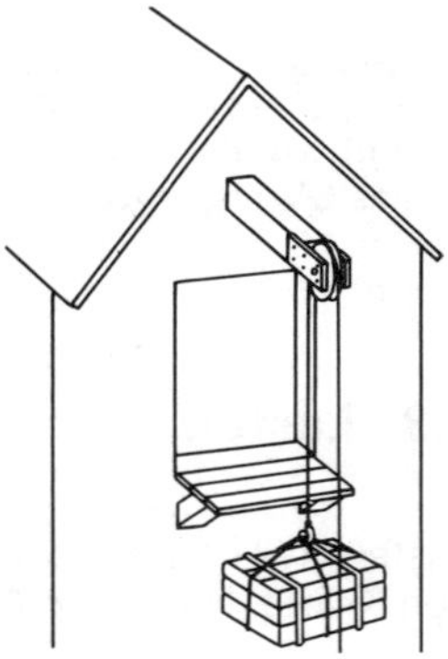

**1**.4 Lastaufzug

**Festigkeit.** Es genügt aber nicht, daß der Balken im Gleichgewicht ist, sondern er darf sich unter der Last auch nicht wesentlich durchbiegen oder gar zerbrechen. Erst die Widerstandsfähigkeit des Materials z. B. gegen Druck-, Zug- und Biegebeanspruchung (= Festigkeit) ermöglicht den belasteten Bauteilen die Aufnahme der angreifenden äußeren Kräfte. Die Regeln der Festigkeitslehre ermöglichen es, ausreichende Querschnittsabmessungen z. B. für Balken, Träger, Pfosten, Stützen und Decken festzustellen. Ihre Tragfähigkeit wird wesentlich von der gewählten Querschnittsform und der Eigenfestigkeit des Materials bestimmt.

> Nach den Regeln der Festigkeitslehre werden die Abmessungen (Querschnitte) der tragenden Bauteile ermittelt.

Auch hier kommt es wieder darauf an, daß die Kräfte an einem Bauteil im Gleichgewicht sind, denn die von außen wirkenden Kräfte lösen im Innern des Bauteils entgegengesetzt wirkende Reaktionskräfte aus. Dies sind die Festigkeitskräfte (Zusammenhangskräfte) des Materials, die dem Zerreißen, Zerdrücken oder unzulässigen Verformen der Bauteile entgegenwirken.

> Die Reaktionskräfte erzeugen Spannungen $\sigma$ im belasteten Material (z. B. Druck, Zug-, Biegespannungen; $\sigma$ = griech. sigma).

Ihre natürliche Grenze liegt in der Eigenfestigkeit des Materials. Die Spannungen werden schließlich so groß, daß das Material versagt und bricht.

> Spannungen, die zum Bruch eines Materials führen, heißen Festigkeit (= Bruchspannung). Unterschiedliche Stoffe erreichen unterschiedliche (materialtypische) Festigkeitswerte.

**Übung 2** Beobachten Sie an verschiedenen Bauteilen (z. B. Wände, Stützen, Fundamente, Deckenbalken), welche äußeren Kräfte auf sie wirken und wie diese Kräfte die Bauteile beanspruchen. Auf welche Weise wird das Gleichgewicht der Kräfte erzielt?

## 1.3 Lasten

Lasten nennen wir alle von außen auf die Teile eines Bauwerks wirkenden Kräfte. Nach der Wirkungsdauer unterscheiden wir zwei Gruppen:

- **ständig wirkende Lasten** wie die Eigenlasten des Tragwerks sowie die fest mit dem Tragwerk verbundenen Bau- und Ausbaulasten (z. B. Mauerwerk, Fußbodenbelag);
- **nicht ständig wirkende Lasten** wie Nutz- und Betriebslasten (Verkehrslasten), leichte Trennwände, Wind und Schnee, Erd- und Wasserdruck.

**Beispiele 2** a) Zur Belastung einer Holzbalkendecke zählen außer der Balkeneigenlast der Fußbodenbelag, die untere Verkleidung sowie oft noch Materialschichten zur Schall- und Wärmedämmung.

b) Der Träger über einer Maueröffnung muß nicht nur die vergleichsweise geringe Eigenlast aufnehmen, sondern auch die Mauerwerkslasten und häufig noch die Lasten aus Deckenauflagern (**1**.5).

c) Stütz- und Kellerwände müssen dem Erddruck widerstehen, Behälter und Staumauern dem erheblichen Wasserdruck (**1**.6).

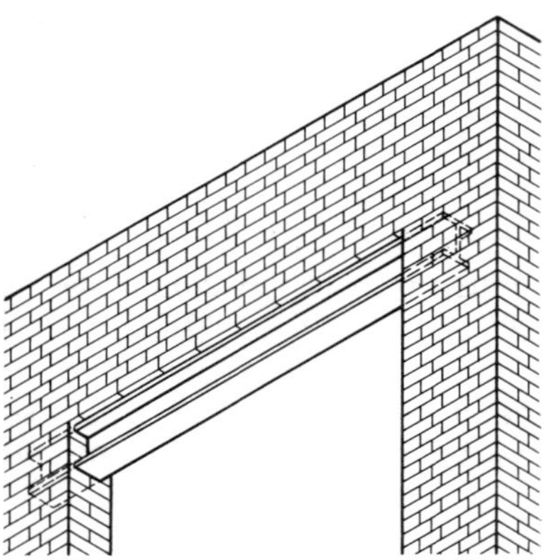

**1**.5 Abfangträger sind durch die Last der Mauer und ihre eigene Last belastet, oft auch noch durch Deckenauflagerlasten

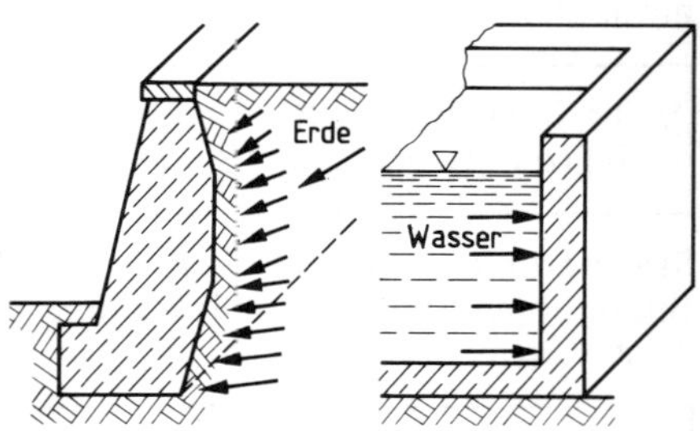


**1**.6 Die Stützmauer wird durch Erddruck, die Behälterwand durch Wasserdruck belastet

**Beispiel 2** d) Personen, Einrichtungsgegenstände, Geräte und Maschinen, auch
Fortsetzung leichte unbelastete Trennwände sind als Verkehrslasten den nicht ständig wirkenden Eigenlasten der Decke zuzuordnen (**1**.7)

e) Wind und Schnee sind wesentliche Dachlasten (**1**.8). Außenwände mit aussteifenden Querwänden nach DIN 1053 sind dagegen durch Windlast in der Regel nicht gefährdet.

f) Eigenlasten können bei Flächentragwerken einen wesentlichen Teil der Gesamtlast ausmachen (z. B. Massivdecken). Bei Stabtragwerken (Stützen und Balken) und Fundamenten ist ihr Anteil dagegen meist gering.

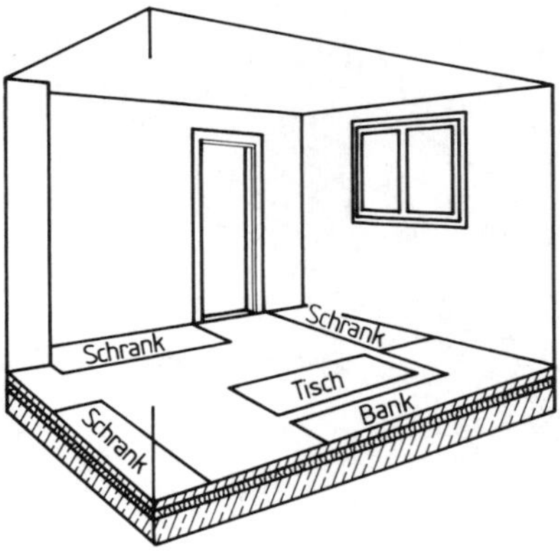


**1**.7 Verkehrslast auf einer Wohnhausdecke

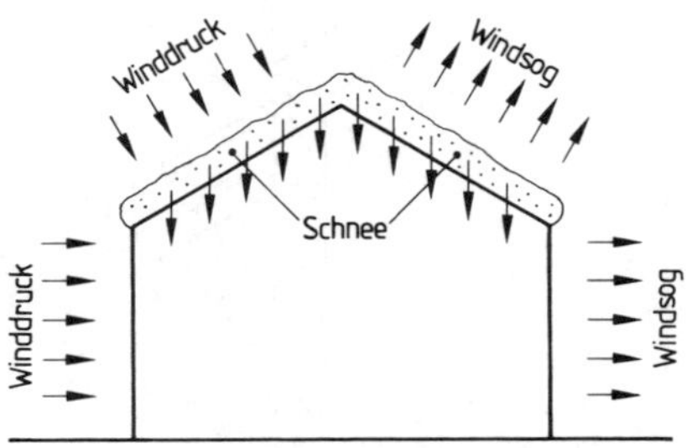


**1**.8 Das Gebäude wird durch Winddruck und -sog belastet, das Dach zusätzlich durch Schnee

> Tragwerke müssen für den ungünstigsten Belastungsfall bemessen werden. Er entspricht der Summe aller Höchstlasten, die gleichzeitig auftreten können. An den gewählten Querschnitten ist nachzuweisen, daß die zulässigen Materialspannungen nicht überschritten werden. Stets gilt vorh $\sigma \leq$ zul $\sigma$.

**Lastannahmen** nach DIN 1055 enthalten die vorgeschriebenen Rechenwerte für die statische Berechnung.

**Eigenlasten** berechnen wir aus den Materialangaben zur Baukonstruktion (**1**.9, S. 14).

**Flächenlasten** berechnen wir überwiegend für Dächer und Decken in kN/m$^2$ (Kilonewton je Quadratmeter).

**Streckenlasten** ermitteln wir je m Tragwerk (z. B. Balken, Fundament) in kN/m (Kilonewton je Meter).

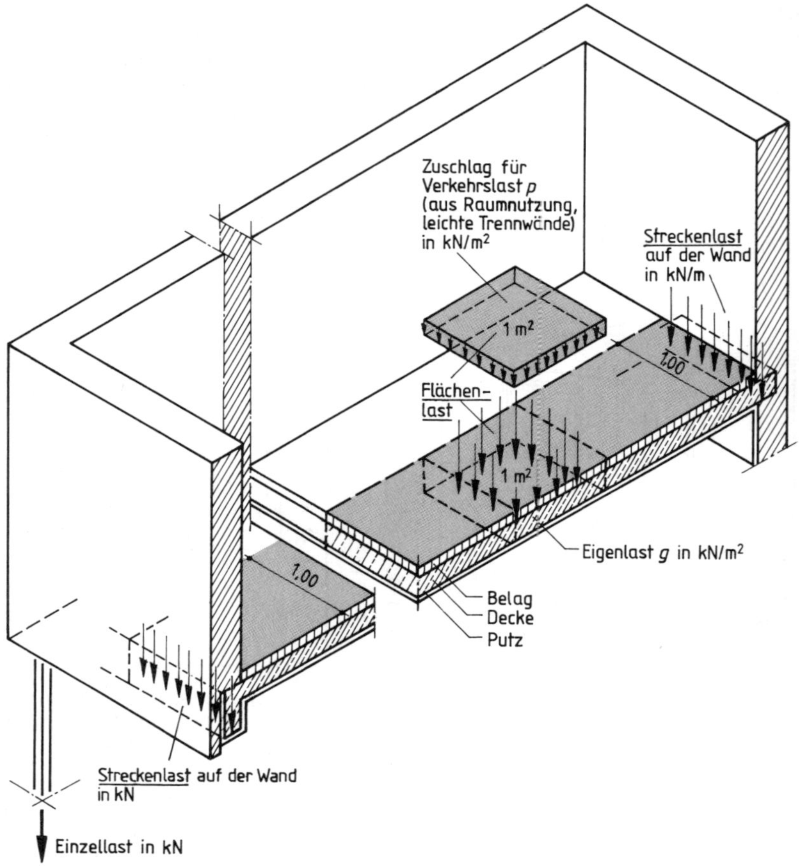


**1**.9 Lastarten

**Punktlasten** werden von Stützen und Balkenauflagern übertragen. Wir ermitteln sie in kN (Kilonewton).

**Die Gesamtlast** *q* für Decken berechnen wir aus der Eigenlast *g* und den Verkehrslasten *p*.

| | | |
|---|---|---|
| | Eigenlast aus der Gesamtkonstruktion (einschl. der Ausbaulasten) | $= g$ |
| + | Verkehrslast aus Raumnutzung nach DIN 1055 | $= p$ |
| + | gegebenenfalls Leichtwandzuschlag nach DIN 1055 | $= p'$ |
| = | Gesamtlast in kN/m² | $= q$ |

**Beispiel 3** Für die Stahlbetondecke eines Krankenzimmers im Krankenhaus ist die Belastung zu berechnen (**1**.10).

**Beispiel 3** **a) Eigenlast** (s. Tab. **10**.2, S. 150)

Fortsetzung Den Lastannahmen Tab. **10**.2 entnehmen wir die Flächenlasten je $m^2$ für die Materialdicke 1 cm. Für die Zusammenstellung der Eigenlast gilt somit dieser Ansatz:

| | | |
|---|---|---|
| für Bodenfliesen | $0{,}5 \cdot 0{,}20$ kN/m² | = 0,10 kN/m² |
| für Zementestrich | $4{,}5 \cdot 0{,}22$ kN/m² | = 0,99 kN/m² |
| für Mineralwolleplatte | $4{,}0 \cdot 0{,}01$ kN/m² | = 0,04 kN/m² |
| für Stahlbetonplatte | $16{,}0 \cdot 0{,}25$ kN/m² | = 4,00 kN/m² |
| für Putz | $1{,}5 \cdot 0{,}20$ kN/m² | = 0,30 kN/m² |
| Summe der Eigen- und Ausbaulasten | | $g$ = 5,43 kN/m² |

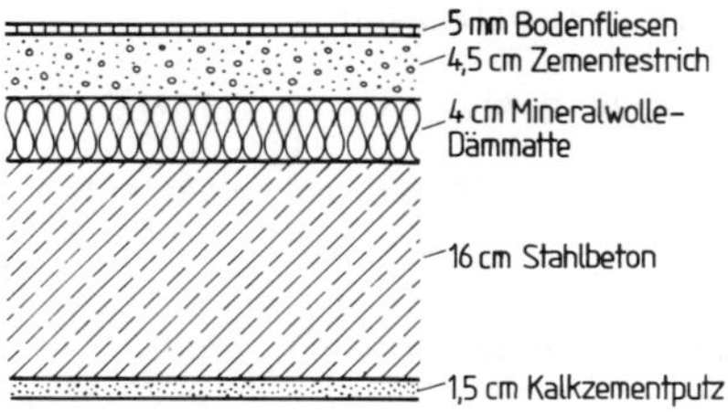


**1**.10
Stahlbetondecke in einem Krankenhaus

| | |
|---|---|
| **b) Verkehrslast** (Tab. **10**.3, S. 152 ) | $p$ = 2,00 kN/m² |
| **c) Gesamtlast** $g + p$ | **$q$ = 7,43 kN/m²** |

Die Stahlbetondecke muß also für eine maximale Flächenlast von $q = 7{,}43$ $m^2$ berechnet werden.

**Beispiel 4** Welche Streckenlast ist für 1 lfd. m Deckenbalken anzusetzen (**1**.11)?

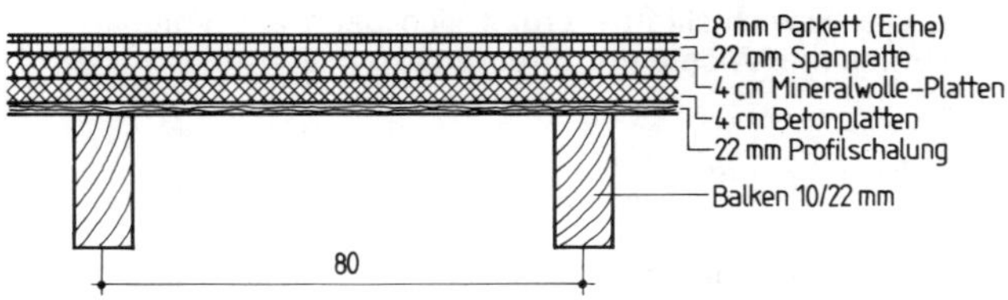


**1**.11 Kellerdecke in einem Altbau prüfen

Es wird zunächst die Belastung für 1 $m^2$ Decke (Flächenlast) ohne Berücksichtigung der Balkenlast berechnet. Diese wird erst nach Berechnung der Deckenlast je lfd. m Träger hinzugeschlagen. Vereinfachend dürfte die Balkenlast auch mit etwa 0,15 bis 0,20 kN/$m^2$ Deckenfläche zur Flächeneigenlast $g$ aufgeschlagen werden.

**a) Eigenlast** (Tab. **10**.2)

| | | |
|---|---|---|
| für Parkett (Eiche) | $0{,}8 \cdot 0{,}07$ kN/m² | = 0,06 kN/m² |
| für Spanplatten | $2{,}2 \cdot 0{,}07$ kN/m² | = 0,15 kN/m² |
| für Mineralwolleplatten | $4{,}0 \cdot 0{,}01$ kN/m² | = 0,04 kN/m² |
| für Betonplatten (Normalbeton) | $4{,}0 \cdot 0{,}24$ kN/m² | = 0,96 kN/m² |
| für Sichtschaltung | $2{,}2 \cdot 0{,}05$ kN/m² | = 0,11 kN/m² |
| für Balkeneigenlast = $\dfrac{0{,}132 \text{ kN/m}}{0{,}8 \text{ m}}$ | | = 0,17 kN/m² |
| | | $g$ = 1,49 kN/m² |

**Beispiel 4** Fortsetzung

**b) Verkehrslast** (Tab. **10**.3) $p$ = 2,00 kN/m²

**c) Gesamtlast** **$q$ = 3,49 kN/m²**

**d) Streckenlast**

Die Last jedes Balkenfelds verteilt sich zur Hälfte auf den rechten, zur Hälfte auf den linken Balken. Also hat jeder Balken ein

$2 \frac{80\text{ cm}}{2} = 80$ cm breites Stück der Decke als Streckenlast zu tragen.

Die Belastungsbreite der Balken ist 80 cm.

1 lfd. m Balken wird demnach belastet

– durch die Streckenlast $q$ mit 0,8 m · 3,49 kN/m² = 2,79 kN/m²

Die Balkeneigenlast ist bereits in der Deckenlast (a) berücksichtigt.

**Beispiel 5** Welche Last hat das Streifenfundament **1**.12 aufzunehmen?

(Beachten Sie: Die Belastung von Streifenfundamenten berechnen wir stets in Längenabschnitten von 1 m, also als Streckenlast.)

Wird die Last von Bauteilen mit Hilfe der Wichte ermittelt, ist der Rauminhalt stets in m³ zu berechnen, weil die Wichte in den Normen in kN/m³ angegeben ist (s. Tab. **10**.2, S. 150).

Die Gewichtskraft $F$ ergibt sich dann aus Volumen mal Wichte (für Streckenlasten je m).

$$F = V \cdot \gamma \quad \left[ m^3 \cdot \frac{kN}{m^3} = kN \right]$$

| | |
|---|---|
| Lasten der oberen Geschosse | = 60,00 kN/m |
| Mauerwerk aus Vollziegeln mit der Rohdichte 1,8 ≙ 18 kN/m³ | |
| 1 m · 0,365 m · 4,00 m · 18 kN/m³ | = 26,28 kN/m |
| Fundament in Normalbeton (B 10) | |
| 1 m · 0,50 m · 0,60 m · 23 kN/m³ | = 6,90 kN/m |
| Fundamentbelastung | **$q$ = 93,18 kN/m** |

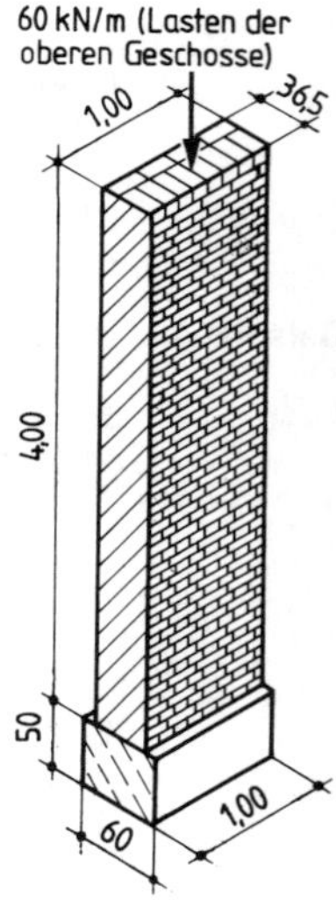


**1**.12 Hausmauer mit Betonfundament

Streifenfundamente übertragen Streckenlasten auf den Baugrund. Deshalb ermittelt man die Lasten eines Gebäudestreifens von 1 m Länge.

**Übung 3** Welche Last je m² hat das waagerechte Stahlbetondach aufzunehmen, das eine Verkehrslast von 3,5 kN/m² aufnehmen soll (**1**.13; Tab. **10**.2)? Schneelast kann entfallen.

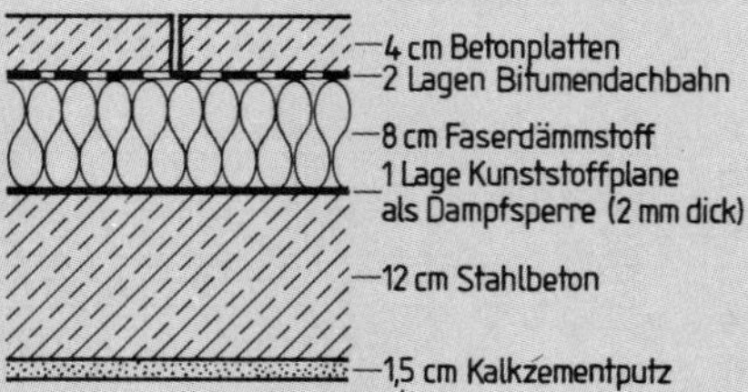


**1**.13 Stahlbetondach

**Übung 4** Welche Streckenlast haben die Balken der Holzbalkendecke eines Wohnhauses aufzunehmen (**1**.14; Tab. **10**.2)?

Hinweis: Für den Dämmstoff ist die Belastungsbreite der Balken
0,80 m – 0,12 m = 0,68 m.

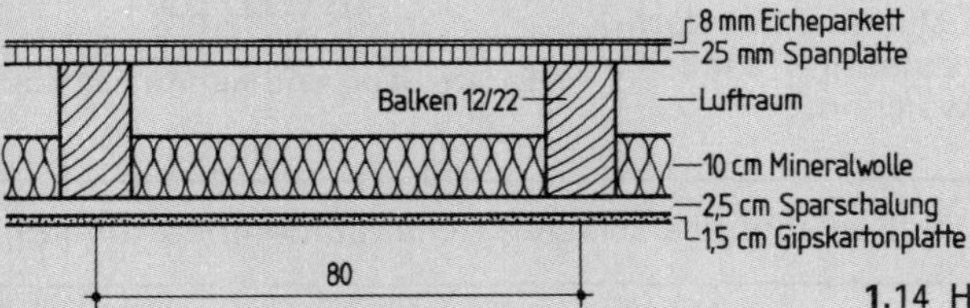


**1**.14 Holzbalkendecke

# 2 Druckkräfte

## 2.1 Der Baugrund nimmt Druckkräfte auf

Alle Lasten eines Bauwerks (Eigen- und Verkehrslasten) werden durch die einzelnen Bauteile zu den Fundamenten hin und von dort in den Baugrund geleitet. So drücken die Verkehrslast und die Eigenlast der Brücke in Bild **2**.1 durch die Schwellen und Streben auf den Pfeiler, der diese Druckkräfte und seine Eigenlast einschließlich Fundament auf den Baugrund überträgt. Der Baugrund muß also diese Belastung aushalten. Er darf sich weder unzulässig senken noch seitlich ausweichen.

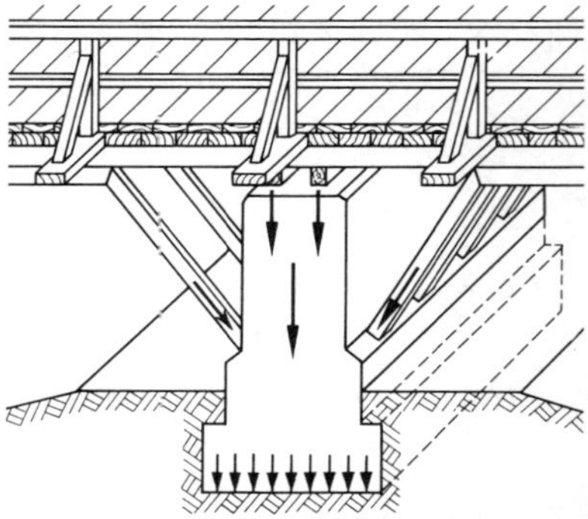

**2**.1 Der Baugrund nimmt alle Lasten auf

> Der Baugrund muß alle Bauwerkslasten sicher aufnehmen können.

Es sind also festzustellen:

- die Summe aller in den Baugrund führenden Lasten,
- die zulässige Bodenpressung nach DIN 1054 in $kN/m^2$.

**Fundamentgröße.** Aus Erfahrung wissen wir: Verteilt man Lasten auf größere Auflagerflächen, verringern sich die Auflagerpressungen. Skier tragen uns sicher auf Neuschnee, denn wir verteilen unsere Gewichtskraft auf eine mehrfach größere Standfläche. Fundamente sind deshalb auf die zulässige Tragfähigkeit des Bodens zu bemessen. Sandiger Baugrund erfordert darum breitere Fundamente als felsiger.

> Der statische Nachweis für Fundamente gilt als erbracht, wenn die berechneten Lasten auf der gewählten Fundamentgrundfläche geringere Bodenpressungen ergeben als die zulässigen.

**Beispiel 6** Wie groß ist die Bodenpressung unter dem Fundament nach **1**.12?

Die Gesamtbelastung des Fundaments ist bei 1 m Länge $F = 93{,}18$ kN (s. S. 16).

Die Grundfläche des Fundaments ist $A = 0{,}60 \text{ m} \cdot 1 \text{ m} = 0{,}60 \text{ m}^2$.

Also entfallen auf 1 m² des Baugrunds $\frac{93{,}18 \text{ kN}}{0{,}60 \text{ m}^2} = \mathbf{155{,}3\ kN/m^2}$.

**Bodenpressung** (-spannung). Diese Zahl gibt an, mit welcher Kraft 1 $m^2$ des Baugrunds belastet ist, d. h. , wie hoch er beansprucht wird. Man sagt: Die vorhandene Bodenpressung oder Spannung $\sigma$ des Baugrunds ist 155,3 kN/$m^2$.

Drückt man die eben ausgeführte Rechnung in Buchstaben aus, ergibt sich die allgemein gültige Formel zum Berechnen der Materialspannung an zug- und druckbeanspruchten Bauteilen.

$$\text{vorh}\,\sigma = \frac{\text{vorh}\,F}{\text{vorh}\,A} \qquad \text{oder allgemein} \qquad \sigma = \frac{F}{A}$$

**Spannung** ist die auf eine Flächeneinheit bezogene Kraft. Der Bezug auf die vereinbarte Flächeneinheit 1 $m^2$ ermöglicht den Vergleich der Boden- bzw. Materialbeanspruchung mit den zulässigen genormten Werten (s. Tab. **10**.9 bis **10**.19, S. 156 ff.).

**Die zulässige Spannung zul $\sigma$** ist ein materialabhängiger zulässiger Höchstwert. Er ist genormt und darf von der berechneten vorhandenen Spannung **vorh $\sigma$** nicht überschritten werden.

**Stets gilt** $\quad$ **vorh $\sigma \leqq$ zul $\sigma$.**

**Bemessung**. Um die erforderliche Fläche oder den erforderlichen Querschnitt erf $A$ eines Bauteils zu berechnen, wird die Gleichung nach $A$ umgeformt:

$$\text{erf}\,A = \frac{\text{vorh}\,F}{\text{zul}\,\sigma} \qquad \text{oder allgemein} \qquad A = \frac{F}{\sigma}$$

Auch die zulässige Belastung eines Bauteils (seine Tragfähigkeit) kann danach berechnet werden:

$$\text{zul}\,F = \text{vorh}\,A \cdot \text{zul}\,\sigma \qquad \text{oder allgemein} \qquad F = A \cdot \sigma$$

Für statische Nachweise von Fundamenten verwenden wir wie schon im vorstehenden Rechenbeispiel die folgenden Einheiten:

$F$ in kN $\qquad$ $A$ in $m^2$ $\qquad$ $\sigma$ in kN/$m^2$

Wie sich in den folgenden Abschnitten noch zeigen wird, weisen wir die Materialspannungen für die meisten anderen Bauteile in N/$mm^2$ nach.

**Sicherheitszahl.** Die Werte für die zulässigen Spannungen enthalten eine Sicherheit dafür, daß der Bauteil bei Überschreiten der in Rechnung gestellten Belastung nicht zu Bruch gehen wird. Die Größe dieser Sicherheit hängt von verschiedenen Umständen ab. Für einen Baustoff mit einheitlicher und gleichbleibender Beschaffenheit, wie z. B. Stahl, genügt eine kleinere Sicherheitszahl als z. B. für Holz, dessen Beschaffenheit uneinheitlich ist. Ferner hängt die Sicherheit von der Lebensdauer des Baustoffs (vgl. Holz und Beton), von der Art und Wichtigkeit des Bauwerks u. a. ab. Die Sicherheitszahl gegenüber der Materialfestigkeit ist bei Stahl 3 bis 4, bei Beton 4 bis 5, bei Mauerwerk 8 bis 20 und mehr.

**Übung 5** Welche Bodenpressung hat der Baugrund (nichtbindiger Boden) unter dem Fundament des Bildes **2**.2 aufzunehmen? Liegt dieser Wert unterhalb der zulässigen Bodenpressung? (Tab. **10**.19, S. 160)

**Übung 6** Überschreitet die Bodenpressung des Baugrunds (bindiger Boden, gemischtkörnig, Lehm, steif, Einbindetiefe 0,50 m) unter einem Fundament mit 80 cm × 80 cm Grundfläche den zulässigen Wert, wenn eine Gesamtlast von 140 kN aufzunehmen ist? Wenn ja, wie kann die vorhandene Bodenpressung gemindert werden?

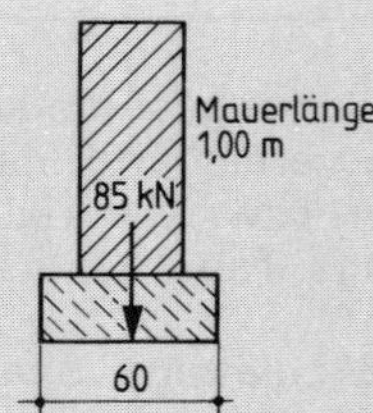


**2**.2 Mauer auf Fundament

## 2.2 Last und Lastverteilung in Fundamenten

**Fundament.** Die Mauer eines Wohnhauses steht im allgemeinen auf einem Betonfundament, das ihre Lasten auf den Baugrund überträgt (**2**.3). Das Wort Fundament bedeutet „Grundwerk". Die Fundamente gehören bei allen Bauwerken zu den wichtigsten Bauteilen; denn von der Lastverteilung in den Fundamenten und von ihren Abmessungen hängt der Bestand des ganzen Bauwerks ab. Sie bestehen überwiegend aus Beton oder Stahlbeton, in besonderen Fällen auch aus Stein, Stahl und auch Holz oder anderen Baustoffen.

> Von der richtigen Bemessung der Fundamente, hängt die Standsicherheit des Bauwerks ab.

Wichtig ist ferner, daß ein Fundament nur dann tragfähig ist, wenn die Berechnung auch für tieferliegende Schichten des Baugrunds zutrifft.

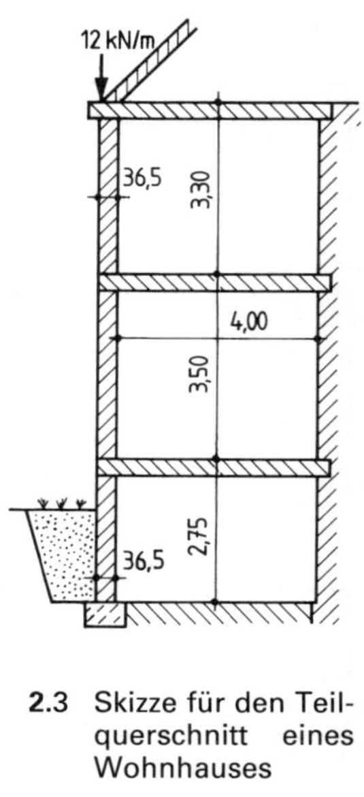


**2**.3 Skizze für den Teilquerschnitt eines Wohnhauses

**Beispiel 7** Für die Außenmauer des Wohnhauses nach Bild **2**.3 ist das Betonfundament zu berechnen. Baugrund: bindiger Boden, Ton, fest, Einbindetiefe 0,50 m. Die Dachlast sei 12 kN/m, die Wichte der oberen beiden Außenwände 10 kN/m³, die der Kellerwand, 18 kN/m³. Für die Holzbalkendecken seien $g = 1{,}45$ kN/m² und $p = 2{,}0$ kN/m².

**a) Belastung für 1 lfd. m Fundament (Streckenlast)**

Dachlast nach Bild **2**.3 = 12,00 kN/m

Mauerlast

$$1{,}00\ \text{m} \cdot 0{,}365\ \text{m} \cdot (3{,}30\ \text{m} + 3{,}50\ \text{m}) \cdot 10\ \text{kN/m}^3 = 24{,}82\ \text{kN/m}$$

$$1{,}00\ \text{m} \cdot 0{,}365\ \text{m} \cdot 2{,}75\ \text{m} \cdot 18\ \text{kN/m}^3 = 18{,}07\ \text{kN/m}$$

Deckenlasten:

Eigenlast der Holzbalkendecke $g = 1{,}45\ \text{kN/m}^2$

Verkehrslast $p = 2{,}00\ \text{kN/m}^2$

$q = 3{,}45\ \text{kN/m}^2$

Da die Decke vollständig , d. h. gleichmäßig belastet ist, verteilt sich die Last je zur Hälfte auf die Außen- und auf die Innenmauer.

Für jede Mauer ergibt sich somit ein Längenanteil von

$$\frac{4{,}00\ \text{m}}{2} = 2{,}00\ \text{m}.$$

Zu 1 lfd. m Mauer zählen also von jeder Decke die Lasten aus 2,00 m · 1,00 m = 2,00 m².

Belastung der Mauer durch die 3 Decken

$$3 \cdot 2{,}00\ \text{m} \cdot 3{,}45\ \text{kN/m}^2 = 20{,}70\ \text{kN/m}$$

Gesamtstreckenlast **75,59 kN/m**

**b) Breite des Fundaments**

Die Last des Fundaments kann noch nicht berechnet werden, weil seine Abmessungen unbekannt sind. Um dafür eine wirklichkeitsgerechte Schätzgröße zu bekommen, wird zunächst die für $F = 75{,}59$ kN erforderliche Fundamentfläche ermittelt.

$$\text{erf}\ A = \frac{F}{\text{zul}\ \sigma}$$

Zul $\sigma$ ist die gemäß der Bodenzusammensetzung und Bodenbeschaffenheit zulässige Bodenpressung nach DIN 1054. Für bindigen Boden, Ton, fest, Einbindetiefe 0,50 m finden wir in Tab. **10**.19 (S. 160) den Wert zul $\sigma = 200$ kN/m². Als realitätsnahe Größe ergibt sich somit für

$$\text{erf}\ A = \frac{75{,}59\ \text{kN}}{200\ \text{kN/m}^2} = 0{,}38\ \text{m}^2.$$

Die Fundamentfläche ist ein 1,00 m langes Rechteck. Folglich ist die Breite

$$b = \frac{A}{l} = \frac{0{,}38\ \text{m}^2}{1{,}00\ \text{m}} = 0{,}38\ \text{m}.$$

Weil aber die Fundamentlast bisher nicht berücksichtigt worden ist, muß für die Ausführung eine etwas größere Breite gewählt werden. Es wird angenommen $b =$ **0,50 m**.

**Beispiel 7,** Fortsetzung

**c) Höhe des Fundaments**

DIN 1054 erlaubt nur bei kleinen Bauwerken Fundamentbreiten und Gründungstiefen ≦ 30 cm. Die üblichen Mindestmaße betragen jeweils 50 cm. Bei frostgefährdeten Gründungen sind ≧ 80 cm Tiefe einzuhalten.

Bei unbewehrten Fundamenten sind noch Grenzwerte nach DIN 1054 für den Lastverteilungswinkel $\alpha$ einzuhalten (s. Tab. **10.**15, S. 158). Sie geben als tan $\alpha$ an, wie oft der Fundamentüberstand $b_ü$ mindestens in der Fundamentdicke $d$ enthalten sein muß. Die Tabellenwerte sind abhängig von der Betonfestigkeitsklasse und der zulässigen Bodenpressung.

Für unser Beispiel sei ein Streifenfundament aus Beton B 10 vorgesehen. Der zugehörige Tabellenwert ist 1,6, die erforderliche Fundamentdicke somit

$$\text{erf } d = 1{,}6 \cdot b_ü = 1{,}6 \left(\frac{50 - 36{,}5}{2}\right) \geqq 10{,}8 \text{ cm.}$$

Dieser sehr kleine Wert zeigt, daß eine sichere Lastausbreitung gewährleistet ist. Aus Sicherheitsgründen wählt man unbewehrte Streifenfundamente selten dünner als 30 cm. Da die Kellersohle meist in einem Arbeitsgang mit dem Fundament hergestellt wird, wählen wir zweckmäßig eine Fundamenthöhe von $d$ = **40 cm** (**2.**4).

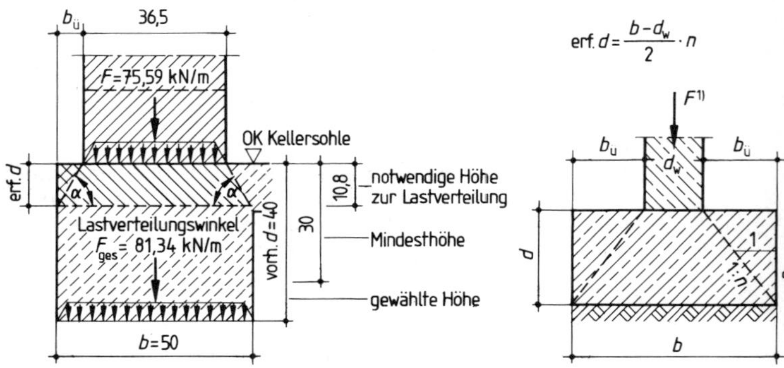


**2.**4 DIN 1054 gewährleistet die Lastverteilungslinie auf oder oberhalb der Fundamentsohle, DIN 1054 die konstruktiv ausreichenden Gründungstiefen bzw. -breiten

Die senkrechte Fundamentbelastung wird auch mit $F_N$ (Normalkraft) bezeichnet.

**d) Vorhandene Bodenpressung**

Liegen die Abmessungen des Fundaments fest, ist noch zu prüfen, ob die gewählte Breite ausreicht, wenn zu $F$ = 75,59 kN die bisher noch nicht berücksichtigte Fundamentlast hinzukommt. Es ist also noch nachzuweisen, daß die zulässige Bodenpressung 200 kN/m² von der vorhandenen nicht überschritten wird.

**Beispiel 7,** Fortsetzung

Die auf dem Fundament ruhenden Lasten betragen $F = 75{,}59$ kN/m

Fundamentlast $= 1{,}00\ \text{m} \cdot 0{,}50\ \text{m} \cdot 0{,}40 \cdot 23\ \text{kN/m}^3 = \ \ 4{,}60$ kN/m

Gesamtlast = 80,19 kN/m

Die vorhandene Bodenpressung ist

$$\text{vorh}\ \sigma = \frac{\text{vorh}\ F}{\text{vorh}\ A} = \frac{80{,}19}{0{,}5\ \text{m} \cdot 1{,}0\ \text{m}} = \mathbf{160{,}4\ kN/m^2 < 200\ kN/m^2}.$$

Damit ist der geforderte Nachweis ausreichender Tragsicherheit erbracht.

**Beispiel 8** Es ist zu berechnen, ob der Gerüstpfosten **2**.5 auf eine Hartholzunterlage (mit welchen Abmessungen) gestellt werden muß.

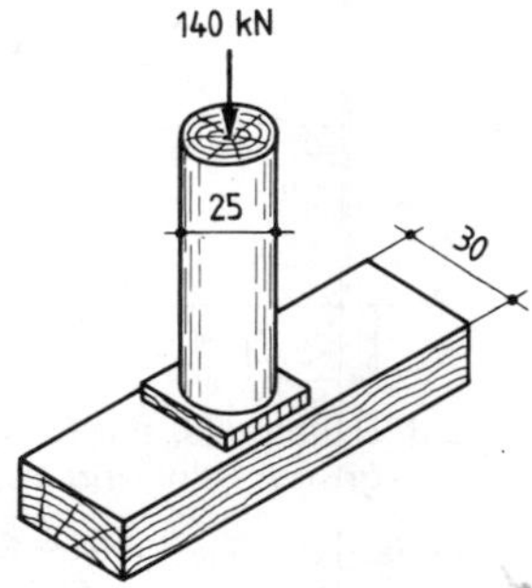


**2**.5 Rundholzpfosten mit Unterlagsholz auf Schwelle

Die untere Stirnfläche des Pfostens ist

$$A = \frac{\pi \cdot d^2}{4} = \frac{3{,}14 \cdot (25\ \text{cm})^2}{4}$$

$A = 491\ \text{cm}^2$.

Ohne Hartholzunterlage würde er die Grundschwelle beanspruchen mit

$$\sigma = \frac{F}{A} = \frac{140\,000\ \text{N}}{491\ \text{cm}^2} = 285\ \text{N/cm}^2.$$

Da bei Nadelholz Güteklasse II[1] die zulässige Beanspruchung auf Druck rechtwinklig zur Faserrichtung nur zul $\sigma = 2\ \text{N/mm}^2 = 200\ \text{N/cm}^2$ beträgt (s. Tab. **10**.16, S. 158), muß eine Hartholzplatte unterlegt werden. Ihre Größe $A$ ergibt sich aus der Forderung, daß auf ihrer Unterseite zul $\sigma = 2\ \text{N/mm}^2 = 200\ \text{N/cm}^2$ nicht überschritten werden darf.

$$\text{erf}\ A = \frac{F}{\text{zul}\ \sigma} = \frac{140\,000\ \text{N}}{200\ \text{N/cm}^2} = 700\ \text{cm}^2$$

Die Breite der Hartholzplatte wird mit Rücksicht auf die Breite der Schwelle (30 cm) und den Pfostendurchmesser (25 m) zu $b = 27$ cm gewählt. Die erforderliche Länge ist dann

$$l = \frac{700\ \text{cm}^2}{27\ \text{cm}} = 26\ \text{cm}.$$

Ist die Druckspannung durch vergrößerte Pfostenlast größer als $3\ \text{N/mm}^2 = 300\ \text{N/cm}^2$, wird auch die zulässige Belastung des Hartholzes rechtwinklig zur Faserrichtung (Tab. **10**.16) überschritten. In diesem Fall ist eine Stahlunterlage anzuordnen.

---

[1] Güteklasse I wird bei freitragenden Holzbauten (Ingenieurholzbau), Güteklasse II bei den üblichen Holzbauteilen im Hause (Dachstühle, Decken, Treppen), Güteklasse III nur für untergeordnete Zwecke verwendet.

**Übung 7** Für das Hausfundament **2**.6 in Beton B 15 sind die Abmessungen zu ermitteln. Baugrund: nichtbindiger Boden, z. B. Sand. Das Mauerwerk besteht aus Kalksandvollsteinen der Rohdichte 1,8. Die zulässige Bodenpressung sei 200 kN/m$^2$.

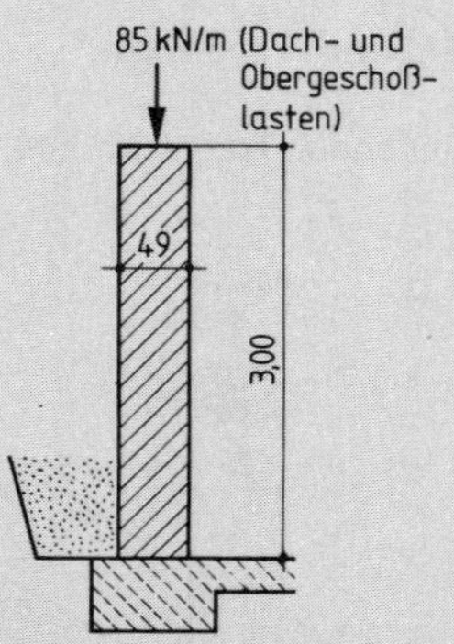


**2**.6 Hausmauer mit Fundament (Baugrund: Fein- und Mittelsand)

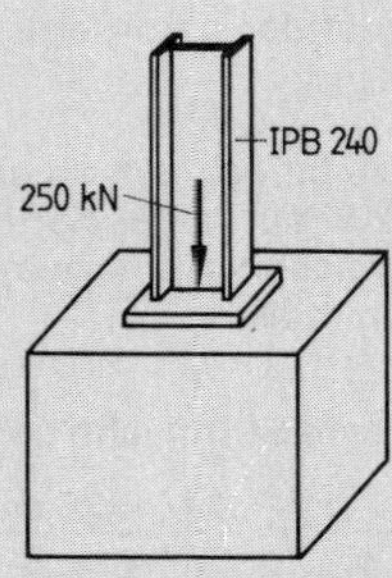


**2**.7 Stahlstütze mit Fußplatte auf Betonfundament

**Übung 8** Für die Stahlstütze **2**.7 im Innern eines Gebäudes sind die Maße der quadratischen Fußplatte und die des ebenfalls quadratischen Betonfundaments, ausgeführt in Beton B 10[1]), zu berechnen. Baugrund: Kies.

Hinweis: Die Größe der Fußplatte ist von der zulässigen Druckspannung des Betons abhängig, die nicht überschritten werden darf (s. Tab. **10**.14, S. 158). Die Seitenlängen der Fußplatte und des Fundaments erhält man als Quadratwurzel aus der jeweils erforderlichen Fläche. Die zulässige Bodenpressung sei 320 kN/m$^2$.

## 2.3 Druckfeste Trägerauflager

Der große Druck aus schweren Stahlträgern ist für Mauerwerk nicht zulässig (**2**.8). Deshalb ist hier Beton eingebaut, der erheblich höher beansprucht werden kann. Häufig genügen auch einige Schichten Mauerwerk aus festerem Baustoff (festeren Steinen und festerem Mörtel). Auch eine Auflagerplatte aus Stahl oder ein lastverteilender Stahlträger haben die gleiche Wirkung.

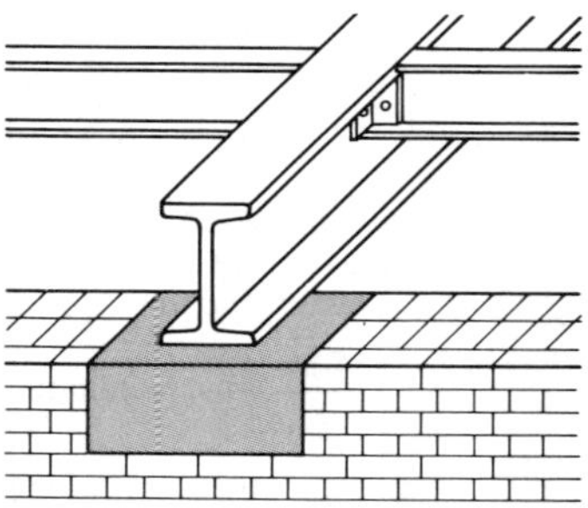

**2**.8 Der Stahlträger erhält eine druckfeste Betonunterlage

Trägerauflager mit hoher Punktbelastung müssen druckfest sein.

[1]) B 10 ist ein Beton mit ≧ 10 MN/m$^2$ Druckfestigkeit. ≧ bedeutet „gleich oder größer als", ≦ „gleich oder kleiner als", ≙ „entspricht".

**Beispiel 9** Im Kellergeschoß des Hauses nach Beispiel 7 soll eine Garage eingebaut werden. Hierfür sind 2 Träger I 240 erforderlich (240 ist die Trägerhöhe in mm). Die Größe der Auflagerfläche und ihre Untermauerung sind zu ermitteln (**2**.9). Die Auflagerkraft sei 125 kN ≙ 0,125 MN.

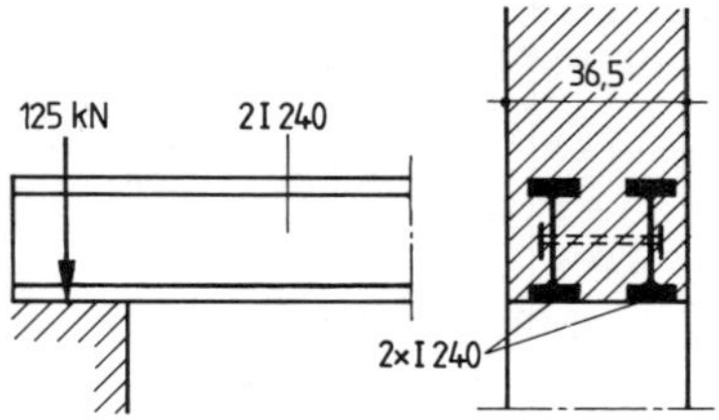


**2**.9 Auflager von zwei Abfangträgern

Die Auflagerfläche $A$ der 2 I 240 ist bestimmt durch die zulässige Druckspannung des darunterliegenden Mauerwerks, das zunächst aus Vollziegeln Mz 6 in Mörtelgruppe II angenommen wird. Hierfür ist zul $\sigma$ = 0,9 MN/m² (s. Tab. **10**.9, S. 156)

Also ist die erforderliche Auflagerfläche

$$\text{erf}\,A = \frac{\text{vorh}\,F}{\text{zul}\,\sigma} = \frac{0{,}125\ \text{MN}}{0{,}9\ \text{MN/m}^2} = \mathbf{0{,}139\ m^2}.$$

Die Breite der Auflagerfläche ist gegeben durch die Flanschbreiten der 2 I 240 (s. Tab. **10**.24, S. 164):

$b = 2 \cdot 10{,}6\ \text{cm} = 21{,}2\ \text{cm} = 0{,}212\ \text{m}$

Folglich ist die Auflagerlänge

$$l = \frac{A}{b} = \frac{0{,}139\ \text{m}^2}{0{,}212\ \text{m}} = 0{,}656\ \text{m} \approx 66\ \text{cm}.$$

Diese ist aber für I 240 zu groß, weil die Auflagerlänge etwa gleich der Trägerhöhe sein soll. Es muß also unter den Trägern festerer Baustoff verwendet werden. Weil die Auflagerlänge auf mindestens die Hälfte zu verkürzen ist, wählen wir unterhalb der Auflager Mauerwerk z. B. aus Vollziegeln Mz 20 in Mörtelgruppe II (Kalkzementmörtel) mit zul $\sigma$ = 1,6 MN/m². Dann ergeben sich die Auflagerfläche zu

$$\text{erf}\,A = \frac{F}{\text{zul}\,\sigma} = \frac{0{,}125\ \text{MN}}{1{,}6\ \text{MN/m}^2} = 0{,}078\ \text{m}^2$$

und die Auflagerlänge zu $\quad \text{erf}\,l = \dfrac{A}{\text{vorh}\,b} = \dfrac{0{,}078\ \text{m}^2}{0{,}212\ \text{m}} = 0{,}368\ \text{m}.$

Auch dieses Maß erscheint noch zu groß. Zur besseren Lastverteilung soll deshalb eine Stahlplatte von 260 mm × 300 mm × 10 mm als Unterlage dienen. Damit ergibt sich

$$\text{vorh}\,\sigma = \frac{0{,}125\ \text{MN}}{0{,}26 \cdot 0{,}30\ \text{MN/m}^2} = 1{,}6\ \text{MN/m}^2 = \text{zul}\,\sigma.$$

Es ist nun noch festzustellen, wieviel Schichten in dem tragfähigen Mauerwerk ausgeführt werden müssen. Nach DIN 1053 darf ein Lastverteilungswinkel von 60° gegen die Waagerechte angenommen werden. Für diese Verteilung (hier in den Vollziegeln Mz 20 in Kalkzementmörtel) muß die Untermauerung so hoch sein, daß sich an ihrer Unterseite die vorhandene Bruchspannung auf zul $\sigma$ = 0,9 MN/m² ermäßigt hat, damit die Vollziegel Mz 6 in Mörtelgruppe

**Beispiel 9,** Fortsetzung

II nicht übermäßig beansprucht werden (**2**.10). Folglich ist die erforderliche Grundfläche der Untermauerung, wie oben berechnet,

$$A = \frac{F}{\text{zul } \sigma} = \frac{0{,}125 \text{ MN}}{0{,}9 \text{ MN/m}^2} = 0{,}139 \text{ m}^2.$$

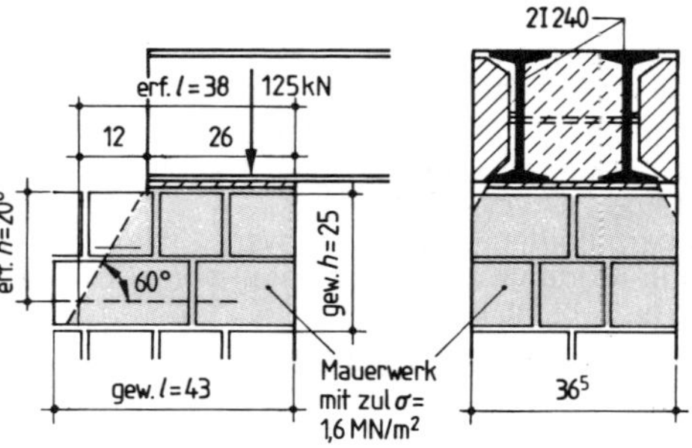


**2**.10 Lastverteilung bei einem Trägerauflager

Ihre Breite ist gegeben durch die Mauerdicke, also $b$ = 36,5 cm. Danach ergibt sich die Länge der Untermauerung zu

$$\text{erf } l = \frac{A}{b} = \frac{0{,}139 \text{ m}^2}{0{,}365 \text{ m}} \approx \mathbf{0{,}38 \text{ m}}.$$

Die Höhe $h$ der Untermauerung läßt sich nun ohne weiteres zeichnerisch ermitteln (**2**.10). Es ergibt sich eine erforderliche Höhe von ≈ 21 cm. Mit Rücksicht auf die Maßordnung im Hochbau wählen wir für die Höhe 25 cm und für das Maß $e$ = 49 cm.

Rechnerisch ergibt sich die Höhe zu

$h = \tan 60° \cdot (38 \text{ cm} - 26 \text{ cm}) = 1{,}73 \cdot 12 \text{ cm} = \mathbf{20{,}8 \text{ cm}}.$

**Übung 9** Ein Mauerdurchbruch wird von 2 [200 überbrückt, die je Auflager 0,1 MN zu übertragen haben. Die 24 cm dicke Mauer ist aus Vollziegeln Mz 6 in Mörtelgruppe II hergestellt. Es sind die Auflagerlängen der Träger auf einer 24 cm breiten und 1 cm dicken Stahlplatte sowie die Höhe und Länge $d$ der Untermauerung aus Mz 20 Mörtelgruppe III zu berechnen (Mindestmaße).

**Übung 10** Ein IPB 300 überträgt wie im Bild **2**.8 auf eine 30,0 cm dicke Mauer aus Vollziegeln Mz 20 in Mörtelgruppe II eine Auflagerkraft von 0,25 MN. Es sind die Auflagerlänge des Trägers und die Abmessungen des Auflagerquaders aus festem Kalkstein (28!) in Mörtelgruppe III zu berechnen (Mindestwerte).

Hinweis Die Maße des Auflagerquaders sind so zu wählen, daß er sich möglichst ohne Verhau in den Ziegelverband einfügen läßt (2- und 3 DF-Format, Lagerfugen beachten). Für den Kalkstein wählen wir die Güteklasse N4 gemäß Tab. **10**.13, S. 157.

## 2.4 Wände und Pfeiler können ausknicken

Wände und Pfeiler sind kipp- und knickanfällig. Ihre Stabilität ist um so sicherer, je wirksamer sie an den äußeren Rändern gehalten sind. Wir unterscheiden freistehende sowie 2-, 3- und 4-seitig gehaltene Wände (**2**.11). Dickere Wände sind bei gleicher Höhe weniger knickanfällig als dünnere, mittig belastete weniger als außermittig belastete. Weniger knickanfällig sind auch Wände mit höherer Mauerwerks-Druckfestigkeit.

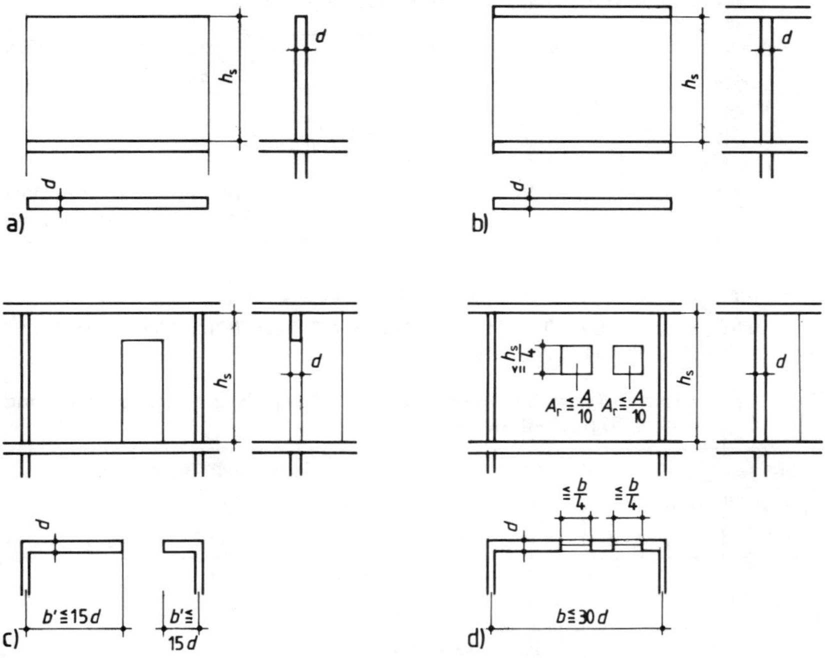


**2**.11 Bedingungen für freistehende und mehrseitig gehaltene Wände nach DIN 1053 Teil 1

a) freistehende Wand, b) zweiseitig gehaltene Wand (oben, unten), c) dreiseitig gehaltene Wand (oben, unten, je 1 x seitlich), d) vierseitig gehaltene Wand (an allen 4 Rändern)
Öffnungen: Werden die angeführten Grenzwerte überschritten, gelten die Wandteile zwischen den Öffnungen als 2-seitig, zwischen Öffnung und Querwand als 3-seitig gehalten.
Senkrechte Schlitze (und Nischen) im mittleren Drittel der Wandhöhe vermindern das Maß auf die Restwanddicke. An allen anderen Stellen ist ein offener Wandrand anzunehmen, wenn die Restwanddicke $< d/2$ oder $< 11{,}5$ cm verbleibt.

**Die Knickgefahr** von Wänden läßt sich durch Vermindern der zulässigen Mauerwerks-Druckspannungen $\sigma_0$ unter Beachtung der folgenden Regeln ausschließen.

**Die Knicklänge $h_k$** (eigentlich Knickhöhe) gleicht meist der lichten Geschoßhöhe $h_s$. Bei Massivdecken mit Einspannwirkung darf man sie mit einem Abminderungsfaktor $\beta$ verringern. Es gilt:

- für zweiseitig gehaltene Wände allgemein $\boxed{h_k = h_s}$

  für Wände unter flächig aufgelagerten Massivdecken $\boxed{h_k = \beta \cdot h_s}$

  Der Abminderungsfaktor $\beta$ richtet sich nach der Wanddicke (**2**.12a).

  Ferner sollen die Deckenauflagertiefe den Angaben in Bild **2**.12 b entsprechen und außer Wind keine weitere Horizontallast anfallen.

Tabelle **2**.12 a Abminderungfaktor $\beta$

| Wanddicke $d$ in cm | Abminderungs-faktor $\beta$ |
|---|---|
| $\leq$ 17,5 | 0,75 |
| 17,5 bis 25,0 | 0,90 |
| $>$ 25,0 | 1,00 |

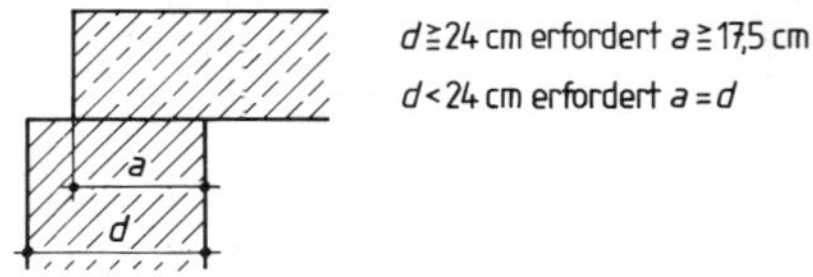


**2**.12 b Mindestauflagertiefe von Massivdecken für die Bedingung $h_k = \beta \cdot h_s$

- für drei- und vierseitig gehaltene Wände $\boxed{h_k = \beta \cdot h_s}$

  Ist $h_s \leq$ 3,5 m, darf $\beta$ in Abhängigkeit von $b$ bzw. $b'$ (s. **2**.11 c und d) aus Tab. **2**.13 abgelesen werden.

Tabelle **2**.13 **Faktor $\beta$ zum Bestimmen der Knicklänge $h_k = \beta \cdot h_s$ von drei- und vierseitig gehaltenen Wänden**

| dreiseitig gehaltene Wand: Wanddicke in cm 24,0 | 17,5 | 11,5 | $b'$ in m | $\beta$ | $b$ in m | vierseitig gehaltene Wand: Wanddicke in cm 11,5 | 17,5 | 24,0 | 30,0 |
|---|---|---|---|---|---|---|---|---|---|
| | | | 0,65 | 0,35 | 2,00 | | | | |
| | | | 0,75 | 0,40 | 2,25 | | | | |
| | | | 0,85 | 0,45 | 2,50 | | | | |
| | | | 0,95 | 0,50 | 2,80 | | | | |
| | | | 1,05 | 0,55 | 3,10 | | | | |
| | | | 1,15 | 0,60 | 3,40 | $b \leq$ 3,45 m | | | |
| | | | 1,25 | 0,65 | 3,80 | | | | |
| | | | 1,40 | 0,70 | 4,30 | | | | |
| | | $b' \leq$ 1,75 m | 1,60 | 0,75 | 4,80 | | | | |
| | | | 1,85 | 0,80 | 5,60 | | $b \leq$ 5,25 m | | |
| | $b' \leq$ 2,60 m | | 2,20 | 0,85 | 6,60 | | | | |
| | | | 2,80 | 0,90 | 8,40 | | | $b \leq$ 7,20 m | |
| $b' \leq$ 3,60 m | | | | | | | | | $b \leq$ 9,00 m |

Ungünstigere Werte als bei zweiseitig gehaltenen Wänden brauchen nicht angesetzt zu werden.

**Beispiel 10** Wie groß ist die Knicklänge $h_k$ einer 2-seitig gehaltenen Wand, $d$ = 24 cm, mit lichter Geschoßhöhe von 2,80 m und 24 cm Deckenauflager?

$h_k = \beta \cdot h_s$

$\beta$ nach Tab. **2**.12 a für Wände $d$ = 17,5 bis 25 cm = 0,9, also:

$h_k$ = 0,9 · 2,80 m = **2,52 m**

**Beispiel 11** Eine dreiseitig gehaltene Wand hat die Dicke $d$ = 17,5 cm, die Breite $b'$ = 2,00 m und die Höhe $h_s$ = 2,50 m. Wie groß ist die Knicklänge $h_k$?

$h_k = \beta \cdot h_s$

$\beta$ nach Tab. **2**.13 = 0,85, also:

$h_k$ = 0,85 · 2,50 m = **2,125 m**

**Der Knicknachweis** erfolgt mit Hilfe des Abminderungsfaktors $k$. Allgemein gilt:

$$\text{zul } \sigma_D = k \cdot \sigma_0$$

Als Abminderungsfaktor gilt

- für Wände mit Decken-Zwischenauflager: $k = k_1 \cdot k_2$,
- für Wände als einseitige Decken-Endauflager: $k = k_1 \cdot k_2$ oder $k = k_1 \cdot k_3$.

**Der Faktor $k_1$** erhöht die Tragsicherheit für Wände sowie für Pfeiler und kurze Wände (**2**.14). Es gilt

- für Wände: $k_1$ = 1,
- für Pfeiler und kurze Wände: $k_1$ = 0,8 nach den Bedingungen **2**.14 b.

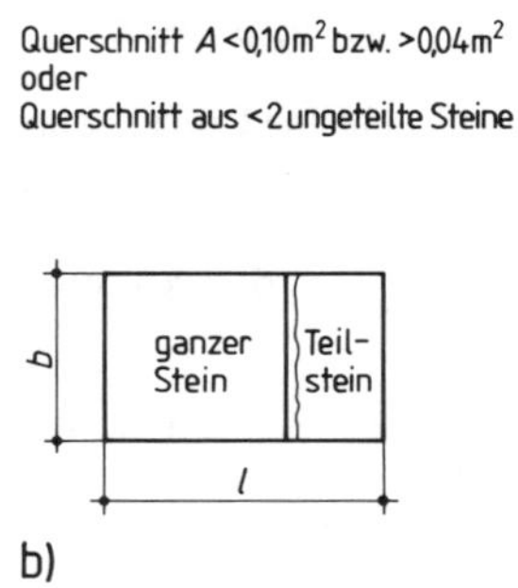


**2**.14 a) Pfeiler sind schlanke Baukörper
b) Bedingungen für knickgefährdete Pfeiler und „kurze Wände" mit dem Abminderungsfaktor $k_1$ = 0,8

**Der Faktor $k_2$** berücksichtigt die Knickgefahr. Sie hängt wesentlich vom Verhältnis der Knicklänge $h_k$ zur Wanddicke $d$ ab (Schlankheit der Bauteile). Es gilt

- für $h_k/d \leq 10$: $k_2 = 1$,
- für $h_k/d > 10$ bzw. $\leq 25$: $k_2 = \dfrac{25 - h_k/d}{15}$

**Der Faktor $k_3$** erhöht die Sicherheit des Mauerwerks gegen Drehung des Decken-Endauflagers infolge Durchbiegung. Er richtet sich nach der Deckenstützweite. Es gilt

- für Endauflager von Decken mit der Stützweite $l \leq 4{,}20$ m: $k_3 = 1$,
- für Endauflager von Decken mit der Stützweite $l > 4{,}20$ m bzw. $\leq 6{,}0$ m:

$$k_3 = 1{,}7 - \frac{l}{6}\,.$$

**Beispiel 12** Eine 11,5 cm dicke, 2-seitig gehaltene Wand aus KSL 12/MGr. IIa ist 2,70 m hoch und dient als Decken-Zwischenauflager. Wie groß ist die zulässige Druckspannung $\sigma_D$?

**a) Knicklänge**

$h_k = \beta \cdot h_s$

$\beta = 0{,}75$ für Wände mit $d \leq 17{,}5$ cm und flächig aufgelagerten Decken (**2.**12 a). Somit:

$h_k = 0{,}75 \cdot 2{,}70 \text{ m} = 2{,}03 \text{ m}$

**b) Abminderungsfaktor**

$k = k_1 \cdot k_2$

Wand für Zwischenauflager $k_1 = 1{,}0$ (Wand, kein Pfeiler!)

$$k_2 = \frac{25 - h_k/d}{15} = \frac{25 - \dfrac{203}{11{,}5}}{15} = 0{,}49 < 1$$

$k = 1{,}00 \cdot 0{,}49 = 0{,}49$

**c) Zulässige Druckspannung**

zul $\sigma_D = k \cdot \sigma_0$

$\sigma_0$ nach Tab. **10.**9 = 1,6 MN/m², also:

zul $\sigma_D = 0{,}49 \cdot 1{,}6 \text{ MN/m}^2 = \mathbf{0{,}78\ MN/m^2}$

**Beispiel 13** Eine 24 cm dicke Wand aus Gasbetonstein G4/Dünnbettmörtel dient einer Decke mit 5,5 m Spannweite als Endauflager. Sie ist 2,75 m hoch und dreiseitig gehalten. Die Breite $b'$ (**2.**11c) beträgt 2,5 m. Wie groß ist zul $\sigma_D$?

**a) Knicklänge**

$h_k = \beta \cdot h_s$ $\beta = 0{,}9$ (Tab. **2.**13)

$h_k = 0{,}9 \cdot 2{,}75 \text{ m} = 2{,}48 \text{ m}$

**Beispiel 13, Fortsetzung**

**b) Sicherheitsfaktoren**

$k_1 = 1{,}0$ gilt für Wände

$$k_2 = \frac{25 - h_k/d}{15} = \frac{25 - \frac{248}{24}}{15} = 0{,}98$$

$$k_3 = 1{,}7 - \frac{l}{6} = 1{,}7 - \frac{5{,}5}{6} = 0{,}78$$

Für Endauflager gilt der ungünstigere (kleinere) Wert aus den Produkten $k_1 \cdot k_2$ und $k_1 \cdot k_3$. Das ist hier $k_1 \cdot k_3$. Somit:

$k = k_1 \cdot k_3 = 1 \cdot 0{,}78 = 0{,}78$

**c) Zulässige Druckspannung**

zul $\sigma_D = k \cdot \sigma_0$ $\qquad \sigma_0 = 1{,}0$ MN/m$^2$ (**10**.10)

zul $\sigma_D = 0{,}78 \cdot 1{,}0$ MN/m$^2$ = **0,78 MN/m²**

**Beispiel 14** Ein quadratischer Eckpfeiler soll eine Last von 270 kN aufnehmen. Er ist 4 m hoch und besteht aus Mz 12/Mörtelgruppe IIa ($\gamma = 18$ kN/m$^3$), ist zweiseitig gehalten und hat 5,50 m Stützweite. Berechnen Sie die Querschnittsmaße und führen Sie den Spannungsnachweis.

Da die Querschnittsmaße erst festzulegen sind, empfiehlt sich zunächst eine Vorbemessung ohne Sicherheitsfaktoren.

zul $\sigma_0$ nach Tab. **10**.9 (S. 156) = 1,6 MN/m$^2$

**a) Vorbemessung**

$$\text{erf } A = \frac{F}{\text{zul } \sigma_D} = \frac{0{,}270 \text{ MN}}{1{,}6 \text{ MN/m}^2} = 0{,}169 \text{ m}^2$$

Bei quadratischem Querschnitt erhalten wir

$$\text{erf } b = \sqrt{0{,}169} = 0{,}41 \text{ m.}$$

Jetzt versuchen wir den statischen Nachweis mit dem nächstliegenden Nennmaß bzw. Pfeilerquerschnitt $b/d$ = 49 cm/49 cm.

**b) Knicklänge**

$h_k = h_s = 4{,}00$ m $\qquad$ 2-seitig gehalten

**c) Sicherheitsfaktoren**

$k_1 = 1{,}0$ $\qquad$ für Pfeiler < 0,1 m$^2$

$$h_k/d = \frac{400}{49} = 8{,}16 < 10, \text{ somit } k_2 = 1$$

$$k_3 = 1{,}7 - \frac{5{,}5}{6} = 0{,}78$$

Maßgebend $k = k_1 \cdot k_3 = 1{,}0 \cdot 0{,}78 = 0{,}78$

**d) Zulässige Druckspannung**

zul $\sigma = k \cdot \sigma_0 = 0{,}78 \cdot 1{,}6 = 1{,}25$ MN/m$^2$

**Beispiel 14,** Fortsetzung

Einschließlich der Pfeilereigenlast ergibt sich als

**Spannungsnachweis:**

$$\text{vorh}\ \sigma_D = \frac{F + \text{Pfeilereigenlast}}{A}$$

$$\text{vorh}\ \sigma_D = \frac{0{,}270\ \text{MN} + 0{,}49\ \text{m} \cdot 0{,}49\ \text{m} \cdot 4{,}0\ \text{m} \cdot 0{,}018\ \text{MN/m}^3}{0{,}49\ \text{m} \cdot 0{,}49\ \text{m}}$$

$$\text{vorh}\ \sigma_D = \mathbf{1{,}2\ MN/m^2 < 1{,}25}$$

Der Spannungsnachweis zeigt, daß die vorhandene Druckspannung kleiner als die zulässige ist. Die angenommenen Querschnittsmaße reichen also aus.

**Beispiel 15** Welche Höchstlast kann ein Mittelpfeiler aus Mauerziegeln Mz20/Mörtelgruppe III, 2-seitig gehalten, mit Querschnitt 49 cm/61,5 cm und 5,375 m Höhe aufnehmen?

**a) Knicklänge**

$h_k = h_s = 5{,}375$ m

**b) Sicherheitsfaktoren**

$k_1 = 1{,}0$ gilt für Pfeiler > 0,1 m² Querschnittsfläche

$$k_2 = \frac{25 - h_k/d}{15} = \frac{25 - \frac{537{,}5}{49}}{15} = 0{,}94$$

Somit $k = k_1 \cdot k_2 = 1{,}0 \cdot 0{,}94 = 0{,}94$

**c) Zulässige Druckspannung**

$\text{zul}\ \sigma_D = k \cdot \sigma_0 = 0{,}94 \cdot 2{,}4\ \text{MN/m}^2 = 2{,}26\ \text{MN/m}^2$

**d) Höchstlast**

$\text{zul}\ F = A \cdot \text{zul}\ \sigma = 0{,}49\ \text{m} \cdot 0{,}615\ \text{m} \cdot 2{,}26\ \text{MN/m}^2 = 0{,}681\ \text{MN} =$ **681 kN**

Beachten Sie, daß die Pfeilereigenlast nicht im Ergebnis enthalten ist. Wenn die Belastbarkeit des Pfeilers zu ermitteln ist, muß sie noch subtrahiert werden.

**Beispiel 16** Für eine Last $F = 310$ kN ist ein Zwischenpfeiler aus Mz20/Mörtelgruppe III, $\gamma = 18\ \text{kN/m}^3$, Pfeilerhöhe $h_s = 5{,}875$ m, 2-seitig gehalten zu bemessen. Eine Seitenlänge ist mit 49 cm festgelegt.

**a) Knicklänge**

$h_k = h_s = 5{,}875$ m

**b) Sicherheitsfaktoren**

$k_1 = 1{,}0$ gilt für Pfeiler und kurze Wände mit $A > 0{,}1\ \text{m}^2$

$$k_2 = \frac{25 - h_k/d}{15} = \frac{25 - \frac{587{,}5}{49}}{15} = 0{,}86$$

**Beispiel 16,** Fortsetzung

**c) Zulässige Spannung**

$\text{zul } \sigma_D = k \cdot \sigma_0 = 0{,}86 \cdot 2{,}4 \text{ MN/m}^2 = 2{,}06 \text{ MN/m}^2$

**d) Querschnittsfläche**

$$\text{erf } A = \frac{F}{\text{zul } \sigma_D} = \frac{0{,}31 \text{ MN}}{2{,}06 \text{ MN/m}^2} = 0{,}151 \text{ m}^2$$

**e) Pfeilerlänge**

$$\text{erf } l = \frac{A}{b} = \frac{0{,}151 \text{ m}^2}{0{,}49 \text{ m}} = 0{,}31 \text{ m, gewählt } 0{,}365 \text{ m}$$

**f) Spannungsnachweis einschließlich Pfeilereigenlast**

$$\text{vorh } \sigma = \frac{F}{A} = \frac{0{,}31 \text{ MN} + 0{,}49 \text{ m} \cdot 0{,}365 \text{ m} \cdot 5{,}875 \text{ m} \cdot 0{,}018 \text{ MN/m}^3}{0{,}49 \text{ m} \cdot 0{,}365 \text{ m}}$$

vorh $\sigma$ = **1,40 MN/m² < zul $s_D$ = 2,06 MN/m²**

**Übung 11** Für $F$ = 500 kN sind ein quadratischer, zweiseitig gehaltener Mittelpfeiler aus KMz28/MGr.III bei $h$ = 4,80 m Pfeilerhöhe sowie das quadratische, 100 cm hohe Betonfundament zu berechnen. Der Baugrund besteht aus Kies, der Beton aus B 10. Die zulässige Bodenpressung sei 350 kN/m².

**Übung 12** Für einen Mittelpfeiler, dessen eine Seitenlänge 36,5 cm sein soll, ist für $F$ = 160 kN die zweite Seitenlänge zu ermitteln, wenn der Pfeiler 4,75 m hoch ist und aus Vollziegeln Mz20/MGr.IIa besteht.

**Übung 13** Eine dreiseitig gehaltene Wand ist 17,5 cm dick, 2,50 m breit ($b'$) und 2,75 m hoch. Wie groß ist die Knicklänge $h_k$?

**Übung 14** Eine 11,5 cm dicke Wand aus KSL 12/MGr.IIa, 2-seitig gehalten, ist 3,00 m hoch und dient als Decken-Zwischenauflager. Wie groß ist die zulässige Druckspannung $\sigma_D$?

**Übung 15** Eine 30 cm dicke Außenwand, 2,625 m hoch, aus Gasbetonstein G6/Dünnbettmörtel dient einer Decke mit 5,75 m Spannweite als Endauflager. Sie ist 4-seitig gehalten und hat die Breite $b$ = 5,75 m. Wie groß ist die zulässige Druckspannung $\sigma_D$?

# 3 Zugkräfte

## 3.1 Belastung durch Zugkräfte

Der Dachbinder in Bild **3**.1 will an seinen Auflagerpunkten nach rechts und links ausweichen. Dies verhindert jedoch der eingebaute Zuganker. Er nimmt den seitlich wirkenden Dachschub auf und wird dabei auf Zug beansprucht. Der Anker muß deshalb so kräftig sein, daß er nicht zerreißt. Sein Durchmesser muß also so groß sein, daß kein $mm^2$ seines Querschnitts mehr beansprucht wird, als für das betreffende Material bei Zugspannung zugelassen ist.

**3**.1
Ein Zuganker hält den Dachbinder zusammen

> An zugbeanspruchten Bauteilen darf die zulässige Zugspannung des Materials nicht überschritten werden.

Für die Berechnung von Zugkräften gelten die gleichen Formeln wie für die Berechnung von Druckkräften, nur sind für zul $\sigma$ die zulässigen Zugspannungen einzusetzen.

$$\sigma = \frac{F}{A} \qquad F = A \cdot \sigma \qquad A = \frac{F}{\sigma}$$

**Beispiel 17** Ein Rundstahl aus St 37 hat eine Zugkraft $F = 63$ kN aufzunehmen. Der erforderliche Durchmesser ist zu berechnen (Lastfall H).

Wir berechnen zunächst den erforderlichen Querschnitt und daraus den Durchmesser des Rundstahls. Für Stahl St 37 ist nach Tabelle **10**.18, S. 159 diese Zugspannung zugelassen:

zul $\sigma = 160\ \text{N/mm}^2 = 16\,000\ \text{N/cm}^2$.

Also ist erf $A = \frac{F}{\text{zul}\ \sigma} = \frac{63\,000\ \text{N}}{16\,000\ \text{N/cm}^2} = 3{,}94\ \text{cm}^2$.

**Beispiel 17,** Fortsetzung Der Durchmesser des Rundstahls ergibt sich aus der Kreisformel

$$A = \frac{\pi \cdot d^2}{4} \text{ zu } d = \sqrt{\frac{4 \cdot A}{3{,}14}} = \sqrt{\frac{4 \cdot 3{,}94 \text{ cm}^2}{3{,}14}} = 2{,}24 \text{ cm}.$$

Wir wählen von den nächstgelegenen genormten Durchmessern für Rundstahl den größeren mit $d$ = 2,5 cm = **25 mm**. In Tabelle **10**.24, S. 164 kann dieser Durchmesser auch sofort auf Grund der berechneten Fläche abgelesen werden.

**Übung 16** Ein Flachstahl aus St 37 von 10 mm Dicke hat eine Zugkraft $F$ = 60 kN aufzunehmen. Seine Breite ist zu berechnen. Die zulässige Spannung beträgt 160 N/mm².

**Übung 17** Ein U-Stahl aus St 37 wird mit $F$ = 175 kN Zug belastet. Welches Profil ist zu wählen? Die zulässige Spannung beträgt 160 N/mm².

**Übung 18** Welche Zugkraft kann ein Kantholz 12/24 cm aus Nadelholz der Güteklasse II aufnehmen? Die zulässige Spannung beträgt 8,5 N/mm².

## 3.2 Geschwächte Zugquerschnitte

Die Winkelstähle des Dachuntergurts **3**.2 sind mit Nieten am Knotenblech befestigt. Durch die Nietlöcher werden ihre Querschnitte geschwächt, und sie würden bei einer Überbeanspruchung an dieser Stelle zerreißen. Der für die Aufnahme einer Zugkraft erforderliche Querschnitt muß also an dieser schwächsten Stelle vorhanden sein.

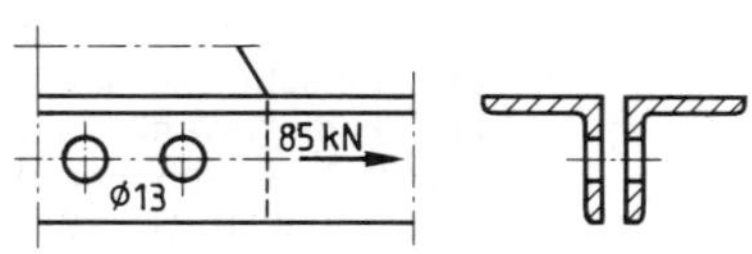


**3**.2 Die Untergurtstäbe sind durch Nietlöcher geschwächt

> Bei Zugstäben ist jede Schwächung durch Bolzen-, Niet-, Zapfenlöcher, Versätze und dgl. zu berücksichtigen.

**Beispiel 18** Statt der Zugstange in Bild **3**.2 ist eine hölzerne Doppelzange einzubauen (**3**.3). Ihre Abmessungen sind für $F$ = 63 kN zu berechnen.

Die Zange ist durch die Bolzenlöcher Ø 20 mm geschwächt. Diese schwächste Stelle muß zur Aufnahme der Zugkraft ausreichen. Der erforderliche Querschnitt ist

$$\text{erf } A = \frac{F}{\text{zul } \sigma}.$$

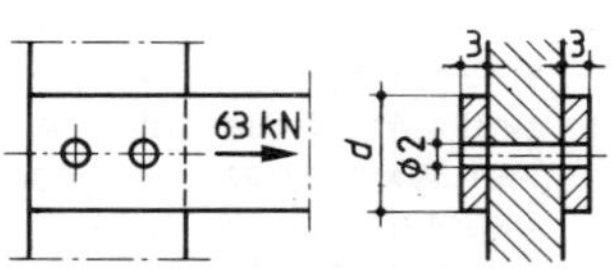


**3**.3 Hölzerne Doppelzange, auf Zug beansprucht

Für Nadelholz der Güteklasse II ist nach Tabelle **10**.16 (S. 158) die

**Beispiel 18,** Fortsetzung

zul. Zugspannung

zul $\sigma$ = 8,5 N/mm² = 850 N/cm².

Also ist der erforderliche Nutzquerschnitt

$$\text{erf } A = \frac{63\,000 \text{ N}}{850 \text{ N/cm}^2} = 74 \text{ cm}^2.$$

Die Breite (Dicke) der Zangen muß gewählt werden und wird mit 3 cm angenommen. Dann ist die Schwächung durch die Bolzenlöcher 2 · 3 cm · 2 cm = 12 cm².

Diese Schwächung ist zum berechneten Nutzquerschnitt von 74 cm² zu addieren. Als erforderlichen Gesamtquerschnitt erhalten wir

erf $A$ = 74 cm² + 12 cm² = **86 cm²**.

Die Dicke (Höhe) der beiden Zangen ergibt sich dann zu

$$d = \frac{86 \text{ cm}^2}{2 \cdot 3 \text{ cm}} = 14{,}3 \text{ cm}.$$

Ausgeführt wird $d$ = **15 cm**.

**Beispiel 19** Der Untergurt eines Dachbinders besteht aus 2 Winkelstählen, die durch $F$ = 85 kN auf Zug beansprucht werden (**3**.3). Sie sind durch Niete Ø 12 an den Knotenblechen angeschlosen. Das erforderliche Profil ist zu berechnen.

Erforderlicher Querschnitt

$$\text{erf } A = \frac{F}{\text{zul } \sigma} = \frac{85 \text{ kN}}{16 \text{ kN/cm}^2} = 5{,}3 \text{ cm}^2$$

Die Schwächung durch die Niete ist zu berücksichtigen. Weil aber die Flanschdicke der Winkelstähle nicht bekannt ist, muß zunächst ein Profil gewählt werden, und zwar mit einem Querschnitt größer als erf $A$. Gewählt werden 2 **L** 45 × 4[1] mit $A$ = 2 · 3,49 cm² = 6,98 cm² (s. Tab. **10**.30, S. 170). Nun ist unter Berücksichtigung des Nietabzugs zu prüfen, ob die vorhandene Spannung zulässig ist.

| | | |
|---|---|---|
| Vorhandener Gesamtquerschnitt | | 6,98 cm² |
| Nietabzug[2] | 2 · 1,3 cm · 0,4 cm | = 1,04 cm² |
| | | 5,94 cm² |

Spannung

$$\text{vorh } \sigma = \frac{F}{A} = \frac{85 \text{ kN}}{5{,}94 \text{ cm}^2} \approx \mathbf{14{,}3 \text{ kN/cm}^2} < 16 \text{ kN/cm}^2 = \text{zul } \sigma$$

---

[1] **L** 45 × 4 bedeutet ein gleichschenkliger Winkelstahl mit 45 mm Schenkellänge und 4 mm Schenkeldicke.

[2] Auf Zeichnungen wird nach DIN 407 immer der Durchmesser des Rohniets angegeben: 10, 12, 16, 20, 24, 27, 30, 36 mm.
Der Lochdurchmesser des geschlagenen Nietes ist um 1 mm größer: 11, 13, 17, 21, 25, 28, 31, 37 mm.
Allen Berechnungen ist der Lochdurchmesser zugrundezulegen.

**Beispiel 20** Für ein Hängewerk soll der Querschnitt der Hängesäule, die eine Last $F$ = 80 kN aufzunehmen hat, berechnet werden (**3**.4). Die Streben haben den Querschnitt 14 cm × 18 cm (vgl. auch Bild **6**.17).

Erforderlicher Nutzquerschnitt der Hängesäule

$$\text{erf } A = \frac{F}{\text{zul } \sigma} = \frac{80 \text{ kN}}{0{,}85 \text{ kN/cm}^2} = 94{,}2 \text{ cm}^2.$$

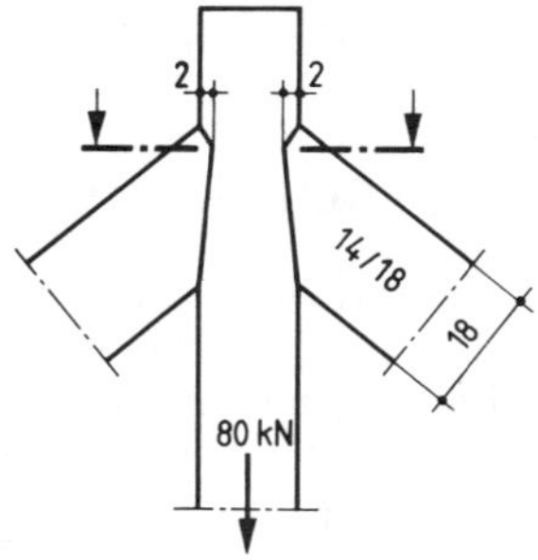


**3**.4 Hängesäule in einem Hängewerk

Um den erforderlichen Gesamtquerschnitt der Hängesäule zu erhalten, sind zu dem berechneten Nutzquerschnitt noch die Schwächungen durch den Versatz hinzuzurechnen. Diese Schwächungen sind jedoch abhängig von den noch nicht bekannten Abmessungen der Hängesäule. Also müssen diese, um weiterrechnen zu können, zunächst angenommen werden, und zwar größer als der Nutzquerschnitt mit erf $A$ = 94,2 cm². Passend zur Strebenbreite von 14 cm wird für die Hängesäule 12/14 cm mit $A$ = 168 cm² gewählt.

Hiervon sind zur Ermittlung des vorhandenen Nutzquerschnitts abzuziehen

die Schwächungen durch den Versatz 2 · 2 cm · 14 cm = 56 cm².

Der vorhandene Nutzquerschnitt ist also

vorh $A$ = 168 cm² – 56 cm² = **112 cm² > erf $A$ = 94,2 cm²**.

Für die Hängesäule ist noch die Länge des Überstands am oberen Ende (Vorholzlänge) zu berechnen. Sie ergibt sich aus einer Beanspruchung auf Abscheren und wird erst im nächsten Abschnitt behandelt.

**Übung 19** Für eine Doppelzange aus NH G Kl. II, die zusammen 2 × 10 cm = 20 cm breit ist und mit $F$ = 200 kN auf Zug beansprucht wird, ist die Einzeldicke zu berechnen, wenn ein schwächendes Bohrloch von 25 mm notwendig ist.

**Übung 20** Eine Zugkraft von $F$ = 350 kN soll durch 2 U-Stähle aufgenommen werden (**3**.5). Die Profile sind zweireihig durch Bohrlöcher Ø 17 mm geschwächt. Das Profil der U-Stähle aus St 37 ist zu ermitteln (zul $\sigma$ = 160 N/mm²).

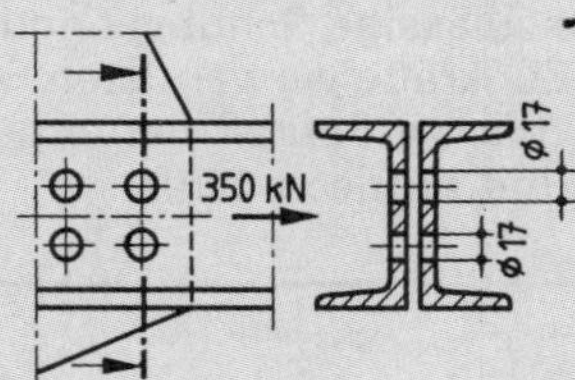


**3**.5 Anschluß von 2 U-Stählen mit doppelreihiger Nietung

**Übung 21** Die Breite einer Hängesäule, deren Dicke 16 cm sein muß, ist für eine Zugkraft $F$ = 160 kN zu berechnen. Die Versatztiefe ist 2 cm, die Querschnittsschwächung also 2 · 2 cm · 16 cm = 64 cm². Holzart: Nadelholz GKl.II.

# 4 Scherkräfte

## 4.1 Scherkräfte erzeugen Schubspannungen

Die Pfosten in Bild **4**.1 belasten die Natursteinkonsole. Wir erkennen, daß sie nicht durch Materialpressung gefährdet ist. Vielmehr würde sie bei Überlastung an der Außenkante der Mauer abgeschert werden und längs der Mauer herunterbrechen.

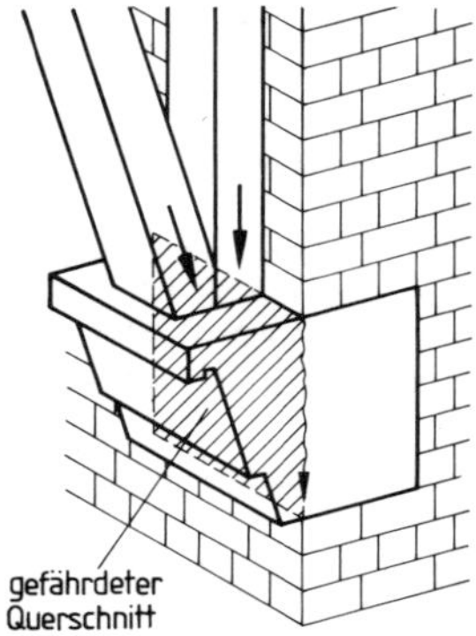


**4**.1 Die Pfosten wollen die Konsole abscheren

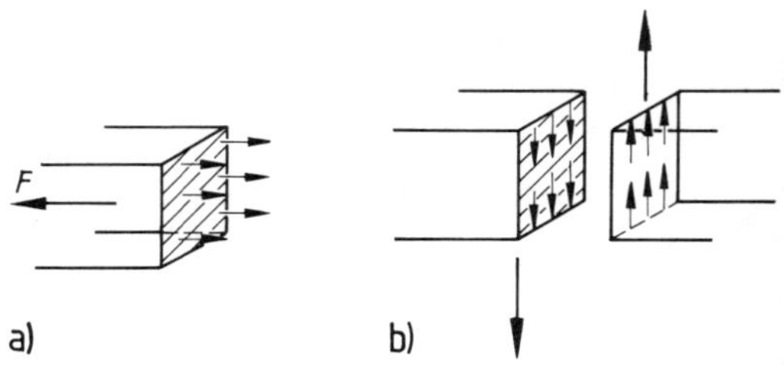


**4**.2 a) Normalspannungen (Zug- oder Druckspannungen) wirken rechtwinklig zum belasteten Querschnitt

b) Schubspannungen (Tangentialspannungen) wirken parallel zum beanspruchten Querschnitt

> Scherkräfte wirken gleichlaufend (parallel) zum belasteten Querschnitt, Zug- und Druckkräfte dagegen wirken rechtwinklig dazu (**4**.2).

Die auf Abscheren beanspruchte Querschnittsfläche (d. h. der Konsolenquerschnitt in der Vorderseite der Mauer) muß also so groß sein, daß seine zulässige Schubspannung nicht überschritten wird. Die für Druck- und Zugkräfte verwendeten Formeln gelten auch hier, jedoch bezeichnet man die im Bauteil hervorgerufene Schubspannung nicht mit $\sigma$, sondern mit $\tau$ (griech. tau).

$$\tau = \frac{F}{A} \qquad A = \frac{F}{\tau} \qquad F = A \cdot \tau$$

Mit $\sigma$ bezeichnet man Normalspannungen. Sie werden durch rechtwinklig zum Querschnitt wirkende Kräfte hervorgerufen.

Mit $\tau$ bezeichnet man Tangentialspannungen. Sie werden durch gleichlaufend zum Querschnitt wirkende Kräfte hervorgerufen.

**Beispiel 21** Für eine Konsole aus festem Kalkstein, die durch die Dachbinderpfosten mit $F = 30$ kN belastet ist, ist der Querschnitt zu berechnen (**4**.1). Die zulässige Schubspannung sei zul $\tau = 0{,}2$ MN/m$^2$ = 0,02 kN/cm$^2$.

$$\text{erf}\,A = \frac{F}{\text{zul}\,\tau} = \frac{30\text{ kN}}{0{,}02\text{ kN/cm}^2} = 1\,500\text{ cm}^2$$

Die Konsolenbreite wird angenommen zu $b$ = 36,5 cm. Folglich ist die erforderliche Höhe

$$\text{erf}\,h = \frac{1\,500\text{ cm}^2}{36{,}5\text{ cm}} = 41\text{ cm.}$$

Ausgeführte Höhe = **41,7 cm** = 5 Schichthöhen des Mauerwerks im NF-Format.

**Übung 22** Die Höhe einer Konsole aus Sandstein, regelmäßiges Mauerwerk, in Mörtelgruppe III ist für $F$ = 40 kN und eine Breite von 36,5 cm zu berechnen. Die zulässige Schubspannung sei 0,25 MN/m$^2$ = 0,025 kN/cm$^2$.

## 4.2 Scherkräfte an Hängewerken

Am Beispiel einer Holzkonstruktion zeigt Bild **4**.3 die Lage der Scherflächen zur angreifenden Last. Hier war der Überstand der Hängesäule zu kurz. Dadurch ergaben sich zu kleine Scherflächen, die unter der Belastung zu Bruch gingen.

**Beispiel 22** Für die Hängesäule nach Bild **4**.3 ist die Länge des Überstands zu berechnen.

Wird die Hängesäule überlastet, schieben die Streben die über ihnen sitzenden Holzteile nach oben – sie scheren diese Teile ab (**4**.3). Die abscherende Kraft gleicht der Zuglast. Sie sei 80 kN. Die zur Aufnahme dieser Last erforderliche Scherfläche ist

$$\text{erf}\,A = \frac{F}{\text{zul}\,\tau}.$$

Für Abscheren in Faserrichtung (Nadelholz, Güteklasse II) ist nach Tabelle **10**.16, S. 158

zul $\tau$ = 0,9 N/mm$^2$ = 90 N/cm$^2$. Folglich ist

$$\text{erf}\,A = \frac{80\,000\text{ N}}{90\text{ N/cm}^2} = 890\text{ cm}^2.$$

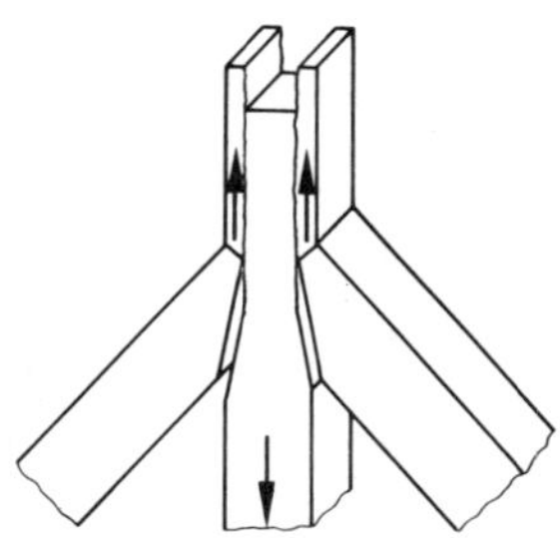

**4**.3 Abgescherter Überstand bei einer überlasteten Hängesäule

Diese Scherfläche verteilt sich je zur Hälfte auf die rechte und linke Seite der Hängesäule, deren Breite 14 cm ist. Die erforderliche Länge je Seite ist

$$l = \frac{890\text{ cm}^2}{2 \cdot 14\text{ cm}} = \mathbf{32\ cm}.$$

**Übung 23** Der Überstand der Hängesäule von Übung 21 ist zu berechnen. Der Versatz ist auf der 16 cm breiten Seite angeordnet.

**Übung 24** Die Vorholzlänge am Strebenfuß ist für den waagerechten Schub der Strebe $H = 58$ kN zu berechnen (**4**.4).

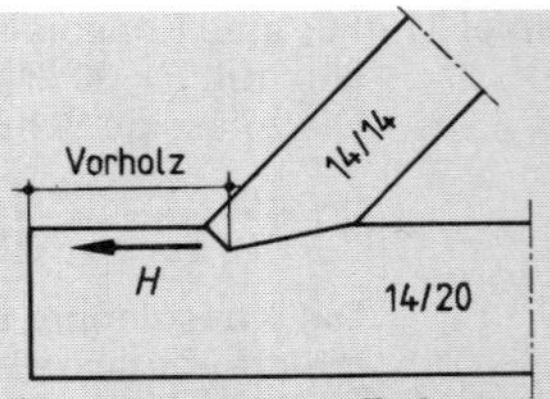


**4**.4 Vorholz am Fußpunkt eines Hängewerks aus NH GKl.III

# 5 Biegekräfte

## 5.1 Drehen und Biegen

**Drehmoment.** Ist auf der Baustelle ein Steinquader anzuheben, setzt man ein Stahlrohr oder ein Kantholz als Hebel an. Es genügt dann weniger Kraft, als wenn man den Quader unmittelbar mit den Händen anhebt. Mit einem Hebel läßt sich bekanntlich am leichtesten arbeiten, wenn der „Drehpunkt", um den der Hebel gedreht wird, dicht an die Last herangeschoben wird, so daß der Lastarm möglichst kurz, der Kraftarm des Hebels dagegen möglichst lang wird. Die Wirkung der Kraft ist also nicht allein von deren Größe, sondern auch von deren Abstand vom Drehpunkt abhängig. Für das Zusammenwirken von Kraft und Hebelarm verwenden wir eine neue Einheit, das (Dreh-)Moment $M$ (kN · m).

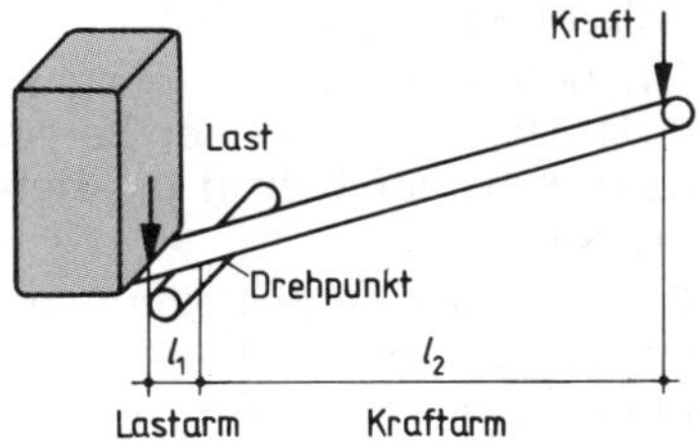

**5.1** Anwendung eines Hebebaums

| | | | | | |
|---|---|---|---|---|---|
| **Drehmoment** | = | **Kraft (oder Last)** | · | **Hebelarmlänge** | (5.1) |
| $M$ | = | $F$ | · | $l$ | |

Bei hoher Last biegt sich der Hebel über dem Drehpunkt durch. Er wird auf Biegung beansprucht.

> Das Moment ist zugleich ein Maß für die Biegebeanspruchung des Hebels.

**Biegemoment.** Man spricht dann vom Biegemoment, das für die Festlegung der Querschnittsabmessung eines Hebels bekannt sein oder berechnet werden muß.

| | | | | | | |
|---|---|---|---|---|---|---|
| **Biegemoment** | = | **Kraft** | · | **Kraftarm** | oder | **Last · Lastarm** |
| $M$ | = | $F$ | · | $l$ | | |

Drehmoment und Biegemoment gleichen sich. Steigt das Drehmoment, steigt auch die Biegebeanspruchung des Hebels, was schließlich zum Bruch des Hebels führen kann.

Als Maßeinheiten für das Biegemoment $M$, das ein Produkt aus $F$ (N, kN, MN) und $l$ (m, cm) ist, ergeben sich verschiedene Möglichkeiten: MNm, MNcm, kNm, kNcm, Nm oder Ncm. 1 MNm = 100 MNcm; 1 MNm = 1000 kNm; 1 kNm = 100 kNcm.

Von der Größe des Biegemoments hängen Querschnittsform und -größe sowie Materialart tragfähiger Hebel ab.

Ein belasteter Balken gleicht einem Hebel (**5**.2). Darum liegen der Berechnung biegebeanspruchter Balken die Hebeigesetze zugrunde.

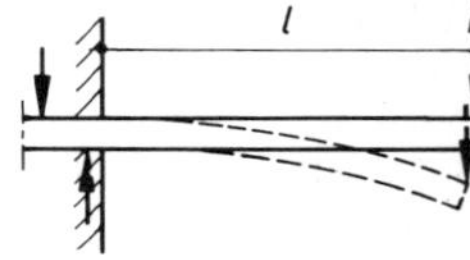


**5**.2 Biegemoment an einem eingespannten Balken

Bei dem hier dargestellten auskragenden Balken liegt der Drehpunkt an der Einspannstelle. Beim Balken auf 2 Stützen stellen wir uns den Drehpunkt in einem der Auflager vor.

**Übungen 25** Welche Hebel erleichtern a) auf dem Bau, b) im täglichen Leben die Arbeit?

## 5.2 Gleichgewicht

### 5.2.1 Zweiseitiger Hebel

Die Last in Bild **5**.3 will den Hebel linksherum drehen: Das Drehmoment der Last ist linksdrehend. Die Kraft in Form des Gewichts wirkt entgegengesetzt: Ihr Drehmoment ist rechtsdrehend. Sind beide Drehmomente gleich groß, herrscht Gleichgewicht, und es entsteht keine Drehbewegung.

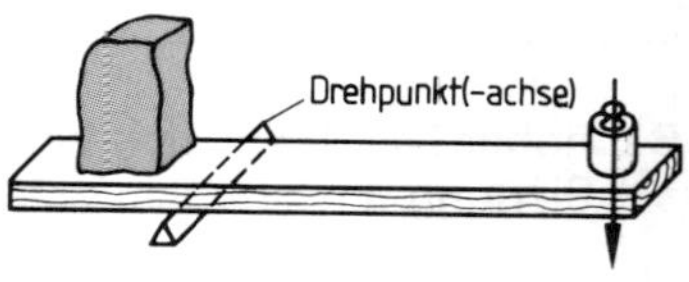


**5**.3 Gleichgewicht am zweiseitigen Hebel

Beim Hebel im Gleichgewicht ist Kraftmoment = Lastmoment
oder: Gleichgewicht am Hebel besteht, wenn die Summe aller Momente = 0 ist.
3. Gleichgewichtsbedingung: $\Sigma M = 0$

Weil ein Moment das Produkt aus Kraft oder Last und dem zugehörigen Hebelarm ist, kann man das Hebelgesetz auch wie folgt schreiben:

| | |
|---|---|
| **Hebelgesetz** | **Kraft · Kraftarm = Last · Lastarm** |

**Beispiel 23** Welche Kraft muß man aufwenden, um mit einem Hebel eine Last von 10 kN im Gleichgewicht zu halten, wenn der Kraftarm fünfmal so lang ist wie der 20 cm lange Lastarm?

Der Kraftarm ist $5 \cdot 20\ \text{cm} = 100\ \text{cm}$.

Nach dem Hebelgesetz ist Kraft · Kraftarm = Last · Lastarm.

Mit den gegebenen Werten ergibt sich

Kraft · 100 cm = 10 kN · 20 cm = 200 kNcm.

$$\text{Kraft} = \frac{200\ \text{kNcm}}{100\ \text{cm}} = \mathbf{2\ kN}.$$

Am 5mal so langen Kraftarm genügt also zur Herstellung des Gleichgewichts $^1/_5$ der Last als Kraft!

Das Hebelgesetz läßt sich nun so umformen, daß die für den Gleichgewichtszustand nötige Kraft unmittelbar berechnet werden kann:

$$\text{Kraft } F = \frac{\text{Last} \cdot \text{Lastarm}}{\text{Kraftarm}} \quad \text{oder} \quad \textbf{Kraft } \boldsymbol{F} = \frac{\textbf{Lastmoment(e)}}{\textbf{Kraftarm}}$$

**Beispiele 24** Für die Hebel in Bild **5**.4 bis **5**.7 soll Gleichgewicht bestehen. Es sind die dafür erforderlichen Kräfte *F* zu berechnen.

Es gilt allgemein $\text{Kraft } F = \frac{\text{Lastmoment(e)}}{\text{Kraftarm}}$.

**In Bild 5**.4 ist das Lastmoment $2\ \text{kN} \cdot 0{,}30\ \text{m} = 0{,}60\ \text{kNm}$

der Kraftarm $= 2{,}20\ \text{m}$

folglich die Kraft $F = \frac{0{,}6\ \text{kNm}}{2{,}20\ \text{m}} = 0{,}273\ \text{kN} = \mathbf{273\ N}$.

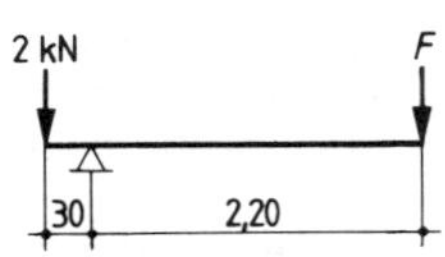

**5**.4 Zweiseitiger Hebel

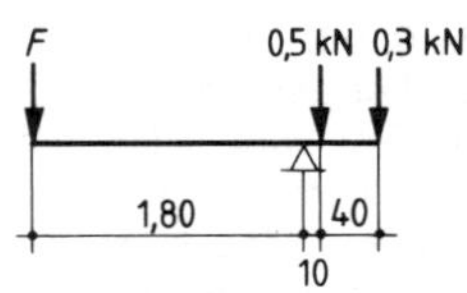

**5**.5 Zweiseitiger Hebel

**In Bild 5**.5 setzt sich das Lastmoment aus den Momenten der beiden verschiedenen großen Lasten 0,5 kN und 0,3 kN zusammen, die (darauf ist stets zu achten) an den verschieden langen Hebelarmen 0,10 m und 0,50 m wirken.

Der für ein Moment maßgebende Hebelarm ist stets der Abstand vom Drehpunkt zur Wirkungslinie der zugehörigen Kraft.

Hebelarm und Wirkungslinie stehen immer rechtwinklig aufeinander.

**Beispiele 24,** Fortsetzung

Es ist Kraft $F = \frac{\text{Lastmoment(e)}}{\text{Kraftarm}}$

$$F = \frac{0{,}5\ \text{kN} \cdot 0{,}10\ \text{m} + 0{,}3\ \text{kN} \cdot 0{,}50\ \text{m}}{1{,}80\ \text{m}} = \frac{0{,}05\ \text{kNm} + 0{,}15\ \text{kNm}}{1{,}80\ \text{m}}$$

$$F = \frac{0{,}20\ \text{kNm}}{1{,}80\ \text{m}} = 0{,}111\ \text{kN} = \mathbf{111\ N.}$$

**In Bild 5.**6 ist zu beachten, daß die Lasten 0,8 kN und 1 kN links vom Drehpunkt (linksdrehend) wirken, die Last 0,3 kN dagegen rechts vom Drehpunkt (rechtsdrehend) wirkt. Durch die Lasten 0,8 kN und 1 kN dreht sich der Hebel also entgegengesetzt zur Drehung durch die Last von 0,3 kN. Das Drehmoment der 0,3 kN hat darum das entgegengesetzte Vorzeichen wie die Drehmomente, die durch die Lasten von 0,8 kN und 1 kN erzeugt werden.

Auf diesen Fall angewendet lautet das Hebelgesetz

$$F = \frac{0{,}8\ \text{kN} \cdot 1{,}00\ \text{m} + 1\ \text{kN} \cdot 0{,}60\ \text{m} - 0{,}3\ \text{kN} \cdot 0{,}30\ \text{m}}{2{,}80\ \text{m}}$$

$$F = \frac{0{,}8\ \text{kNm} + 0{,}6\ \text{kNm} - 0{,}09\ \text{kNm}}{2{,}80\ \text{m}} = \frac{1{,}31\ \text{kNm}}{2{,}80\ \text{m}} = \mathbf{468\ N.}$$

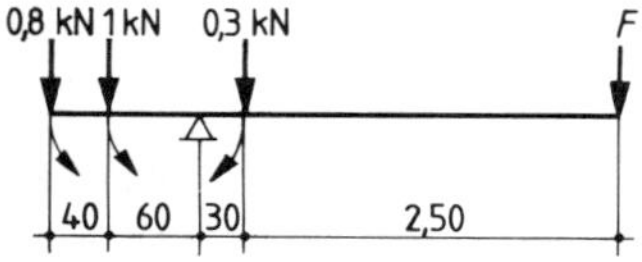


**5.**6 Zweiseitiger Hebel

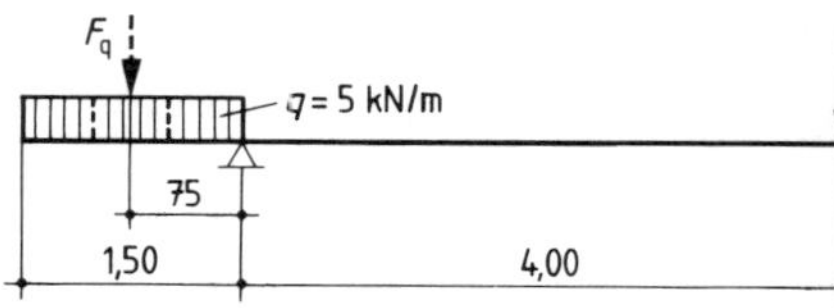


**5.**7 Zweiseitiger Hebel

**In Bild 5.**7 wirkt auf den Lastarm an Stelle der „Einzellasten" in den bisherigen Fällen eine „gleichmäßig verteilte" Last $q$ von 5 kN/m auf 1,50 m Länge. Insgesamt ist also ihre Gewichtskraft $F_q$ = 1,50 m · 5 kN/m = 7,5 kN.

Wir nehmen nun an, diese Last bestünde aus drei Kisten von je 0,50 m Länge. Wir können dann die beiden äußeren Kisten von rechts und links auf die mittlere Kiste setzen, ohne daß sich am Zustand des Hebels etwas ändert. Das bliebe auch so, wenn wir uns die Gesamtlast der Kisten $F_q$ = 7,5 kN im Schwerpunkt der mittleren Kiste, d. h. im Schwerpunkt der gesamten Belastung, angreifend denken. Für die Gleichgewichtskraft $F$ ist anzusetzen

$$F = \frac{7{,}5\ \text{kN} \cdot 0{,}75\ \text{m}}{4{,}00\ \text{m}} = \frac{5{,}625\ \text{kNm}}{4{,}00\ \text{m}} = \mathbf{1{,}41\ kN.}$$

Eine gleichmäßig verteilte Last ist im Lastschwerpunkt durch ihre Gesamtlast $F_q$ ersetzbar.

**Übungen 26** Es sind die Kräfte *F* zu ermitteln, durch die die Hebel in Bild **5**.8 a bis d im Gleichgewicht gehalten werden.

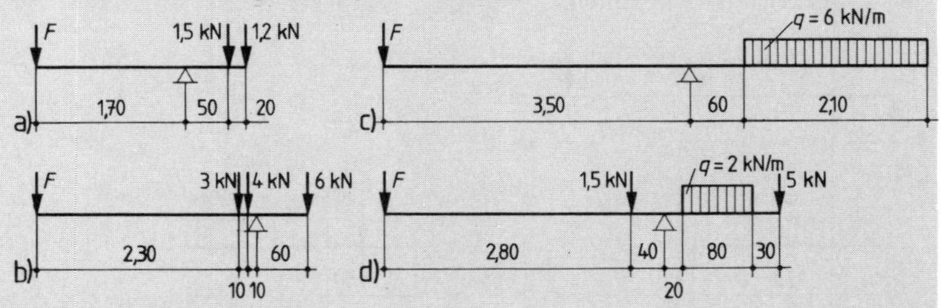


**5**.8 Vier zweiseitige Hebel

## 5.2.2 Einseitiger Hebel

Auch bei der Schubkarre nutzen wir das Hebelgesetz (**5**.9). Der Drehpunkt ist die Radachse. Die Ladung der Schubkarre ist die Last. Jedermann versucht, diese möglichst dicht an die Radachse heranzurücken (kurzer Lastarm).

Die Kraft ist die Muskelkraft der Person, die die Schubkarre schiebt. Und diese wird die Holme der Karre stets an den äußersten Enden, also möglichst weit vom Drehpunkt entfernt, in die Hände nehmen (langer Kraftarm). Last- und Kraftarm befinden sich nun aber auf derselben Seite des Drehpunkts.

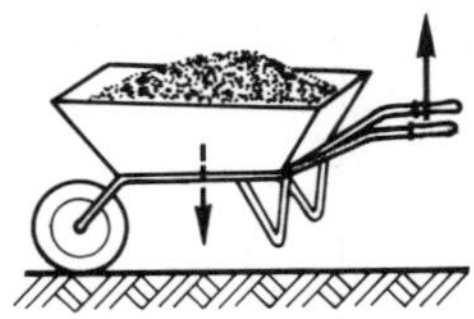

**5**.9 Die Schubkarre ist ein einseitiger Hebel

> Beim einseitigen Hebel liegen Kraft und Last – vom Drehpunkt aus gesehen – auf derselben Seite.

Auch für den einseitigen Hebel gilt das Hebelgesetz:

Kraft · Kraftarm = Last · Lastarm oder

$$\text{Kraft} = \frac{\text{Last} \cdot \text{Lastarm}}{\text{Kraftarm}} = \frac{\text{Lastmoment}}{\text{Kraftarm}}$$

**Beispiel 25** Für den einseitigen Hebel nach Bild **5**.10 ist die Kraft zu berechnen, die den Hebel im Gleichgewicht hält.

Nach dem Hebelgesetz ist

$$F = \frac{20\ \text{kN} \cdot 0{,}40\ \text{m} + 30\ \text{kN} \cdot 1{,}40\ \text{m}}{2{,}00\ \text{m}}$$

$$F = \frac{8\ \text{kNm} + 42\ \text{kNm}}{2{,}00\ \text{m}} = \frac{50\ \text{kNm}}{2{,}00\ \text{m}} = \mathbf{25\ kN}$$

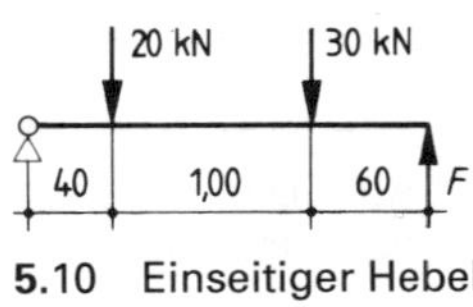


**5**.10 Einseitiger Hebel

**Übungen 27** Es sind die Kräfte *F* zu ermitteln, die die Hebel in Bild **5**.11 a bis c im Gleichgewicht halten.

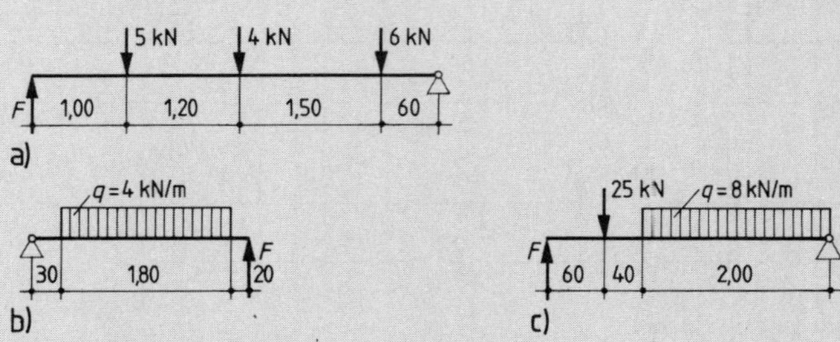


**5**.11 Drei einseitige Hebel

## 5.3 Auflagerkraft

### 5.3.1 Balken auf zwei Stützen

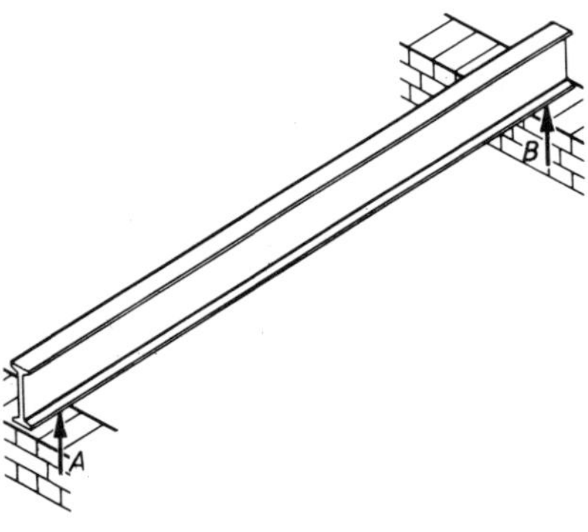


**5**.12 Auflagerkräfte eines Trägers

Der Träger in Bild **5**.12 drückt mit seiner (nicht dargestellten) Belastung und seiner Eigenlast auf die beiden Mauern, auf denen er ruht. Er ruft dadurch die beiden Auflagerkräfte *A* und *B* hervor.

Die Eigenlast des Trägers verteilt sich gleichmäßig auf die beiden Auflager; jedes nimmt die Hälfte davon auf.

Eine mittige Belastung wird ebenfalls je zur Hälfte von den beiden Auflagern aufgenommen; wir erhalten dann gleichgroße Auflagerkräfte.

Bei ausmittiger Belastung des Trägers muß jedoch das der Last näherliegende Auflager einen größeren Anteil der Last übernehmen als das entfernter liegende. Die Auflagerkräfte werden dann ungleich.

Auflagerkräfte lassen sich wie die Gleichgewichtskräfte von einseitigen Hebeln mit dem Hebelgesetz berechnen.

Im folgenden Beispiel und in den Übungen bleiben die vergleichsweise geringen Trägereigenlasten der Einfachheit halber unberücksichtigt.

**Beispiel 26** Für den Träger nach Bild **5**.13 sind die Auflagerkräfte $A$ und $B$ zu berechnen. $F_1 = 6$ kN, $F_2 = 5$ kN.

Für die Berechnung der Auflagerkraft $A$ wird der Träger als einseitiger Hebel angesehen, dessen Drehpunkt in $B$ liegt. Dann ist nach dem Hebelgesetz

$$A \cdot 4{,}00\text{ m} = F_1 \cdot 2{,}50\text{ m} + F_2 \cdot 0{,}60\text{ m}.$$

Löst man die Gleichung nach $A$ auf und setzt die Werte für $F_1$ und $F_2$ ein, ergibt sich

$$A = \frac{6\text{ kN} \cdot 2{,}50\text{ m} + 5\text{ kN} \cdot 0{,}60\text{ m}}{4{,}00\text{ m}}$$

$$A = \frac{15\text{ kNm} + 3\text{ kNm}}{4{,}00\text{ m}} = \frac{18\text{ kNm}}{4{,}00\text{ m}} = \mathbf{4{,}5\text{ kN}.}$$

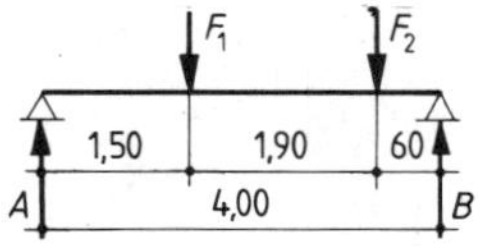


**5**.13 Berechnung der Auflagerkräfte eines Trägers auf zwei Stützen mit Einzellasten

Für die Berechnung der Auflagerkraft $B$ denkt man sich nun den Drehpunkt in $A$. Jetzt ist nach dem Hebelgesetz

$$B \cdot 4{,}00\text{ m} = F_1 \cdot 1{,}50\text{ m} + F_2 \cdot 3{,}40\text{ m}$$

$$B = \frac{6\text{ kN} \cdot 1{,}50\text{ m} + 5\text{ kN} \cdot 3{,}40\text{ m}}{4{,}00\text{ m}}$$

$$B = \frac{9\text{ kNm} + 17\text{ kNm}}{4{,}00\text{ m}} = \frac{26\text{ kNm}}{4{,}00\text{ m}} = \mathbf{6{,}5\text{ kN}.}$$

Nun schalten wir folgende Überlegung ein: Tragen zwei Männer an einer Stange eine oder mehrere Lasten, müssen beide zusammen die gesamte Last tragen. Die Last, die jeder zu tragen hat, entspricht den Auflagerkräften $A$ oder $B$.

> Die beiden Auflagerkräfte $A$ und $B$ müssen zusammen ebenso groß sein wie die Summe der Kräfte, die die Auflager aufzunehmen haben.
> Wir erinnern uns an den Gleichgewichtsgrundsatz:
> Die Summe aller vertikalen Kräfte muß 0 sein: $\Sigma V = 0$.

Man kann damit die Richtigkeit der im Beispiel durchgeführten Berechnung leicht nachprüfen:

Auflagerkräfte $A + B = F_1 + F_2$ oder $A + B - (F_1 + F_2) = 0$

$A + B = 4{,}5\text{ kN} + 6{,}5\text{ kN} = 11\text{ kN}$

$F_1 + F_2 = 6\text{ kN} + 5\text{ kN} = 11\text{ kN}$

**Übungen 28** Für die Träger in Bild **5**.14 a bis f sind die Auflagerkräfte *A* und *B* zu berechnen.

Frage: Muß man die Auflagerkräfte der Träger c bis f mit dem Hebelgesetz berechnen, oder ist es möglich, sie durch einfache Überlegungen zu bestimmen?

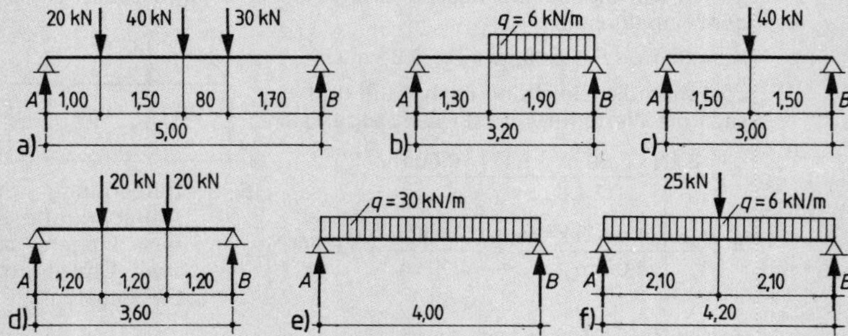


**5**.14 Balken auf zwei Stützen mit Einzellasten, Streckenlasten und gemischter Belastung

**Übung 29** Eine Laderampe von 3,00 m Breite wird am vorderen Rand durch zwei I200 mit 5,00 m Stützweite abgefangen (**5**.15). Sie ruhen auf 2,50 m hohen Mauerpfeilern aus Vollziegeln Mz 12 in Mörtelgruppe II.

Prüfen Sie, ob Pfeilerquerschnitte von 24 cm × 24 cm ausreichen. Beachten Sie: Außer den Eigenlasten übernehmen die Träger die Streckenlast der linken Rampenhälfte. Vergessen Sie nicht die Pfeilereigenlast (mit $\gamma$ = 15 kN/m³).

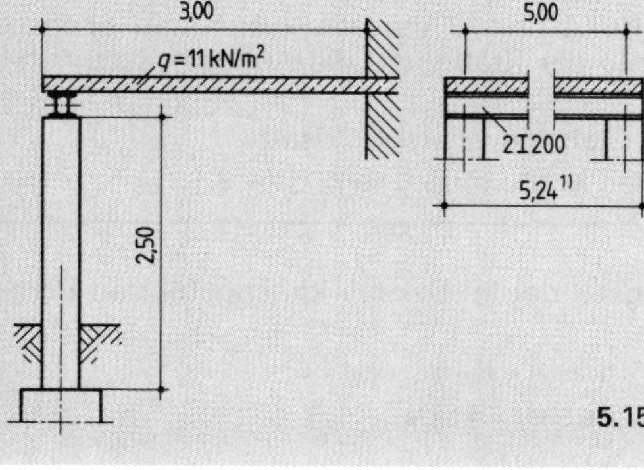


**5**.15

## 5.3.2 Balken mit gemischter Belastung

Der Deckenträger in Bild **5.**16 hat verschiedene Lasten aufzunehmen. Er ist durch die Eigenlast der Decke und seine Eigenlast gleichmäßig belastet. Die belastete Stahlstütze ist als Einzellast, die aufzunehmende Querwand als Streckenlast zu betrachten.

> Unterschiedliche Lastarten und -stellungen nennt man „gemischte Belastung".

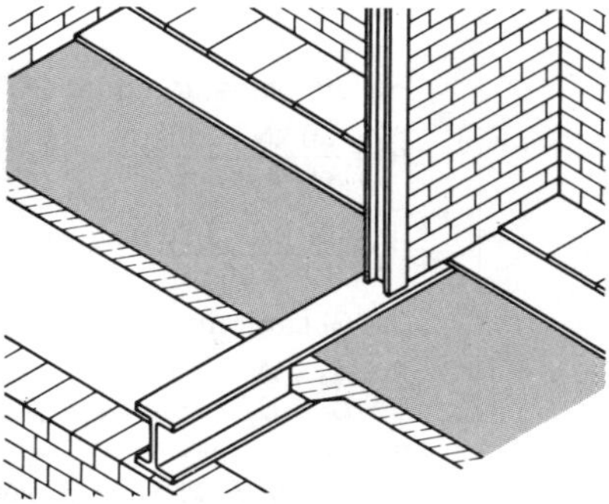

**5.**16 Der Deckenträger hat verschiedene Lasten aufzunehmen (Platte teilweise fortgelassen)

**Beispiele** zeigt Bild **5.**17.

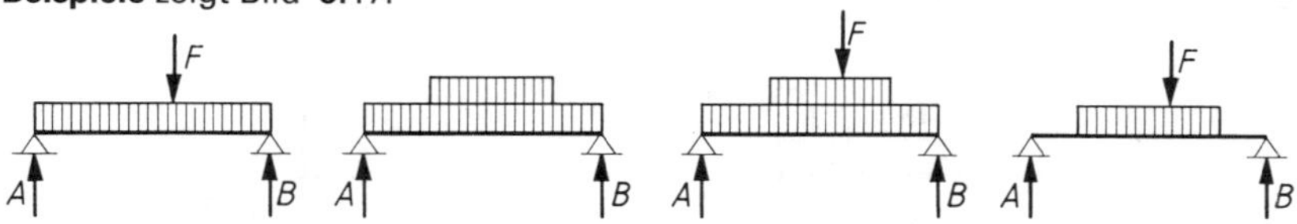


**5.**17 Möglichkeiten gemischter Belastung aus gleichmäßig und ungleichmäßig verteilten Streckenlasten und Einzellasten

Aus gemischten Lasten entstehende Auflagerkräfte werden nach den gleichen Regeln berechnet wie die Träger in Abschnitt 5.3.1.

**Beispiel 27** Für den Balken in Bild **5.**18a sind die Auflagerkräfte zu berechnen. $F = 30$ kN, $q = 5$ kN/m.

Am einfachsten ermittelt man zunächst $A_1$ und $B_1$ für einen Balken, der nur mit $q$ belastet ist (**5.**18b). Danach berechnet man $A_2$ und $B_2$ für einen nur mit $F$ belasteten Balken (**5.**18c). Die Summe der Auflagerkräfte $A_1 + A_2$ ergibt dann für den mit $F$ und $q$ belasteten Balken (**5.**18a) den Auflagerdruck $A$. Ebenso ist für diesen Balken $B_1 + B_2 = B$.

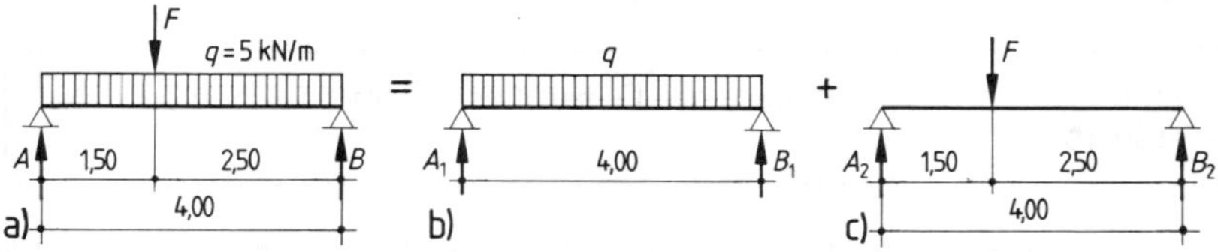


**5.**18 Träger auf zwei Stützen mit gemischter Last
a) gemischte Belastung, b) Lastfall $q$, c) Lastfall $F$

> Bei gemischter Belastung ist es oft zweckmäßig, die Auflagerkräfte aus der Summe der für jeden Lastfall getrennt ermittelten Auflagerkräfte zu berechnen.

**Beispiel 27,** Fortsetzung

Für die Belastung durch $q$ (**5**.18b) ist

$$A_1 = B_1 = \frac{5\ \text{kN/m} \cdot 4{,}00\ \text{m}}{2} = 10\ \text{kN}.$$

Für die Belastung durch $F$ (**5**.18c) sind nach dem Hebelgesetz

$$A_2 = \frac{30\ \text{kN} \cdot 2{,}50\ \text{m}}{4{,}00\ \text{m}} = 18{,}75\ \text{kN}$$

$$B_2 = \frac{30\ \text{kN} \cdot 1{,}50\ \text{m}}{4{,}00\ \text{m}} = 11{,}25\ \text{kN}.$$

Die Gesamtauflagerkräfte sind also

$A = A_1 + A_2 = 10\ \text{kN} + 18{,}75\ \text{kN} = \mathbf{28{,}75\ kN}$
$B = B_1 + B_2 = 10\ \text{kN} + 11{,}25\ \text{kN} = \mathbf{21{,}25\ kN}$.

Probe: $\Sigma V = 0$
$A + B = 28{,}75\ \text{kN} + 21{,}25\ \text{kN} = 50\ \text{kN}$
$F + F_q = 30\ \text{kN} + 5\ \text{kN/m} \cdot 4{,}00\ \text{m}$
$F + F_q = 30\ \text{kN} + 20\ \text{kN} = 50\ \text{kN}$ somit $A + B - (F + F_q) = 0$

**Beispiel 28** Für den Träger nach Bild **5**.19a sind die Auflagerkräfte zu berechnen.

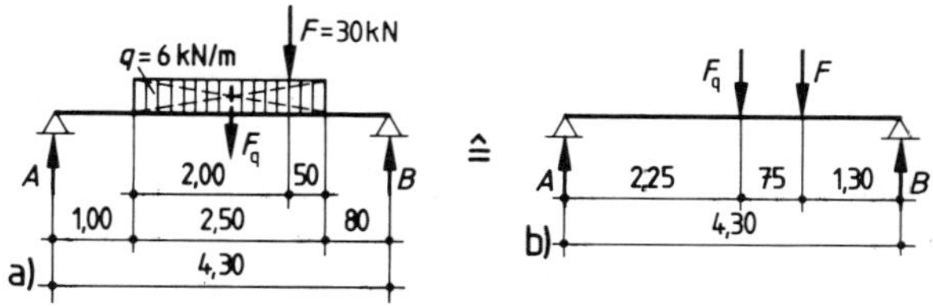


**5**.19 Balken auf zwei Stützen. Zum Berechnen von $A$ und $B$ darf die Streckenlast $q$ in a) durch eine gleichgroße Einzellast $F_q$ in b) ersetzt werden

Hier bietet eine Teilung der Belastung wie in Beispiel 27 keine Vorteile, weil keine symmetrische Laststellung vorliegt. Das Hebelgesetz führt hier am schnellsten zum Ziel.

Zunächst wird die Gesamtgröße der Streckenlast ermittelt. Es ist $F_q = q \cdot 2{,}50\ \text{m} = 6\ \text{kN/m} \cdot 2{,}50\ \text{m} = 15\ \text{kN}$. Wir wissen bereits:

| |
|---|
| Eine Streckenlast ist durch ihre Gesamtlast $F_q$ im Lastschwerpunkt ersetzbar. |

Jetzt ergibt sich für die Berechnung von $A$ und $B$ die Anordnung nach Bild **5**.19b. Nach dem Hebelgesetz sind

$$A = \frac{F_q \cdot 2{,}05\ \text{m} + F \cdot 1{,}30\ \text{m}}{4{,}30\ \text{m}} = \frac{15\ \text{kN} \cdot 2{,}05\ \text{m} + 30\ \text{kN} \cdot 1{,}30\ \text{m}}{4{,}30\ \text{m}}$$

$$A = \frac{30{,}8\ \text{kNm} + 39\ \text{kNm}}{4{,}30\ \text{m}} = \frac{69{,}8\ \text{kNm}}{4{,}30\ \text{m}} = \mathbf{16{,}2\ kN}$$

**Beispiel 28,**
Fortsetzung

$$B = \frac{F_q \cdot 2{,}25\ \text{m} + F \cdot 3{,}00\ \text{m}}{4{,}30\ \text{m}} = \frac{15\ \text{kN} \cdot 2{,}25\ \text{m} + 30\ \text{kN} \cdot 3{,}00\ \text{m}}{4{,}30\ \text{m}}$$

$$B = \frac{33{,}8\ \text{kNm} + 90\ \text{kNm}}{4{,}30\ \text{m}} = \frac{123{,}8\ \text{kNm}}{4{,}30\ \text{m}} = \mathbf{28{,}8\ kN.}$$

Probe: $A + B - F_q + F = \Sigma V = 0$
$A + B = 16{,}2\ \text{kN} + 28{,}8\ \text{kN} = 45{,}0\ \text{kN}$
$F_q + F = 30{,}0\ \text{kN} + 15{,}0\ \text{kN} = 45{,}0\ \text{kN}$

**Übungen 30** Für die Träger nach Bild **5**.20 a bis c sind die Auflagerkräfte zu berechnen.

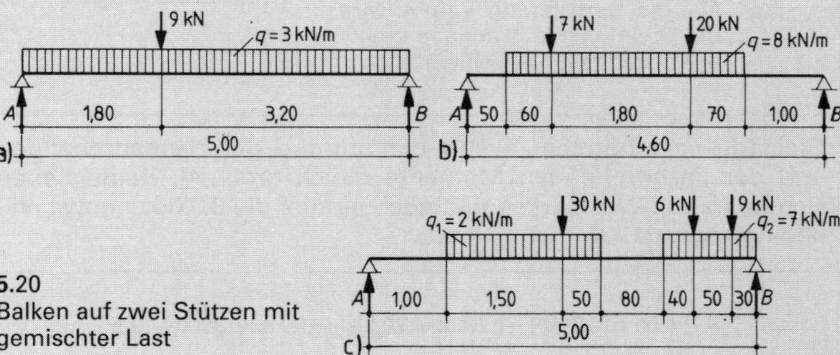


**5**.20
Balken auf zwei Stützen mit gemischter Last

## 5.3.3 Kragbalken

Häufig führt der Träger oder Balken einer Decke über einen der Auflagerpunkte hinaus – er kragt aus, wie z. B. der Balken für den Lastenaufzug eines Speichers (**1**.4). Oder es schließt eine Laderampe an eine Decke an (**5**.21), so daß die Deckenbalken nicht auf ihrem Auflager enden, sondern auskragen.

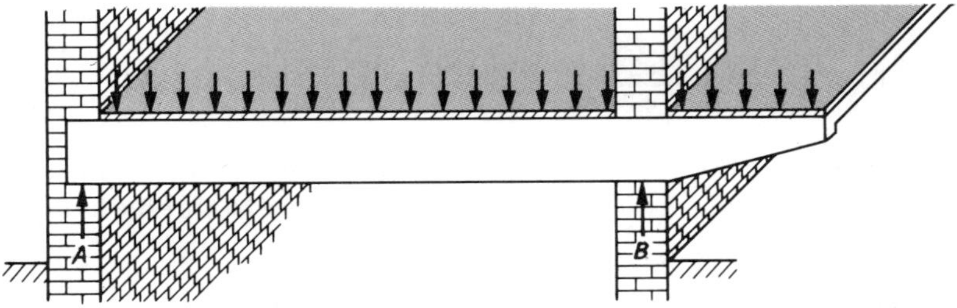


**5**.21 Der Stahlbetonbalken unter Decke und Laderampe ist ein Balken mit Kragarm

| |
|---|
| Auch Auflagerkräfte von Kragbalken werden mit dem Hebelgesetz berechnet. |

Wiederum betrachtet man den Balken als Hebel, dessen Drehpunkt einmal in $B$, das andere Mal in $A$ angenommen wird. Mit dem Drehpunkt in $A$ ergibt sich wieder ein einseitiger Hebel. Der Rechnungsgang ist uns bekannt; es ist lediglich darauf zu achten, daß die Länge des Hebelarms der Kraglast richtig eingesetzt wird. Mit dem Drehpunkt in $B$ (bei der Berechnung von $A$) entsteht jedoch ein zweiseitiger Hebel, und wir müssen uns für die Rechnung darüber klar werden, welche der belastenden Kräfte rechtsdrehende und welche linksdrehende Momente erzeugen.

**Beispiel 29** Für den Träger mit Kragarm nach Bild **5**.22 sind die Auflagerkräfte zu ermitteln.

Für die Berechnung von $A$ wird der Drehpunkt in $B$ angenommen; es entsteht ein zweiseitiger Hebel.

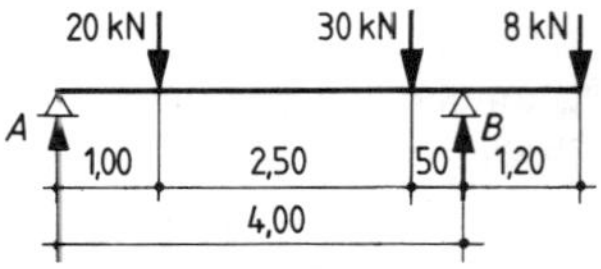


**5**.22 Träger mit Kragarm

> Gleichgewicht herrscht, wenn die Summe der rechtsdrehenden und der linksdrehenden Momente gleich groß ist. Beide heben sich dann auf. Wir merken uns noch einmal die 3. Gleichgewichtsbedingung: $\Sigma M = 0$.

$$A \cdot 4{,}00\text{ m} + 8\text{ kN} \cdot 1{,}20\text{ m} = 20\text{ kN} \cdot 3{,}00\text{ m} + 30\text{ kN} \cdot 0{,}50\text{ m}$$

$$A = \frac{20\text{ kN} \cdot 3{,}00\text{ m} + 30\text{ kN} \cdot 0{,}50\text{m} - 8\text{ kN} \cdot 1{,}20\text{ m}}{4{,}00\text{ m}}$$

$$A = \frac{60\text{ kNm} + 15\text{ kNm} - 9{,}6\text{ kNm}}{4{,}00\text{ m}} = \frac{65{,}4\text{ kNm}}{4{,}00\text{ m}} = \mathbf{16{,}35\text{ kN}}$$

Für die Berechnung von $B$ wird der Drehpunkt in $A$ angenommen; es liegt ein einseitiger Hebel vor.

$$B \cdot 4{,}00\text{ m} = 20\text{ kN} \cdot 1{,}00\text{ m} + 30\text{ kN} \cdot 3{,}50 + 8\text{ kN} \cdot (4{,}00\text{ m} + 1{,}20\text{ m})$$

$$B = \frac{20\text{ kN} \cdot 1{,}00\text{m} + 30\text{ kN} \cdot 3{,}50\text{ m} + 8\text{ kN} \cdot 5{,}20\text{ m}}{4{,}00\text{ m}}$$

$$B = \frac{20\text{ kNm} + 105\text{ kNm} + 41{,}6\text{ kNm}}{4{,}00\text{ m}} = \frac{166{,}6\text{ kNm}}{4{,}00\text{ m}} = \mathbf{41{,}65\text{ kN}}$$

Probe: $\Sigma V = 0$

$A + B = 16{,}35\text{ kN} + 41{,}65\text{ kN} = 58\text{ kN}$

$\Sigma F = 20\text{ kN} + 30\text{ kN} + 8\text{ kN} = 58\text{ kN}$

Stets hat die Belastung eines Kragarms zur Folge, daß das am anderen Ende liegende Auflager (hier $A$) entlastet wird (**5**.22). Große Kragmomente können dort abhebende Kräfte hervorrufen (negative Auflagerkaft), so daß in $A$ Verankerungen nötig werden. Die Entlastung von $A$ kommt bei der Berechnung von $A$ darin zum Ausdruck, daß das Drehmoment der Kragarmbelastung mit negativem Vorzeichen eingesetzt wird. Weil $\Sigma V = 0$ ist, bedingt die Entlastung von $A$ eine entsprechend größere Belastung von $B$, die sich durch das positive Vorzeichen des Drehmoments der Kragarmlasten bei der Berechnung von $B$ äußert (vgl. die Größe der Auflagerkräfte in Beispiel 30).

**Übungen 31** Für die Träger mit Kragarm in Bild **5**.23a bis c sind die Auflagerkräfte zu berechnen.

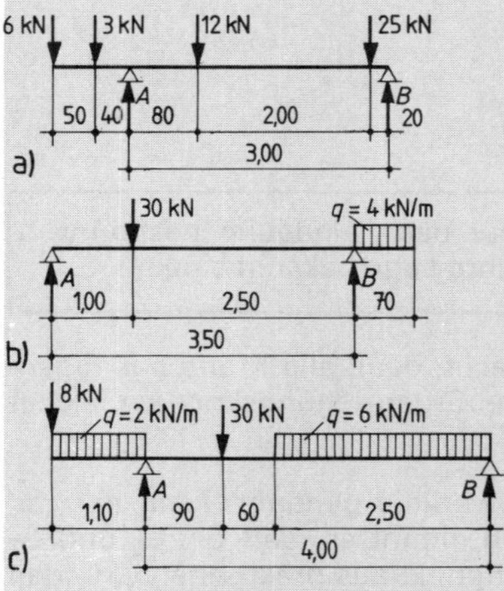


**5**.23 Träger auf zwei Stützen mit Kragarmen

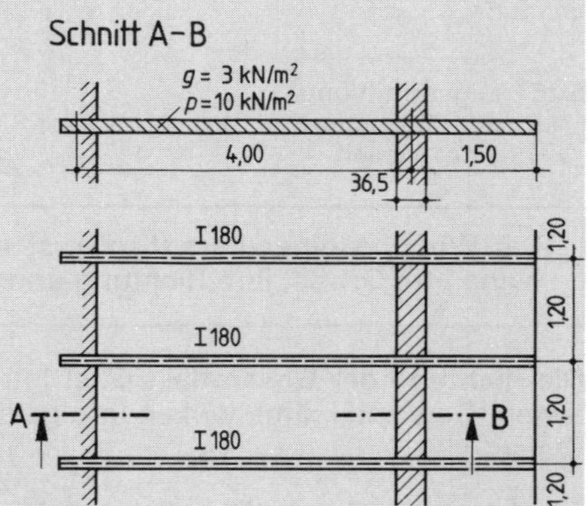


**5**.24 Stahlbetondecke zwischen I180 mit Laderampe

**Übungen 32** Die Verkehrslast der Decke eines Lagerhauses beträgt 10 kN/m² (**5**.24). Hinzu kommt die Eigenlast der Decke einschließlich Bodenbelag von 3 kN/m².

a) Berechnen Sie die Auflagerkräfte $A$ und $B$ der Träger bei Vollast.

b) Weisen sie tragfähiges Mauerwerk für das Trägerauflager in $B$ (Kragarmseite) nach.

## 5.4 Zusammensetzen von parallelen Kräften

Mit dem Hebelgesetz kann auch die Lage der Gesamtlast (Resultierende $R$) von Einzellasten ermittelt werden.

**Größe der Gesamtlast** (Resultierende $R$). Zur Berechnung der Gesamtlast des Mauerteils nach Bild **5**.25 zerlegt man die Mauer zunächst in

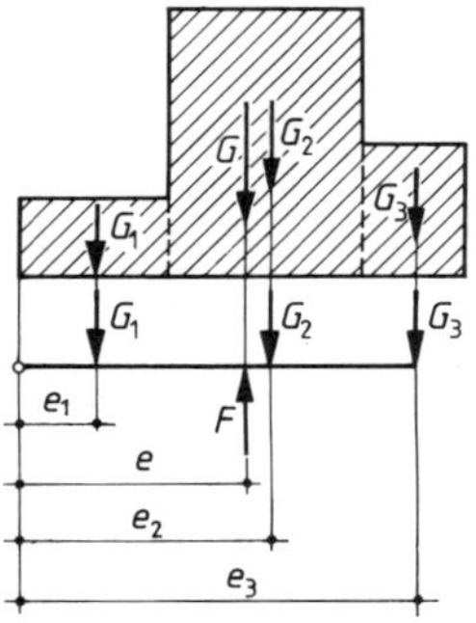


5.25 Lageermittlung der Gesamtlast einer Mauer

regelmäßige Teilkörper. Anschließend werden die Einzellasten $G_1$ bis $G_3$ ermittelt. Deren Summe ergibt dann die Gesamtlast $G$ der Mauer:

$$G = G_1 + G_2 + G_3$$

Für die statische Berechnung muß aber nicht nur die Größe dieser Last bekannt sein. Man muß auch wissen, wo und in welcher Richtung sie angreift, d. h., man muß auch ihre Lage kennen.

Die Wirkung einer Last (Kraft) ist nur dann eindeutig bestimmt, wenn ihre Größe, ihre Richtung und ihre Lage bekannt sind.

**Die Richtung der Gesamtlast *G*** ist lotrecht, denn alle Kräfte aus Eigenlasten (Gewichtskräfte) wirken infolge der Erdanziehungskraft in gleicher Weise.

**Die Lage der Gesamtlast *G*** (auch Schwerlinie genannt) kann nur mit dem Hebelgesetz ermittelt werden. Man nimmt an, daß $G_1$, $G_2$ und $G_3$ auf einem Hebel angreifen, dessen Drehpunkt aus praktischen Gründen unter eine der lotrechten Mauerkanten gelegt wird (**5**.25). Dann liegt $G$ in der gleichen Linie wie die Kraft $F$, die den Hebel im Gleichgewicht hält. Und zwar ist $F$ gleich groß, aber entgegengesetzt gerichtet wie $G$. Mit den Bezeichnungen des Bildes **5**.25 lautet das Hebelgesetz:

$$F \cdot e = G_1 \cdot e_1 + G_2 \cdot e_2 + G_3 \cdot e_3$$

Für $F$ setzen wir die ebenso große Gesamtlast $G$ ein:

$$G \cdot e = G_1 \cdot e_1 + G_2 \cdot e_2 + G_3 \cdot e_3$$

Durch Umformen dieser Gleichung erhalten wir die Entfernung $e$ der Gesamtlast $G$ vom Drehpunkt des Hebels, also die Lage von $G$:

$$e = \frac{G_1 \cdot e_1 + G_2 \cdot e_2 + G_3 \cdot e_3}{G}$$

Die Maße $e_1$, $e_2$ und $e_3$ sind bekannt: Es sind die Abstände der Mitten der rechteckigen Teilflächen vom Drehpunkt.

Bei parallelen Lasten (Kräften) ermitteln wir mit dem Hebelgesetz die Lage ihrer Gesamtlast $G$ (oder Resultierende $R$). $G$ bzw. $R$ entsprechen in Größe und Wirkung der Summe aller Teillasten $G_1$, $G_2$ ... bzw. aller Teilkräfte $F_1$, $F_2$ ... .

**Beispiel 30** Ermitteln Sie Größe und Lage der Resultierenden $R$ für die Betonstützmauer nach Bild **5**.26.

Die Mauer wird in 3 Teile von 1 m Länge zerlegt, deren Lasten sich für 1 m Mauerlänge wie folgt ergeben:

$G_1 = 1{,}00\ \text{m} \cdot 0{,}70\ \text{m} \cdot 2{,}25\ \text{m} \cdot 23\ \text{kN/m}^3 = 36{,}20\ \text{kN}$

$G_2 = 1{,}00\ \text{m} \cdot 1{,}20\ \text{m} \cdot 0{,}40\ \text{m} \cdot 23\ \text{kN/m}^3 = 11{,}05\ \text{kN}$

$G_3 = 1{,}00\ \text{m} \cdot 1{,}50\ \text{m} \cdot 0{,}50\ \text{m} \cdot 23\ \text{kN/m}^3 = 17{,}25\ \text{kN}$

Gesamtlast $G = R = G_1 + G_2 + G_3 = 64{,}50\ \text{kN}$

Mit dem Drehpunkt unter der linken Fundamentkante erhalten wir:

$G \cdot e = G_1 \cdot 1{,}15\ \text{m} + G_2 \cdot 0{,}90\ \text{m} + G_3 \cdot 0{,}75\ \text{m}$

$64{,}5\ \text{kN} \cdot e$

$= 36{,}2\ \text{kN} \cdot 1{,}15\ \text{m} + 11{,}05\ \text{kN}$

$\cdot\, 0{,}90\ \text{m} + 17{,}25\ \text{kN} \cdot 0{,}75\ \text{m}$

$64{,}5\ \text{kN} \cdot e$

$= 41{,}6\ \text{kNm} + 9{,}94\ \text{kNm}$

$+\, 12{,}94\ \text{kNm} = 64{,}48\ \text{kNm}$

Folglich ist der Abstand $e$ von $G$ von der linken Fundamentkante

$$e = \frac{64{,}48\ \text{kNm}}{64{,}5\ \text{kN}}$$

$e =$ **1,00 m.**

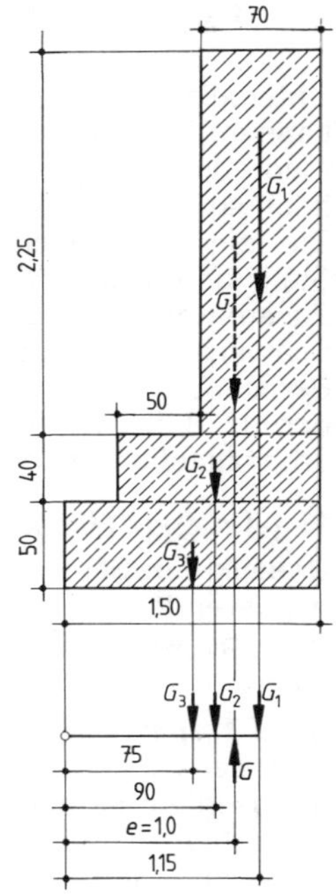


**5**.26
Lage der Gesamtlast einer Stützmauer (lotrechte Schwerlinie)

**Übung 33** Die Kräfte $F_1 = 300$ kN und $F_2 = 140$ kN sind mit der Eigenlast des 1,00 m langen Brückenpfeilers **5**.27 aus Beton zur Resultierenden $R$ zusammenzusetzen, deren Lage zu ermitteln ist.

Hinweis: Die Teillasten des Brückenpfeilers und die Kräfte $F_1$ und $F_2$ werden in einem Rechnungsgang zu $R$ zusammengesetzt.

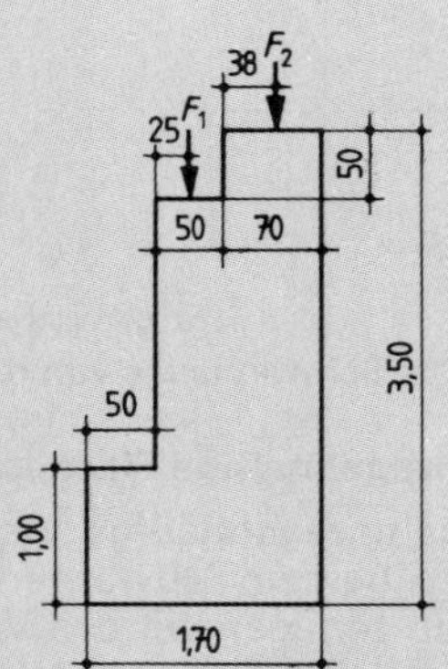


**5**.27 Betonbrückenpfeiler

## 5.5 Rechnerisches Ermitteln von Schwerpunkten

Unterstützt man einen Körper in seinem Schwerpunkt, bleibt er in jeder Lage im Gleichgewicht. Eine derart genaue Unterstützung ist jedoch nur theoretisch möglich. Sie genügt bei einem Bauteil niemals, denn jede noch so kleine Veränderung der Lasten würde ihn zum Kippen bringen. Die rein rechnerische Ermittlung des Schwerpunkts wird jedoch in der Statik gebraucht. Wir haben sie schon mehrfach angewendet, z. B. beim Zusammenfassen gleichmäßig verteilter Lasten oder Streckenlasten im Schwerpunkt der Belastungsflächen (Beispiel 24, Bild **5**.7) oder bei den Berechnungen im Abschnitt 5.4. Ferner muß bei auskragenden Baukörpern (z. B. bei Gesimssteinen) die Lage des Schwerpunkts bekannt sein, um feststellen zu können, ob das Gesims auch nicht kippen kann.

**Regelmäßige Flächen** (**5**.28)

**Dreieck.** Der Schwerpunkt des Dreiecks liegt im Schnittpunkt der Seitenhalbierenden.

**Beim Rechteck oder Parallelogramm** liegt er im Schnittpunkt der Diagonalen.

**Beim Trapez** verlängert man die Seite *a* nach beiden Seiten um die andere Seite *b* und die Seite *b* um die Seite *a*. Im Schnittpunkt der Verbindungslinien der neuen Endpunkte liegt der Schwerpunkt. Oder man verlängert die Trapezseiten *a* und *b* jeweils nach der entgegengesetzten Seite um *b* und *a*, verbindet die neuen Endpunkte und zeichnet dann die Seitenhalbierende von *a* und *b*. Der Schnittpunkt, der sich ergibt, ist der Schwerpunkt.

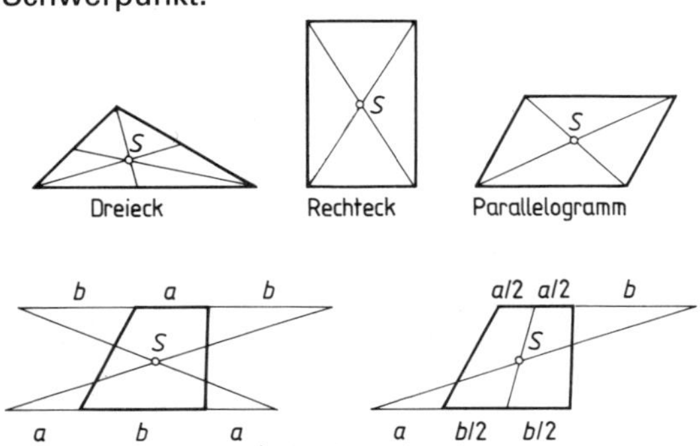


**5**.28 Schwerpunkte von regelmäßigen Flächen

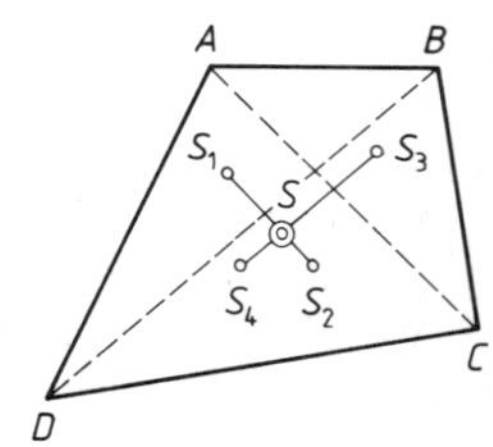


**5**.29 Schwerpunkt eines unregelmäßigen Vierecks

**Unregelmäßige Flächen**

**Das unregelmäßige Viereck** wird in die Dreiecke *ABD* und *BCD* zerlegt. Ihre beiden Schwerpunkte $S_1$ und $S_2$ werden miteinander verbunden. Nun zerlegen wir das Viereck in die Dreiecke *ABC* und *ACD* und verbinden deren Schwerpunkte $S_3$ und $S_4$ miteinander (**5.29**). Im Schnittpunkt der „Schwerlinien" $S_1$ $S_2$ und $S_3$ $S_4$ liegt der Schwerpunkt *S* des Vierecks.

**Zusammengesetzte Flächen**

Solche Flächen zerlegen wir in einfache Einzelflächen. Deren Einzelschwerpunkte werden bestimmt. Den Gesamtschwerpunkt ermitteln wir ähnlich wie in Abschnitt 5.4 mit dem Hebelgesetz, indem wir die Flächen wie Kräfte auffassen.

**Kippsicherheit.** An der Lage der Schwerlinie läßt sich auch die Kippsicherheit (Stabilität) eines Querschnitts erkennen.

> Liegt die Schwerlinie noch innerhalb einer unterstützt gedachten Linie, ist ein Querschnitt auf dieser Linie kippsicher.

Dies trifft z. B. für die untere waagerechte Standlinie und die senkrechte Schwerlinie des Gesamtquerschnitts im Beispiel 31 zu. Betrachtet man dagegen die rechte Außenkante als unterstützt, liegt die waagerechte Schwerlinie deutlich außerhalb dieser Kante, und ein Abkippen nach rechts ist unvermeidlich.

**Beispiel 31** Für den Querschnitt nach Bild **5**.30 ist der Schwerpunkt zu ermitteln.

Der Querschnitt wird in die Flächen $A_1$ bis $A_3$ aufgeteilt. Deren Inhalt ist:

$$A_1 = 5{,}00\ \text{m} \cdot 1{,}00\ \text{m} = 5{,}00\ \text{m}^2$$
$$A_2 = 4{,}00\ \text{m} \cdot 2{,}00\ \text{m} = 8{,}00\ \text{m}^2$$
$$A_3 = 2{,}50\ \text{m} \cdot 4{,}00\ \text{m} = 10{,}00\ \text{m}^2$$
$$A = A_1 + A_2 + A_3 = 23{,}00\ \text{m}^2$$

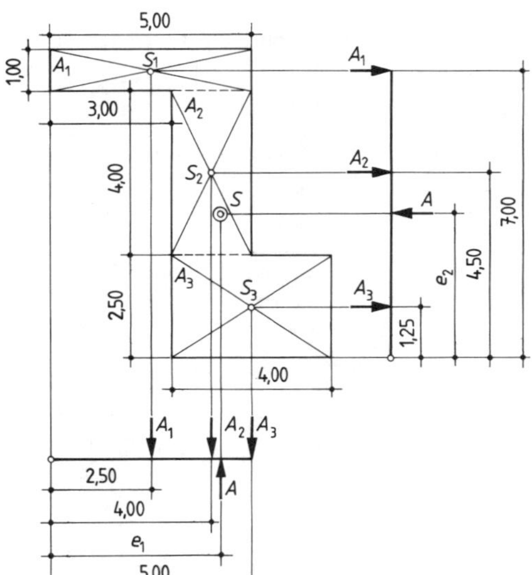


**5**.30 Schwerpunktermittlung mit Hilfe des Hebelgesetzes

**Beispiel 31, Fortsetzung** Im vorigen Abschnitt wurden parallele Kräfte und Lasten zusammengesetzt und die Lage von $R$ ermittelt. Hier gehen wir in gleicher Weise vor, indem wir die Teilflächen $A_1$ bis $A_3$ wie Kräfte behandeln und daraus die Lage des Schwerpunkts $S$ der Gesamtfläche $A$ berechnen.

Zunächst lassen wir die Flächen lotrecht wirken und erhalten nach dem Hebelgesetz (Drehpunkt linke Außenkante):

$$A \cdot e_1 = A_1 \cdot 2{,}50\ \text{m} + A_2 \cdot 4{,}00\ \text{m} + A_3 \cdot 5{,}00\ \text{m}$$

$$23{,}00\ \text{m}^2 \cdot e_1 = 5{,}00\ \text{m}^2 \cdot 2{,}50\ \text{m} + 8{,}00\ \text{m}^2 \cdot 4{,}00\ \text{m} + 10{,}00\ \text{m}^2 \cdot 5{,}00\ \text{m}$$

$$23{,}00\ \text{m}^2 \cdot e_1 = 12{,}50\ \text{m}^3 + 32{,}00\ \text{m}^3 + 50{,}00\ \text{m}^3 = 94{,}50\ \text{m}^3$$

$$e_1 = \frac{94{,}50\ \text{m}^3}{23{,}00\ \text{m}^2} = 4{,}10\ \text{m}$$

Der Schwerpunkt liegt also in 4,10 m Entfernung von der linken lotrechten Außenkante. Jedoch fehlt uns noch sein Abstand vom unteren waagerechten Rand des Querschnitts. Um dieses Maß zu erhalten, lassen wir nunmehr die Flächen waagerecht an einem lotrechten Hebel angreifen, dessen Drehpunkt in der Höhe des unteren Querschnittsrands liegt. Für diesen Hebel ist

$$A \cdot e_2 = A_1 \cdot 7{,}00\ \text{m} + A_2 \cdot 4{,}50\ \text{m} + A_3 \cdot 1{,}25\ \text{m}.$$

$$23{,}00\ \text{m}^2 \cdot e_2 = 5{,}00\ \text{m}^2 \cdot 7{,}00\ \text{m} + 8{,}00\ \text{m}^2 \cdot 4{,}50\ \text{m} + 10{,}00\ \text{m}^2 \cdot 1{,}25\ \text{m}$$

$$23{,}00\ \text{m}^2 \cdot e_2 = 35{,}00\ \text{m}^3 + 36{,}00\ \text{m}^3 + 12{,}50\ \text{m}^3 = 83{,}50\ \text{m}^3$$

$$e_2 = \frac{83{,}50\ \text{m}^3}{23{,}00\ \text{m}^2} = 3{,}63\ \text{m}$$

Hiermit ist die Lage von $S$ bestimmt:

**$S$ liegt im Schnittpunkt der Schwerlinien, die im Abstand $e_1$ und $e_2$ vom jeweils gewählten Drehpunkt verlaufen.**

**Übung 34** Für den Betonpfeiler-Querschnitt **5.31** ist der Schwerpunkt zu bestimmen.

**Übung 35** Ist der Gesimsstein **5.32** kippsicher?

**Übung 36** Ist die Betonstützmauer **5.33** ohne Hinterfüllung standsicher?

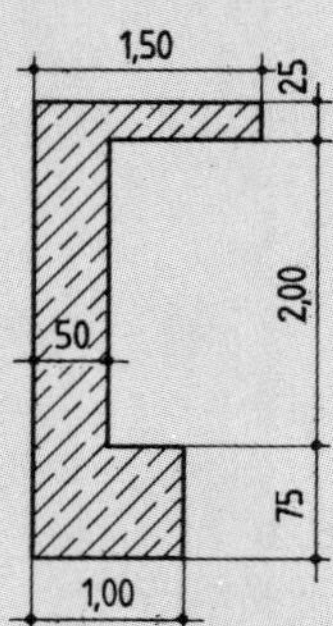


**5.31** Querschnitt eines Betonpfeilers

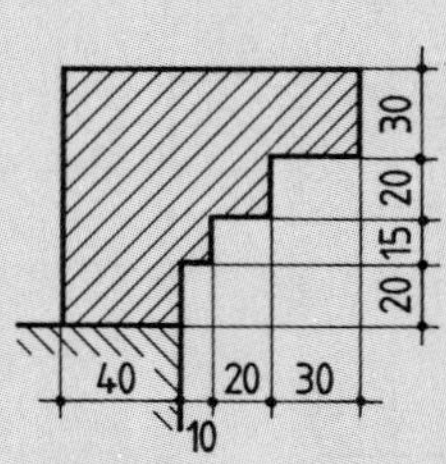


**5.32** Gesimsstein

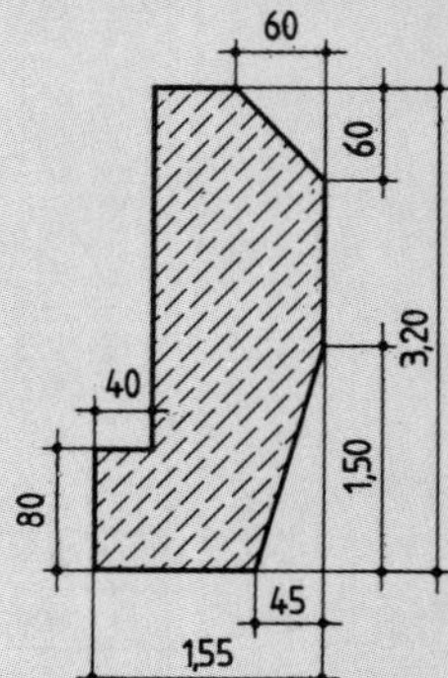


**5.33** Betonstützmauer

## 5.6 Biegelehre

### 5.6.1 Balken und Platten werden auf Biegung beansprucht

Balken und Platten biegen sich bei Belastung durch. Bei zu großer Durchbiegung können Sie brechen oder infolge zu großer Formänderung unbrauchbar werden. Deshalb müssen ihre Abmessungen so gewählt werden, daß die Durchbiegung in den zulässigen Grenzen bleibt. Ein Maß für die Biegebeanspruchung ist das Biegemoment (s. Abschn. 5.1).

| |
|---|
| Die Größe des Biegemoments bestimmt neben der Materialfestigkeit die Abmessungen von Balken und Platten. |

**Gefährdeter Querschnitt.** Entscheidend für die Bemessung eines Balkens ist stets das größte Biegemoment. Denn an der Stelle, wo es auftritt, biegt er am stärksten durch. Dieser Balkenquerschnitt wird als „gefährdeter Querschnitt" bezeichnet. Nur für diese kritische Stelle ist der berechnete Balkenquerschnitt (im Stahlbeton die berechnete Betonstahlbewehrung) notwendig.

| |
|---|
| In der statischen Berechnung ist das größte, im gefährdeten Querschnitt wirkende Biegemoment zu berechnen. |

In den beiden folgenden Beispielen werden die größten Biegemomente der Kragarme berechnet. Sie liegen über den Auflagern, über die die Balken auskragen. Diese „Kragarmmomente" oder „Stützmomente" sind von der Belastung der Balken außerhalb des Kragarmbereichs unabhängig. (Machen Sie einen Versuch mit der Reißschiene!)

Für die Berechnung des Kragarmmoments $M$ denkt man sich den Kragarm über dem Auflager eingespannt. Im Beispiel 32 erkennen wir unschwer den Rechenansatz für das Kragarmmoment: $M = F \cdot l$.

| |
|---|
| Kragarm- oder Stützmoment erhalten stets negative Vorzeichen. |

**Beispiel 32** Für den Kragarm des Balkens in Bild **5**.34 ist das größte Biegemoment zu berechnen. Es ist

$\min M_B$ = Last · Kragarmlänge = $F \cdot l$

$\min M_B = -8 \text{ kN} \cdot 1{,}10 \text{ m} = \mathbf{-8{,}8 \text{ kNm}}$.

Der Kragarm muß dieses Moment $M$ aufnehmen können.

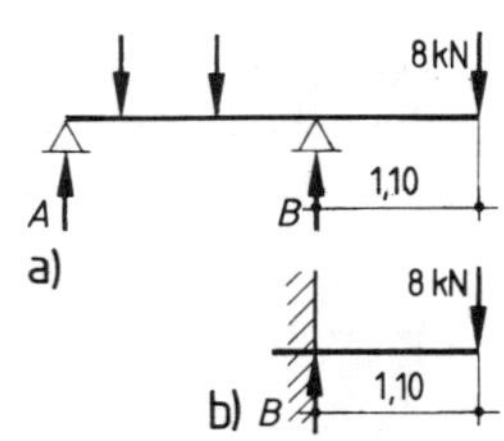


**5**.34 Balken auf 2 Stützen mit Kragarm (a) und Ersatzmodell für das Kragarmmoment (b)

**Beispiele 33** Für die Kragarme der Balken in Bild **5**.35 sind die größten Biegemomente zu berechnen.

a) $M_A = -16\ \text{kN} \cdot 0{,}40\ \text{m} - 12\ \text{kN} \cdot 0{,}70\ \text{m}$

$M_A = -6{,}4\ \text{kNm} - 8{,}4\ \text{kNm}$

$M_A = \mathbf{-14{,}8\ kNm}$

b) Zunächst ist – wie beim Berechnen der Auflagerkräfte – die gleichmäßig verteilte Last $q$ durch ihre Gesamtlast $F_q$ in der Mitte der Belastungsfläche (d. h. in der halben Länge des Kragarms) zu ersetzen.

$F_q = 2\ \text{kN/m} \cdot 0{,}90\ \text{m} = 1{,}8\ \text{kN}$

$M_B = -F_q \cdot \dfrac{0{,}90\ \text{m}}{2} = -1{,}8\ \text{kN} \cdot 0{,}45\ \text{m}$

$M_B = \mathbf{-0{,}81\ kNm}$

c) Hier ist zunächst festzustellen, wo der Auflagerpunkt $B$ liegt, d. h. wo der Kragarm eingespannt ist.

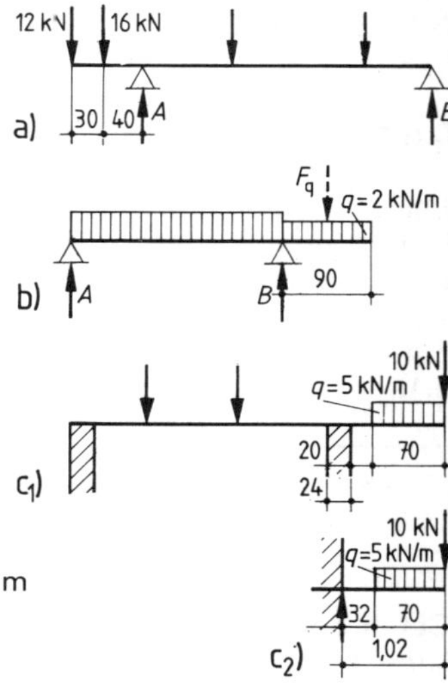


**5**.35 Biegemomente an Kragarmen

Läuft ein Balken über eine Mauer hinweg, liegt der Auflager- bzw. Einspannpunkt in der Mitte der Mauer.

Die hiernach der Berechnung zugrunde zu legenden Maße sind in Bild **5**.35 $c_2$ eingetragen.

$F_q = 5\ \text{kN/m} \cdot 0{,}70\ \text{m} = 3{,}5\ \text{kN}$

$M = -3{,}5\ \text{kN} \cdot 0{,}67\ \text{m} - 10\ \text{kN} \cdot 1{,}02\ \text{m}$

$M = -2{,}34\ \text{kNm} - 10{,}2\ \text{kNm} = \mathbf{-12{,}54\ kNm}$

**Übungen 37** Für die Kragarme in Bild **4**.36 a bis c sind die Biegemomente über den stützenden Auflagerpunkten zu ermitteln.

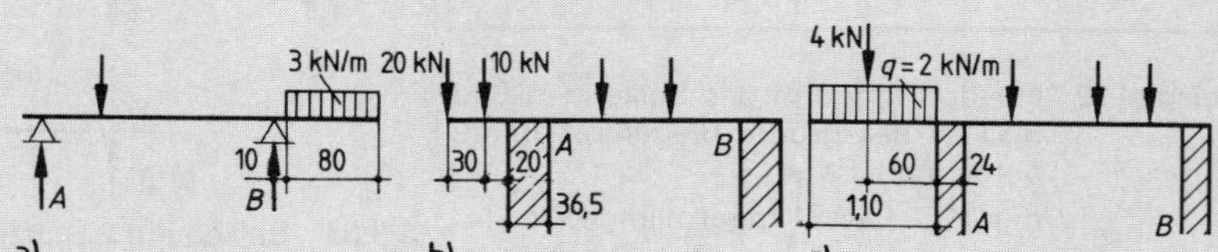


**5**.36 Kragarme mit verschiedenen Belastungen

## 5.6.2 Biegewiderstand – Biegespannungen – Widerstandsmoment

Die beiden Balken in Bild **5**.37 haben die gleiche Querschnittsfläche und sind gleich stark belastet. Trotzdem wird der linke, niedrigere Balken erheblich, der rechte wegen seines günstigeren Profils jedoch deutlich weniger durchgebogen. Ein Biegeversuch mit der einmal hochkant gestellten, das andere Mal flach liegenden Reißschiene verschafft uns die gleiche Erkenntnis:

> Der Widerstand gegen Biegung hängt nicht nur von der Größe des Querschnitts ab, sondern auch von seiner Form und Anordnung (hochkant / flach).

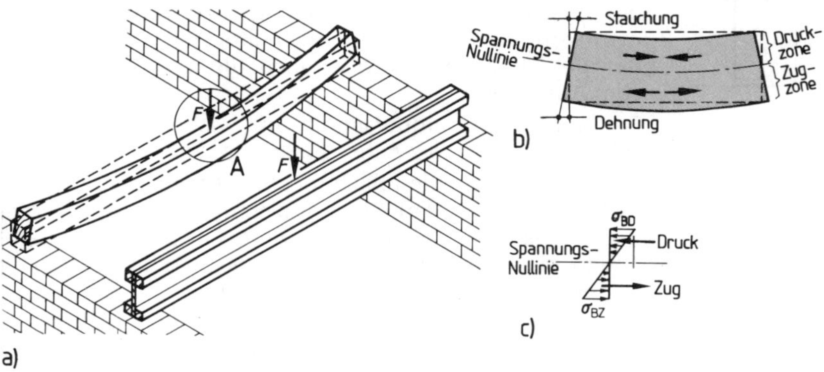


**5**.37 a) Die Größe des Balkenquerschnitts ist nicht allein maßgebend für den Biegewiderstand, sondern vor allem auch die Querschnittsform
b) Biegebeanspruchung bewirkt eine gestauchte Druckzone und eine gedehnte Zugzone. Die ebenfalls gekrümmte Spannungsnullinie ist spannungsfrei
c) Die Biegedruckspannungen $\sigma_{BD}$ und die Biegezugspannungen $\sigma_{BZ}$ fallen von ihren Maximalwerten am äußeren Rand zur Spannungsnullinie bis auf Null ab

Steigern wir die Belastung eines Holzbalkens auf 2 Stützen, zeigen sich schließlich Druckstellen an den oberen Fasern und Anrisse an den unteren (**5**.37). Der obere Teil wird also auf Druck beansprucht, der untere auf Zug. Diese Spannungen sind um so größer, je größer das Biegemoment ist. Sie sind andererseits um so geringer, je größer der Biegewiderstand des Balkenquerschnitts ist.

> Ansteigende Biegemomente vergrößern die Biegebeanspruchungen, ansteigende Querschnittsflächen (vor allem der Querschnittshöhen) verringern sie.

**Biegespannungen.** Bild **5**.37 zeigt auch, daß Druckstellen und Dehnungsrisse am äußeren Rand besonders stark hervortreten und dies wiederum an der höchstbeanspruchten Stelle in Balkenmitte. Über die Verteilung der Biegespannungen gewinnen wir daher folgende Erkenntnis:

> Am Einfeldbalken entstehen Druckspannungen im oberen und Zugspannungen im unteren Teil des Querschnitts. Gleichgroße Maximalwerte ergeben sich am äußeren Rand des gefährdeten Querschnitts. Zur Querschnittsmitte (Spannungsnullinie) wie zu den Auflagern hin reduzieren sich die Spannungen stetig bis auf den Wert 0 (**5**.37 b).

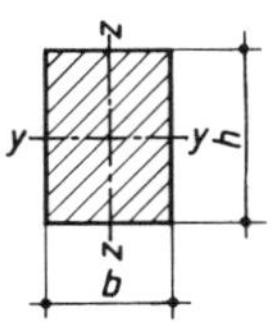


**5**.38
Achsen eines Balkenquerschnitts

**Widerstandsmoment.** Ein Maß für den Widerstand, den der Balken der Biegung leistet, ist das Widerstandsmoment $W$ des Balkenquerschnitts. Hierin kommt außer der Querschnittsgröße auch die Querschnittsform zum Ausdruck.

Bei einem Balkenquerschnitt unterscheidet man zwischen $y$-Achse und $z$-Achse (**5**.38; s. a. Tab. **10**.23).

Wird ein Balken, wie üblich, hochkant eingebaut und lotrecht belastet (**5**.39 a), biegt er sich um die waagerechte, die $y$-Achse des Balkenquerschnitts. Für den Widerstand gegen diese Biegung ist das auf die $y$-Achse bezogene Widerstandsmoment $W_y$ maßgebend.

Wird dagegen der gleiche Balken waagerecht belastet (**5**.39 b), biegt er sich um die lotrechte Achse des Querschnitts, die $z$-Achse, wofür das Widerstandsmoment $W_z$ maßgebend ist. $W_z$ gilt auch, wenn der Balken flach eingebaut und lotrecht belastet ist (**5**.39 c).

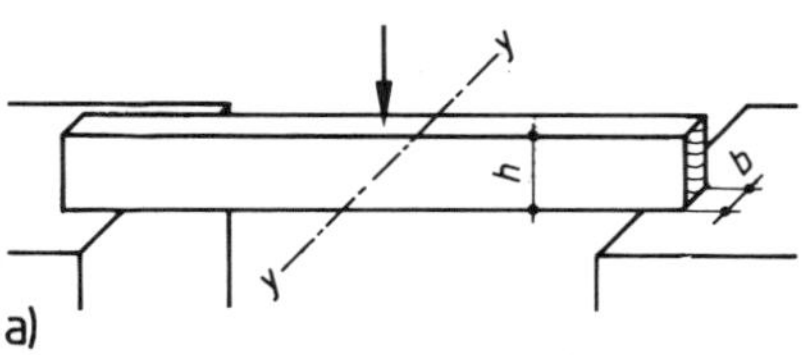


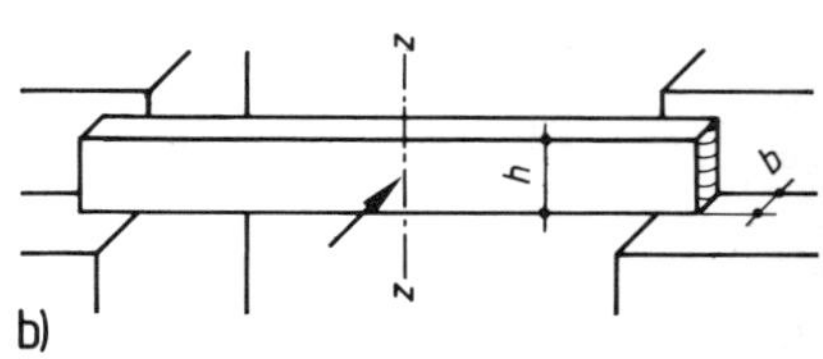


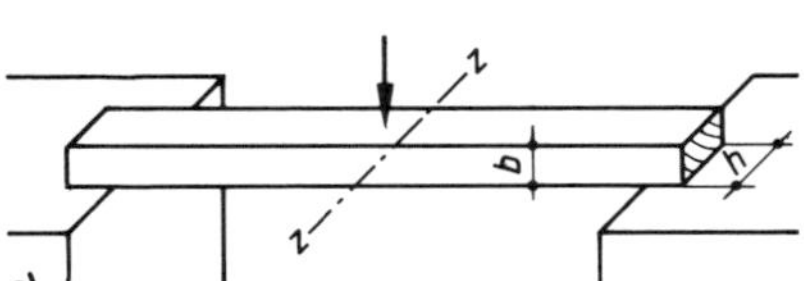


**5**.39
a) Balken, hochkant verlegt und lotrecht belastet
b) Balken, hochkant verlegt und waagerecht belastet
c) Balken, flachkant verlegt und lotrecht belastet

Für Regelquerschnitte wie Rechteck, Kreis und alle Profile der Stahlträger sind die Widerstandsmomente $W_y$ und $W_z$ bereits berechnet und in den Tabellen **10**.22 ff. enthalten.

Das Widerstandsmoment $W$ ist ein Maß für die Biegefestigkeit von Bauteilen. Es richtet sich nach Form und Größe des Bauteilquerschnitts und nach der gewählten Bezugsachse ($W_y$, $W_z$). Die Einheit ist $cm^3$.

Berechnen von Widerstandsmomenten

- für Rechteckquerschnitte: $W_y = \frac{b \cdot h^2}{6}$ und $W_z = \frac{h \cdot b^2}{6}$
- für Kreisquerschnitte: $W_y = W_z = \frac{\pi \cdot d^3}{32}$

Für Regelquerschnitte sind die Widerstandsmomente in Tabellen erfaßt.

**Zusammenhang zwischen *W*, *M* und $\sigma$ für Rechteckquerschnitte** (**5**.40). Wir wissen: Wegen symmetrischer Verteilung der Druck- und Zugspannungen ist

$$D = Z = \sigma \cdot \frac{h}{2} \cdot \frac{1}{2} \cdot b = \sigma \cdot \frac{h \cdot b}{4}.$$

Da die Kräfte $D$ und $Z$ dreieckförmig verteilt sind und ihre Resultierenden deshalb im Abstand $\frac{1}{2} \cdot \frac{2}{3}$ $h$ liegen, ist als Hebelarm $\frac{2}{3}$ $h$ anzusetzen. Als inneres Moment ergibt sich somit:

$$M_i = Z \cdot \frac{2}{3} h = D \cdot \frac{2}{3} h$$

$$M_i = \sigma \cdot \frac{h \cdot b}{4} \cdot \frac{2}{3} h = \sigma \cdot \frac{h^2 \cdot b}{6}$$

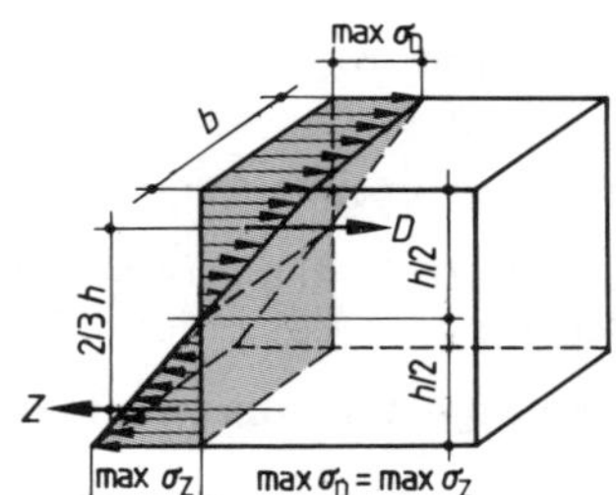


**5**.40 Keilförmige Spannungsverteilung am Balkenquerschnitt
$D$ = Druckkraft aus der Summe der Druckspannungen
$Z$ = Zugkraft aus der Summe der Zugspannungen
$M_i$ = inneres Moment
2/3 $h$ = Hebelarm der inneren Kräfte
$M_a$ = äußeres Moment aus den äußeren Kräften und den zugehörigen Hebelarmen

$\boldsymbol{\frac{h^2 \cdot b}{6}}$ ≙ Widerstandsmoment $W$ für Rechteckquerschnitte

Gleichgewicht und Tragsicherheit sind nur gewährleistet, wenn äußeres Moment und inneres Moment gleich sind: $M_a = M_i$ . Allgemein gilt:

$$\boldsymbol{M = \sigma \cdot W.}$$

**Übungen 38** Berechnen Sie $W_y$ und $W_z$ für die Balken 8/16 cm, 10/22 cm, 18/24 cm und die Rundhölzer Ø 18 cm, 24 cm, 28 cm. Vergleichen Sie die Ergebnisse mit den Tabellenwerten.

### 5.6.3 Bemessung der Balken

Für die Biegespannung in rechteckigen Balken gilt nach Bild **5**.40

$$\sigma = \frac{M}{W}.$$

Will man das erforderliche Widerstandsmoment berechnen, ist

$$\textbf{erf } W = \frac{\textbf{vorh } M}{\textbf{zul } \sigma_B} \qquad \text{oder allgemein} \qquad W = \frac{M}{\sigma}.$$

Hierin ist vorh $M$ das größte auftretende Biegemoment im gefährdeten Querschnitt, dem das innere Moment $M_i$ das Gleichgewicht hält (**5.40**).

**Das zulässige Biegemoment,** das ein Balken aufnehmen kann, ergibt sich zu

$$\textbf{zul } M = \textbf{vorh } W \cdot \textbf{zul } \sigma_B \qquad \text{oder allgemein} \qquad M = W \cdot \sigma.$$

Beim Gebrauch dieser Formeln ist auf die Maßeinheiten zu achten. Da in den Tabellen $\sigma$ in N/mm² und $W$ in cm³ angegeben sind, müssen $\sigma$ in kN/cm² umgerechnet und $M$ in kNcm eingesetzt werden.

**Beispiel 34** Der Kragarm des Balkens in Bild **5**.34, dessen Moment auf S. 59 zu min $M_B = -8{,}8$ kNm berechnet wurde, soll als Holzbalken bemessen werden. Das erforderliche Widerstandsmoment ist zu berechnen.

Die Biegung erfolgt um die waagerechte $y$-Achse; es handelt sich also um $W_y$.

$$\text{erf } W_y = \frac{\text{min } M_B}{\text{zul } \sigma}$$

Es ist min $M_B = 8{,}8$ kNm = 880 kNcm

Für Nadelholz Güteklasse II ist bei Biegung zul $\sigma = 10$ N/mm² = 1 kN/cm² (s. Tabelle **10**.16, S. 158).

$$\text{Folglich ist erf } W_y = \frac{880 \text{ kNcm}}{1 \text{ kN/cm}^2} = 880 \text{ cm}^3.$$

Gewählt aus Tab. **10**.23, S. 162: $b/d$ = **14/20 cm** mit $W_y$ = **933 cm³**

**Beispiel 35** Der Kragarm des Balkens in Bild **5**.35 a ist als I-Stahl zu bemessen. Sein Moment wurde im Beispiel 34 zu $M_A = -14{,}8$ kNm ermittelt.

Es ist
$M_A = 14{,}8$ kMm = 1480 kNcm.

Für Stahl ist
zul $\sigma$ = 140 N/mm² = 14 kN/cm² (Tab. **10**.18)

$$\text{erf } W_y = \frac{M}{\text{zul } \sigma} = \frac{1480 \text{ kNcm}}{14 \text{ kN/cm}^2} = 106 \text{ cm}^3.$$

Gewählt aus Tabelle **10**.24, S. 164: I160 mit $W_y$ = **117 cm³**

**Übungen 39** Die Kragarme nach Bild **5**.35 b (Holz) und c (Stahl) sowie 5.36 a (Holz), b (Holz/Stahl) und c (Holz/Stahl) sind zu bemessen.

## 5.6.4 Balken mit übersichtlichen Einzellasten

Der Deckenbalken in Bild **5**.41 wird durch den Dachstuhlpfosten auf Biegung beansprucht. Für die Berechnung ist festzustellen, wo zwischen den beiden Auflagern, d. h. wo im „Feld" das größte Biegemoment liegt. Die Stütze selbst übernimmt Lasten der Mittelpfette, die wiederum den Sparren als Auflager dient. Somit ergibt sich die Stützenbelastung aus der Berechnung der Sparren und der Mittelpfette.

Bei übersichtlichen Einzellasten ist erkennbar, wo der Balken bei Überbelastung zerbrechen würde.

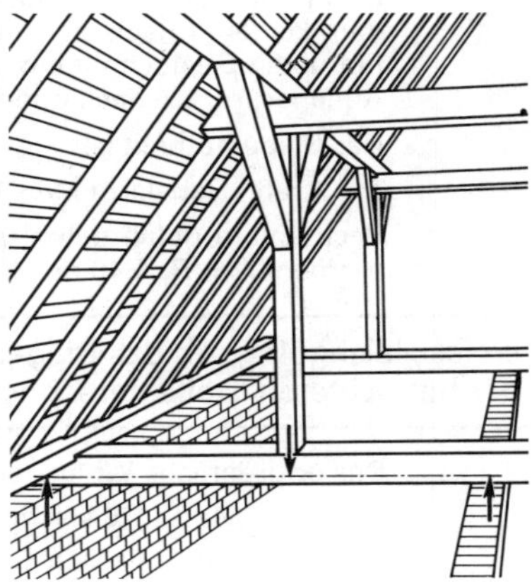

**5**.41 Dachbinderpfosten als Einzellast auf einem Deckenbalken

Bei Balken mit nur einer Einzellast liegt der gefährdete Querschnitt stets im Angriffspunkt der Einzellast.

**Beispiel 36** Der Balken **5**.42 ist zu berechnen.

Wir ermitteln zunächst die Auflagerdrücke (s. Abschn. 5.3.1).

Zur Berechnung von $A$ wird der Drehpunkt in $B$ angenommen.

$$A = \frac{6 \text{ kN} \cdot 1{,}40 \text{ m}}{2{,}50 \text{ m}} = \frac{8{,}4 \text{ kNm}}{2{,}50 \text{ m}} = \mathbf{3{,}36 \text{ kN}}$$

**Beispiel 36,** Fortsetzung Zur Berechnung von $B$ wird der Drehpunkt in $A$ angenommen.

$$B = \frac{6\text{ kN} \cdot 1{,}10\text{ m}}{2{,}50\text{ m}} = \frac{6{,}6\text{ kNm}}{2{,}50\text{ m}} = \mathbf{2{,}64\ kN}$$

Probe: $A + B = 3{,}36\text{ kN} + 2{,}64\text{ kN} = 6\text{ kN}$
$F = 6\text{ kN}$

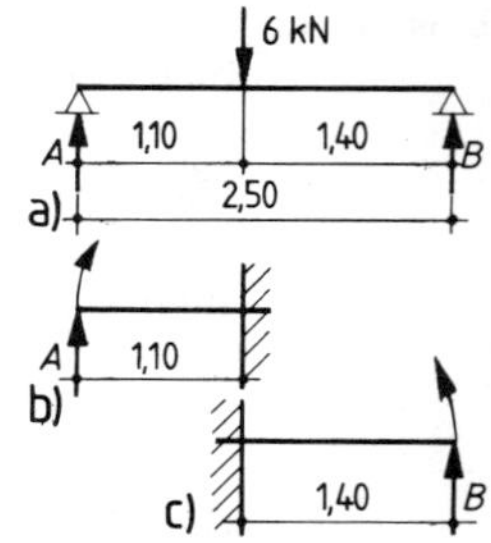


**5.42**
Das Biegemoment ermitteln wir aus der Momentensumme links oder rechts des betrachteten Querschnitts

Wie bereits oben festgestellt, kann der gefährdete Querschnitt mit der maximalen Beanspruchung in diesem Fall nur unterhalb der angreifenden Einzellast liegen. Wir erinnern uns: Das innere Moment $M_i$ an dieser Stelle entspricht dem dort anfallenden äußeren Moment $M_a$. Wir nennen es auch Biegemoment.

**Biegemomente im Feldbereich** berechnen wir, indem wir uns den Balken an der betrachteten Stelle eingespannt vorstellen. Weil an dieser Stelle nur eine Größe für das Biegemoment möglich ist, müssen die Momente (bzw. Momentsummen) links und rechts davon gleich groß sein (**5.42**). Zweckmäßig wählen wir die Seite mit dem kürzeren Rechenansatz. In unserem Fall entsteht links vom gefährdeten Querschnitt ein Kragarm von 1,10 m Länge, der durch den Auflagerdruck $A$ nach oben gebogen wird.

Das Biegemoment ist

$M$ = Kraft · Hebelarm $= A \cdot 1{,}10\text{ m} = 3{,}36\text{ kN} \cdot 1{,}10\text{ m} = 3{,}7\text{ kNm}$.

Rechts vom gefährdeten Querschnitt ergibt sich das gleiche Biegemoment $M = B \cdot 1{,}40\text{ m} = 2{,}64\text{ kN} \cdot 1{,}40\text{ m} = 3{,}7\text{ kNm}$.

> Es ist gleichgültig, ob das Biegemoment von links oder von rechts der betrachteten Stelle berechnet wird.

Das erforderliche Widerstandsmoment ergibt sich aus

$$\text{erf } W_y = \frac{M}{\text{zul } \sigma} = \frac{370\text{ kNcm}}{1\text{ kN/cm}^2} = \mathbf{370\ cm^3}.$$

In Tabelle **10.23**, S. 162 haben wir die Wahl zwischen den Querschnitten 8/18 cm mit $W_y$ = 432 cm³, 10/16 cm mit 427 cm³ und 12/14 cm mit 392 cm³. Der Balken 8/18 cm hat zwar mit 144 cm² den kleinsten Querschnitt, ist aber sehr schmal.

Gewählt: 10/16 cm mit $W_y$ = **427 cm³**

**Beispiel 37** Der I-Träger nach Bild **5.43** ist zu bemessen.

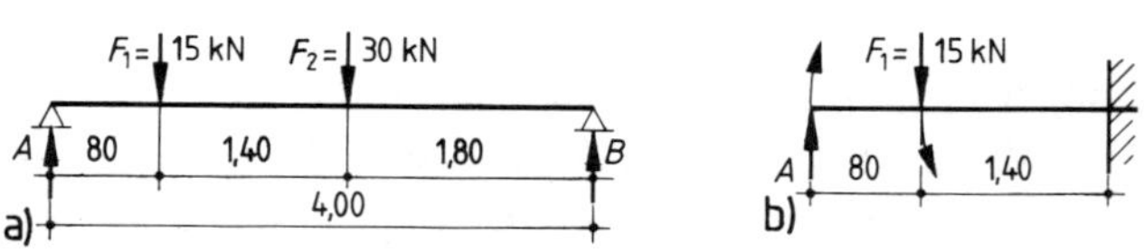


**5.43** Träger mit zwei Einzellasten

**Beispiel 37,** Fortsetzung

$$A = \frac{15\ \text{kN} \cdot 3{,}20\ \text{m} + 30\ \text{kN} \cdot 1{,}80\ \text{m}}{4{,}00\ \text{m}} = \frac{48\ \text{kNm} + 54\ \text{kNm}}{4{,}00\ \text{m}}$$

$$A = \frac{102\ \text{kNm}}{4{,}00\ \text{m}} = \mathbf{25{,}5\ kN}$$

$$B = \frac{15\ \text{kN} \cdot 0{,}80\ \text{m} + 30\ \text{kN} \cdot 2{,}20\ \text{m}}{4{,}00\ \text{m}} = \frac{12\ \text{kNm} + 66\ \text{kNm}}{4{,}00\ \text{m}}$$

$$B = \frac{78\ \text{kNm}}{4{,}00\ \text{m}} = \mathbf{19{,}5\ kN}$$

Probe: $A + B = 25{,}5\ \text{kN} + 19{,}5\ \text{kN} = 45\ \text{kN}$
$\Sigma F = 15\ \text{kN} + 30\ \text{kN} = 45\ \text{kN}$

Wäre der Balken zu schwach bemessen, würde er unter der Einzellast $F_2 = 30$ kN zerbrechen. Denn dort wird er erheblich stärker durchgebogen als unter $F_1 = 15$ kN, die kleiner ist und sehr viel näher am Auflager liegt. Also liegt der gefährdete Querschnitt unter $F_2$. Denken wir uns den Balken an dieser Stelle eingespannt, ergibt sich wieder ein Kragarm (**5**.43 b). Dieser wird durch den Auflagerdruck $A$ nach oben gebogen, durch die Last $F_1 = 15$ kN dagegen nach unten, so daß die Momente dieser beiden Kräfte entgegengesetzte Vorzeichen haben. Mit + bezeichnen wir das rechtsdrehende Moment (hier $A \cdot 2{,}2$ m). (Biegemomente sind positiv, wenn sie den Balken so verbiegen wollen, daß seine hohle Seite oben liegt.) Es ist also das Biegemoment im gefährdeten Querschnitt

$$M = A \cdot 2{,}20\ \text{m} - 15\ \text{kN} \cdot 1{,}40\ \text{m} = 25{,}5\ \text{kN} \cdot 2{,}20\ \text{m} - 15\ \text{kN} \cdot 1{,}40\ \text{m}$$

$$M = 56{,}1\ \text{kNm} - 21\ \text{kNm} = \mathbf{35{,}1\ kNm.}$$

Mit weniger Rechenaufwand ermitteln wir das gleiche Moment rechts vom gefährdeten Querschnitt. Mit der Auflagerkraft $B$ ergibt sich

$$M = 19{,}5\ \text{kN} \cdot 1{,}80\ \text{m} = \mathbf{35{,}1\ kNm.}$$

Das erforderliche Widerstandsmoment für einen I-Träger aus St 37 ist

$$\text{erf}\ W_y = \frac{3510\ \text{kNcm}}{14\ \text{kN/cm}^2} = \mathbf{251\ cm^3}.$$

Gewählt: I220 mit $W_y = \mathbf{278\ cm^3}$

**Übungen 40** Die Balken und Träger zu Bild **5**.44 sind zu berechnen a) für NH Güteklasse II, b) für Stahl St 37

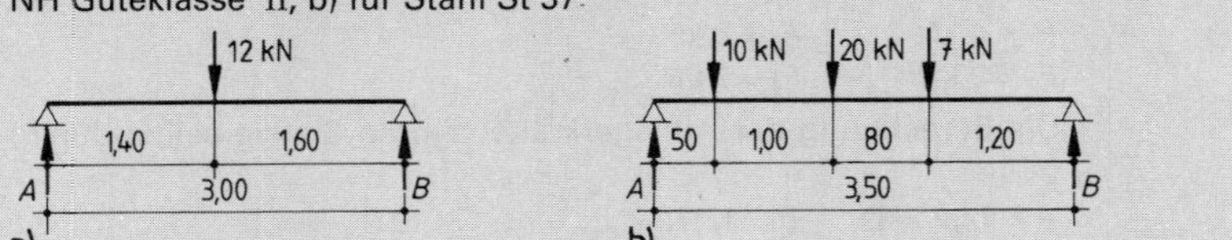


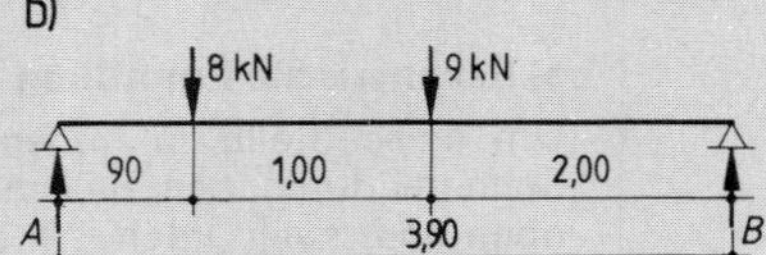


**5**.44
Träger mit Einzellasten

## 5.7 Gefährdeter Querschnitt

### 5.7.1 Balken mit mehreren Einzellasten

Nicht immer läßt sich die Lage des gefährdeten Querschnitts eindeutig aus den vorliegenden Laststellungen erkennen (**5**.45). Dann ermitteln wir ihn rechnerisch oder zeichnerisch. Dazu brauchen wir den Verlauf der Querkraft. Sie entspricht der Differenz von Auflagerkraft und Belastung links oder rechts von der jeweils betrachteten Stelle. Der gefährdete Querschnitt und somit auch das maximale Biegemoment ergeben sich immer an der Querkraft-Nullstelle – dem Ort also, wo die Auflagerkraft von den Balkenlasten bis auf 0 ausgeglichen ist und wo deshalb das Vorzeichen der Querkräfte wechselt.

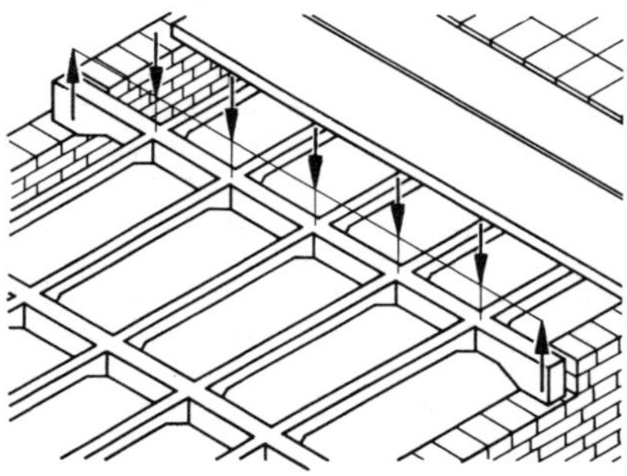

**5**.45 Stahlbetonunterzug mit vielen Einzellasten (Deckenplatte teilweise fortgelassen)

Wir haben schon festgestellt, daß das Moment ein Maß für die Biegebeanspruchung eines Balkens ist. Die Querkraft dagegen beschreibt Größe und Verlauf der Schubbeanspruchung. Sie dient also nicht nur zur Bestimmung des gefährdeten Querschnitts, sondern auch zur Beurteilung der Schubbruchgefahr, wie wir später noch erfahren werden.

| |
|---|
| Der gefährdete Querschnitt kann rechnerisch oder zeichnerisch mit Hilfe der Querkraft $Q$ ermittelt werden. |

**Beispiel 38** Der Balken nach Bild **5**.46 ist zu berechnen.

$F_1 = 4$ kN  $F_3 = 8$ kN
$F_2 = 9$ kN  $F_4 = 7$ kN

Die Berechnung der Auflagerkräfte (führen Sie sie selbst durch) ergibt

$A = 14{,}21$ kN  $B = 13{,}79$ kN.

**a) Rechnerische Ermittlung des gefährdeten Querschnitts** (**5**.46)

Um diese Stelle zu finden, denken wir uns zunächst senkrechte Schnitte durch den Balken und überlegen, welche Kräfte – nach oben oder nach unten – in den so geschnittenen Querschnitten wirken, und zwar links oder rechts davon. Wir betrachten hier die Lasten und Kräfte links von den Schnittpunkten.

**Beispiele 38, Fortsetzung** Vorzeichen: Querkräfte sind positiv, wenn sie den Balken an der betrachteten Stelle im Uhrzeigersinn drehen; umgekehrt sind sie negativ (**5**.47).

Links vom Schnitt C–D wirkt als maximale Querkraft die Auflagerkraft $A$ quer zur Balkenachse und versucht, diesen Balkenteil nach oben zu verschieben. Man sagt:

Die Querkraft $Q_1$ im Querschnitt C–D ist $A = + 14{,}21$ kN.

Links vom Querschnitt E–F wirken $A$ und $F_1$, und zwar $A$ nach oben, $F_1$ dagegen nach unten.

Die Querkraft in E–F ist $Q_2 = + A - F_1 = + 14{,}21 \text{ kN} - 4 \text{ kN} = + 10{,}21$ kN (**5**.46 b).

Entsprechend erhalten wir im Querschnitt G–H:

$Q_3 = + A - F_1 - F_2$
$Q_3 = + 14{,}21 \text{ kN} - 4 \text{ kN} - 9 \text{ kN} = + 1{,}21 \text{ kN}$

im Querschnitt I–K:

$Q_4 = + A - F_1 - F_2 - F_3$
$Q_4 = + 14{,}21 \text{ kN} - 4 \text{ kN} - 9 \text{ kN} - 8 \text{ kN} = - 6{,}79 \text{ kN}$

im Querschnitt L–M:

$Q_5 = + A - F_1 - F_2 - F_3 - F_4$
$Q_5 = + 14{,}21 \text{ kN} - 4 \text{ kN} - 9 \text{ kN} - 8 \text{ kN} - 7 \text{ kN} = - 13{,}79 \text{ kN} = - B$

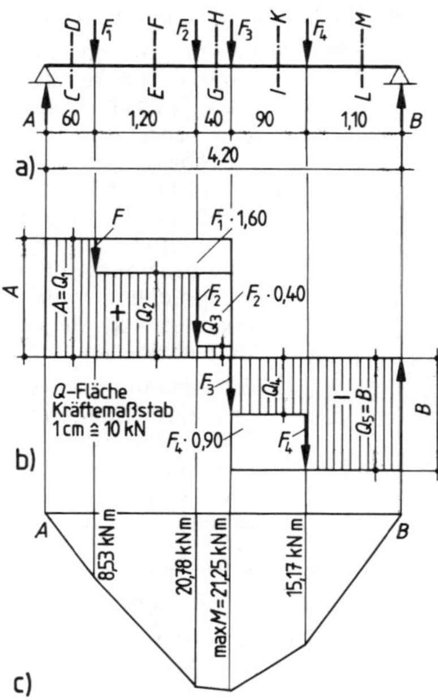


**5**.46 a) Träger mit Einzellasten
b) Querkraftfläche
c) Momentenfläche

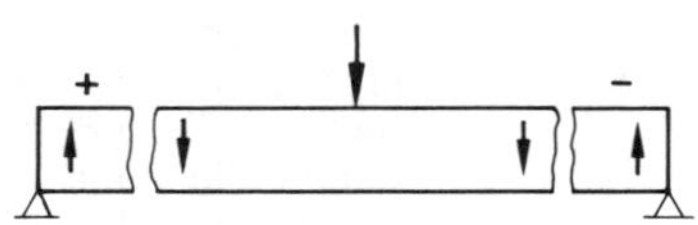

**5**.47 Rechtsdrehende Querkraftpaare sind positiv, linksdrehende negativ

Wir können ferner feststellen, daß für jeden beliebigen Schnitt zwischen $A$ und $F_1$ die Querkraft $Q_1 = + 14{,}21$ kN beträgt; ebenso zwischen $F_1$ und $F_2$ für jeden Schnitt $Q_2 = + 10{,}21$ kN usw. An einer Stelle (bei $F_3$) wechselt jedoch die Querkraft ihr Vorzeichen.

> Der durch maximale Biegebeanspruchung gefährdete Querschnitt liegt dort, wo die Querkraft ihr Vorzeichen wechselt (Querkraft-Nullstelle).

In unserem Beispiel ergibt sich der Vorzeichenwechsel der Querkraft unter der Einzellast $F_3$. Genau dort liegt, wie später noch nachgewiesen wird, auch das maximale Biegemoment max $M$ (**5**.46 b, c).

**Beispiel 38,** Fortsetzung

**b) Zeichnerische Ermittlung des gefährdeten Querschnitts** (**5**.46 b)

Wir tragen von einer beliebigen waagerechten Achse in einem geeigneten Kräftemaßstab[1] unter dem Auflager $A$ den Auflagerdruck $A = +\ 14{,}21$ kN entsprechend seiner Richtung senkrecht nach oben auf und ziehen durch den oberen Endpunkt eine waagerechte Linie bis $F_1$. Hier tragen wir entsprechend ihrer Richtung $F_1 = -\ 4$ kN lotrecht nach unten ab und ziehen durch den erhaltenen Punkt eine Waagerechte bis $F_2$, tragen dort $F_2$ nach unten ab, ziehen durch den unteren Endpunkt von $F_2$ eine Waagerechte bis $F_3$ und so fort bis zur Auflagersenkrechten $B$. Unter $B$ tragen wir die Auflagerkraft $B = 13{,}79$ kN entsprechend ihrer Richtung nach oben auf. Haben wir richtig gezeichnet, liegt ihr Endpunkt auf der Ausgangsachse: Der Linienzug ist geschlossen. Er bestätigt die Gleichgewichtsbedingung $\Sigma V = 0$.

Die Abstände zwischen den Begrenzungslinien der Querkraftfläche und der (waagerechten) Systemlinie entsprechen der jeweiligen Querkraftgröße (s. senkrechte Schraffurlinien im Bild **5**.46 b). Oberhalb der Achse liegen die positiven Querkräfte, unterhalb die negativen. An der Übergangsstelle von + zu – liegt der gefährdete Querschnitt.

> Die Querkraftfläche kennzeichnet Größe und Richtung der Querkraft für jeden Balkenquerschnitt und an der Nullstelle die Lage des gefährdeten Querschnitts.

**c) Berechnen des Größtmoments max $M$** (**5**.48)

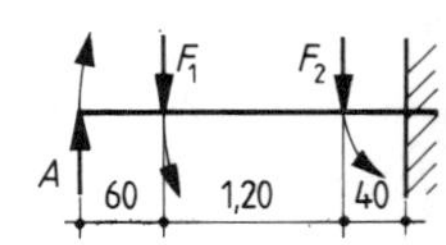


**5**.48 Zum Berechnen des Größtmoments max $M$ stellen wir uns den Balken an der Querkraft-Nulllinie eingespannt vor

Wir denken uns den Balken wieder im gefährdeten Querschnitt eingespannt. Die Auflagerkraft $A$ biegt den Balken mit dem Biegemoment $A \cdot 2{,}20$ m nach oben, die Lasten $F_1$ und $F_2$ wirken mit dem Biegemoment $F_1 \cdot 1{,}60$ m und $F_2 \cdot 0{,}40$ m nach unten. Sie haben also das entgegengesetzte Vorzeichen wie das Moment von $A$. So ergibt sich das Gesamtbiegemoment

$M_{max} = A \cdot 2{,}20\ \text{m} - F_1 \cdot 1{,}60\ \text{m} - F_2 \cdot 0{,}40\ \text{m}$

$M_{max} = 14{,}21\ \text{kN} \cdot 2{,}20\ \text{m} - 4\ \text{kN} \cdot 1{,}60\ \text{m} - 9\ \text{kN} \cdot 0{,}40\ \text{m}$

$M_{max} = 31{,}26\ \text{kNm} - 6{,}4\ \text{kNm} - 3{,}6\ \text{kNm} = \mathbf{21{,}26\ kNm.}$

Rechts vom gefährdeten Querschnitt ergibt sich der kürzere Ansatz mit

$M_{max} = B \cdot (1{,}10\ \text{m} + 0{,}90\ \text{m}) - F_4 \cdot 0{,}90\ \text{m}$

$M_{max} = 13{,}79\ \text{kN} \cdot 2{,}00\ \text{m} - 7{,}0\ \text{kN} \cdot 0{,}90\ \text{m} = \mathbf{21{,}25\ kNm.}$

Vergleichen wir den Ansatz der Momentenberechnung mit der Querkraftfläche, erkennen wir, daß die Einzelmomente Rechtecken in der Querkraftfläche entsprechen und daß die negative wie die positive Querkraftfläche zugleich die Größe des maximalen Moments ergibt. Daraus folgt:

[1] Näheres über die zeichnerische Darstellung von Kräften s. Abschn. 6.1

Die positive und die negative Querkraftfläche sind flächengleich. Jeder der beiden Flächeninhalte entspricht der Größe des maximalen Moments max *M*.

**Die Momentenfläche** veranschaulicht die Biegebeanspruchung über die ganze Balkenlänge und ist für statische wie konstruktive Entscheidungen oft von Bedeutung. In unserem Beispiel (mit Einzellasten) berechnen wir dazu noch die Biegemomente unter den Einzellasten. Dafür benutzen wir das schon geübte Denkmodell der Einspannung an der jeweils betrachteten Stelle. (Berechnen Sie die Momente.) Wir erhalten die in der Momentenfläche **5**.46 c eingetragenen Ergebnisse. Die Momente sind maßstäblich als lotrechte Strecken unterhalb der Systemlinie eingezeichnet. Die Verbindungslinie ihrer Endpunkte schließt die Momentenfläche (*M*-Fläche). Jedes weitere Moment läßt sich daraus abmessen und auch durch Berechnung bestätigen.

Zwischen Momenten- und Querkraftfläche in Bild **5**.46 b und c stellen wir weitere Zusammenhänge fest:

- An der Stelle der maximalen Querkräfte (Auflagerpunkte) ist $M = 0$.
- Sprünge in der Querkraftfläche geben einen Knick in der Momentenfläche.
- Einzellasten ergeben rechtwinklig begrenzte Querkraftflächen und eine schiefwinklig begrenzte Momentenfläche.

Weitere Zusammenhänge folgen in den nächsten Beispielen.

**d) Bemessen des Trägers**

Das erforderliche Widerstandsmoment für den Stahlträger ist

$$\text{erf } W_y = \frac{M}{\text{zul } \sigma} = \frac{2126 \text{ kNcm}}{14 \text{ kN/cm}^2} = 152 \text{ cm}^3.$$

Gewählt: I180 mit $W_y = \mathbf{161\ cm^3}$

**Übungen 41** Die Träger nach Bild **5**.49 sind zu berechnen für NH GKl. II und St 37. Zeichnen Sie dazu die Querkraft- und die Momentenflächen. Bestätigen Sie die oben dargelegten Zusammenhänge.

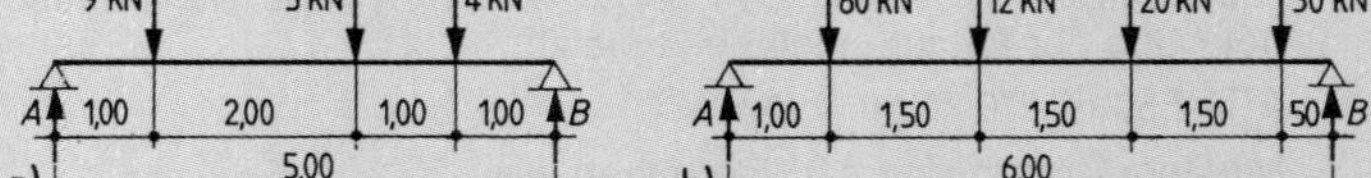


**5**.49 Träger mit Einzellasten

## 5.7.2 Balken mit Streckenlasten

**Querkraftlinien und -flächen** ergeben unter der Wirkung von Streckenlasten andere Formen als bei Einzelkräften.

Wir teilen zunächst die Streckenlast in wenige, gleichgroße Einzelersatzkräfte auf (**5**.50 a) und bestimmen eine vorläufige, treppenförmige Querkraftlinie. Je weiter wir die Streckenlast zerteilen und je kleiner die Einzelkraft selbst wird, um so kleiner werden die Einzelstufen der Querkraftlinie (**5**.50 b). Schließlich erkennt man, daß sich die Querkraftlinie bei einer Streckenlast nicht mehr sprungweise ändert, sondern stetig verläuft (**5**.50 c).

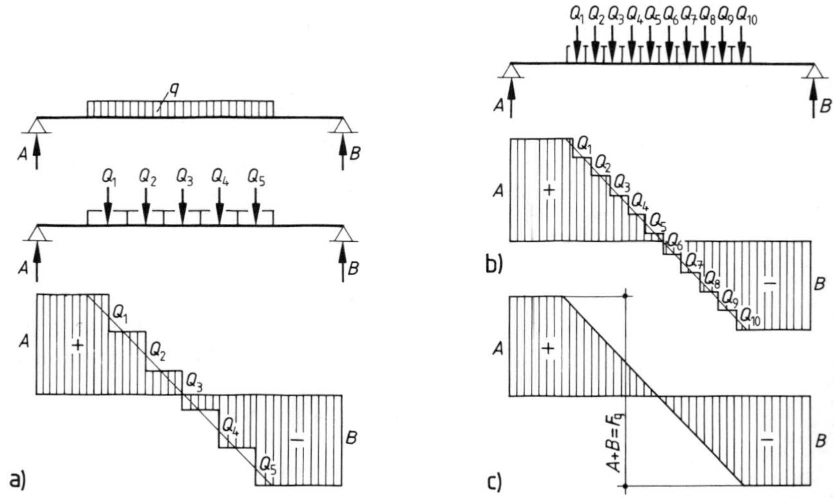


**5**.50 Teilt man eine Streckenlast in immer kleinere Einzelteile, wechselt der gestufte Querkraftverlauf in eine schräge Gerade

> Die Querkraftfläche einer Streckenlast wird von einer schräg verlaufenden Geraden begrenzt, denn sie verändert sich stetig.

**Beispiel 39** Der Träger mit Streckenlast nach Bild **5**.51 ist zu berechnen.

**a) Berechnen der Auflagerkräfte**

Die Streckenlast von 2,50 m Breite wird durch die Gesamtlast $F_q$ in der Mitte der Belastungslänge ersetzt:

$F_q = 2{,}50\ \text{m} \cdot 20\ \text{kN/m} = 50\ \text{kN}$

Mit dem Drehmoment in $B$ erhalten wir

$$A = \frac{F_q \cdot 2{,}25\ \text{m}}{4{,}00\ \text{m}} = \frac{50\ \text{kN} \cdot 2{,}25\ \text{m}}{4{,}00\ \text{m}} = \mathbf{28{,}2\ kN.}$$

Mit dem Drehpunkt in $A$ wird

$$B = \frac{F_q \cdot 1{,}75\ \text{m}}{4{,}00\ \text{m}} = \frac{50\ \text{kN} \cdot 1{,}75\ \text{m}}{4{,}00\ \text{m}} = \mathbf{21{,}8\ kN.}$$

Probe: $A + B = 28{,}2\ \text{kN} + 21{,}8\ \text{kN} = 50\ \text{kN}$ $\qquad F = F_q$

**Beispiel 39,** Fortsetzung

**b) Ermitteln des gefährdeten Querschnitts**

**Zeichnerische Lösung.** Sie ist bei Streckenlasten oft die zweckmäßigste. Wir wissen bereits, daß die Querkraftfläche in lastfreien Bereichen waagerecht begrenzt ist, unter Einzellasten dagegen treppenförmig und unter Streckenlasten schräg abfällt. In unserem Beispiel hat die Querkraft links von der Streckenlast auf der Länge von 50 cm die Größe $A = +28{,}2$ kN, rechts davon auf der Länge von 1,00 m die Größe $B = -21{,}8$ kN. Die schräge Verbindungslinie begrenzt alle weiteren Querkräfte unterhalb der Streckenlast. Auch hier ergeben sich links und rechts von der Nullstelle Querkraftflächen gleicher Größe. Wo die Querkraftfläche ihr Vorzeichen wechselt, d. h., wo sie die waagerechte Achse schneidet, liegt der gefährdete Querschnitt – hier in einer Entfernung $x$ = **1,91 m von *A*.**

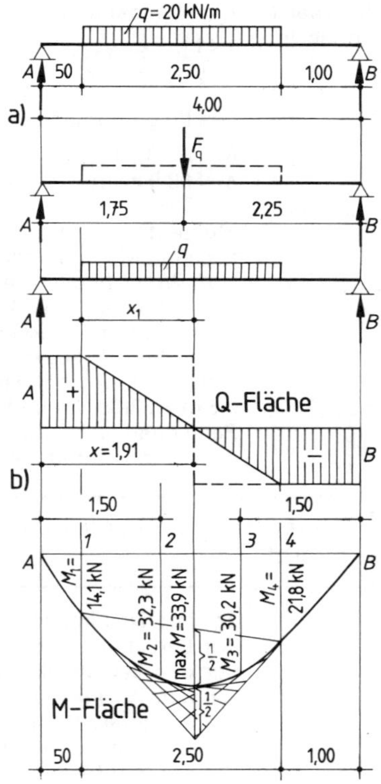


**5.51** Querkraft- und Momentenfläche bei Streckenlast

**Rechnerische Lösung.** Die Lage des Querschnitts, in dem $Q = 0$ wird, d. h. das Vorzeichen wechselt, erhalten wir mit Bild **5.51** b wie folgt:

$$Q = A - q \cdot x_1 = 0 \qquad A = q \cdot x_1$$

$$x_1 = \frac{A}{q} = \frac{28{,}2 \text{ kN}}{20 \text{ kN/m}} = 1{,}41 \text{ m}$$

Der Abstand von $A$ wird damit

0,50 m + 1,41 m = **1,91 m.**

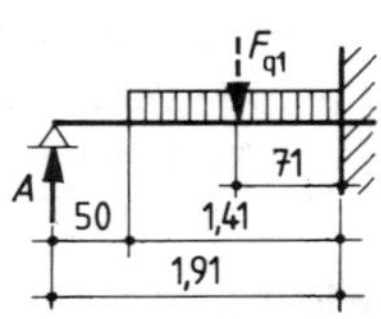


**5.52** Linker Balkenteil, an der Querkraft-Nullstelle eingespannt

**c) Berechnen des größten Biegemoments max *M***

Es wirkt im gefährdeten Querschnitt. Wieder denken wir uns den Träger an dieser Stelle eingespannt (**5.52**). Der entstandene Kragarm wird durch den Auflagerdruck $A$ nach oben und durch die 1,91 – 0,50 = 1,41 m lange Streckenlast $q$ nach unten gebogen.

Diese Streckenlast muß durch ihre Gesamtlast $F_{q1}$ ersetzt werden:

$F_{q1} = 1{,}41 \text{ m} \cdot 20 \text{ kN/m} = 28{,}2 \text{ kN}$

**Beispiel 39,** Fortsetzung $F_{q1}$ ist in der Mitte der Streckenlast anzusetzen, ihr Hebelarm ist also $\frac{1{,}41\ \text{m}}{2} = 0{,}71\ \text{m}$.

Das Biegemoment wird

$M = A \cdot 1{,}91\ \text{m} - F_{q1} \cdot 0{,}71\ \text{m} = 28{,}2\ \text{kN} \cdot 1{,}91\ \text{m} - 28{,}2\ \text{kN} \cdot 0{,}71\ \text{m}$
$M = 53{,}9\ \text{kNm} - 20\ \text{kNm} = \mathbf{33{,}9\ kNm.}$

**Momentenfläche.** Wie die geradlinig abfallende Querkraftfläche zeigt auch die Momentenfläche unter Streckenlasten einen typischen Verlauf. Wir ermitteln zunächst 4 weitere Momente an den gekennzeichneten Punkten. Aus Beispiel 37 wissen wir, daß die Momentenfläche unter lastfreien Bereichen geradlinig begrenzt ist. Dies ist zwischen $A$ und $M_1 = A \cdot 0{,}5\ \text{m} = 1{,}41\ \text{kNm}$ der Fall, ebenso zwischen $B$ und $M_4 = B \cdot 1{,}00\ \text{m} = 21{,}8\ \text{kNm}$. Wir tragen noch $M_2 = A \cdot 1{,}5\ \text{m} - q \cdot 1 \cdot 0{,}5\ \text{m} = 32{,}3\ \text{kNm}$ und $M_3 = 1{,}5\ \text{m} \cdot B - q \cdot 0{,}5 \cdot 0{,}25\ \text{m} = 30{,}2\ \text{kNm}$ an. Berechnen wir weitere Biegemomente im Bereich der Streckenlast, erkennen wie dort eine Kurve (Parabel). Wir merken uns:

> Unter Streckenlasten ist die Momentenfläche parabelförmig begrenzt.

**Zeichnerisch** finden wir den Verlauf der Momentenparabel schneller. Wir berechnen außer max $M$ die Momente $M_1$ und $M_4$ an den Endpunkten der Streckenlast und tragen sie maßstäblich auf (**5**.51). Die schräge Verbindungslinie von $M_1$ zu $M_4$ teilt von max $M$ einen unteren Abschnitt ab, um dessen Größe wir max $M$ nach unten verlängern. Den neuen Endpunkt verbinden wir mit $M_1$ und $M_4$ zu einem Dreieck. Auf beiden Dreieckseiten teilen wir gleichviele Streckenteile ab, deren Teilungspunkte wir nach dem Beispiel in Bild **5**.51 verbinden. Die Parabel tragen wir nun tangential entlang der inneren Teilstrecken an.

**d) Bemessen des Trägers**

Das erforderliche Widerstandsmoment für einen Stahlträger ist

$$\text{erf } W_y = \frac{3390\ \text{kNcm}}{14\ \text{kN/cm}^2} = 242\ \text{cm}.$$

Gewählt: I220 mit $W_y = \mathbf{278\ cm^3}$

**Übungen 42** Für die Balken nach Bild **5**.53 a bis c sind die maximalen Momente zu berechnen. Zeichnen Sie außerdem die Querkraft- und Momentenflächen.

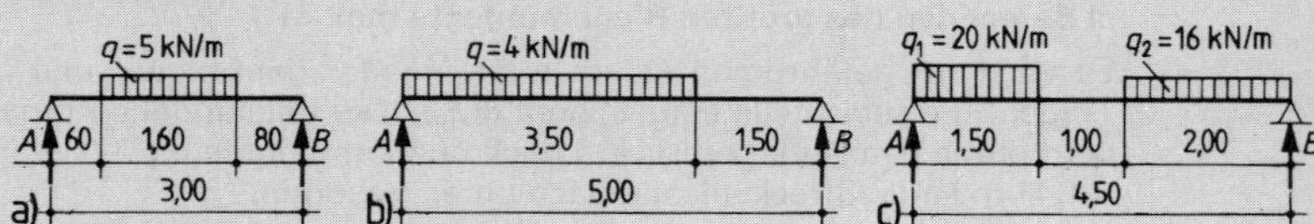


**5**.53 Balken mit Streckenlasten

## 5.7.3 Balken mit gemischter Belastung

Bei Balken mit gemischter Belastung (z. B. Einzel- und Streckenlasten, **5**.54), ergeben sich Querkraftflächen von gemischter Form.

Wir finden sie ohne besondere Schwierigkeiten, wenn wir uns vergegenwärtigen, daß Einzellasten senkrechte Vorsprünge in der $Q$-Linie bewirken, Streckenlasten dagegen schräge Begrenzungslinien.

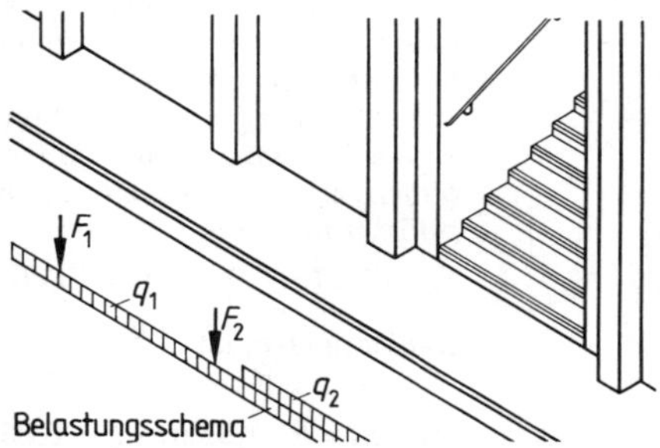


**5**.54 Balken mit gemischter Belastung

**Beispiel 40** Der gemischt belastete Balken nach Bild **5**.55 ist zu berechnen. Die Auflagerdrücke (berechnen Sie sie selbst) sind

$A = 8{,}65$ kN und $B = 13{,}35$ kN.

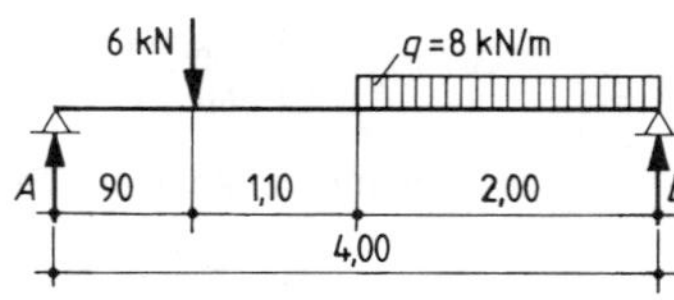


**5**.55 Balken mit gemischter Belastung

**a) Ermitteln des gefährdeten Querschnitts**

Mit den schon erworbenen Kenntnissen können wir nun zielsicher vorgehen: Die Querkraftfläche beginnt in $A$ mit + 8,65 kN und verläuft in gleichbleibender Größe bis zur Einzellast. Dort verspringt sie um 6 kN, verläuft im lastfreien Bereich erneut waagerecht und fällt dann mit Beginn der Streckenlast bis nach $B$ auf − 13,25 kN ab. Um das Maß $x$ = 2,33 m von $A$ entfernt, schneidet die Schräge die Waagerechte. Hier wechselt die Querkraft ihr Vorzeichen, hier liegt also der gefährdetete Querschnitt (**5**.56).

Rechnerisch ist $Q = 0$ in diesem Fall leichter von rechts zu ermitteln:

$$B - x_1 \cdot q = 0$$

$$x_1 = \frac{B}{q} = \frac{13{,}35 \text{ kN}}{8 \text{ kN/m}} = \mathbf{1{,}67 \text{ m}}$$

Probe:
$x + x_1 = 2{,}33 \text{ m} + 1{,}67 \text{ m}$
$= 4{,}00 \text{ m}$

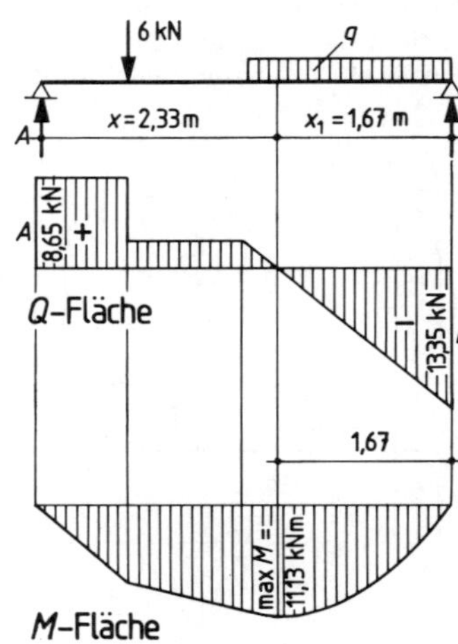


**5**.56 Ermitteln des gefährdeten Querschnitts an der Querkraft-Nullstelle

**Beispiel 40,** Fortsetzung

**b) Berechnen des Größtmoments**

Der kürzere Rechengang ergibt sich, wenn wir uns den Balkenteil rechts vom gefährdeten Querschnitt als eingespannten Kragarm vorstellen. Die Streckenlast ersetzen wir wieder durch die gleich große Einzellast $F_{q1}$ im Schwerpunkt von $q$ (**5**.57).

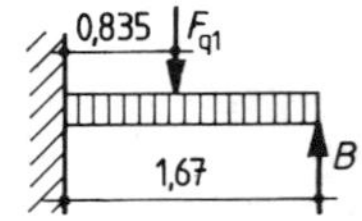


**5**.57 Berechnung des Größtmoments am eingespannt gedachten Balkenteil rechts von der Querkraft-Nullstelle

$F_{q1} = 1{,}67\ \text{m} \cdot 8\ \text{kN/m} = 13{,}36\ \text{kN}$

Der Hebelarm ist $\dfrac{1{,}67\ \text{m}}{2} = 0{,}835\ \text{m}$.

$\max M = B \cdot 1{,}67\ \text{m} - F_q \cdot 0{,}835\ \text{m}$

$\max M = 13{,}35\ \text{kN} \cdot 1{,}67\ \text{m} - 13{,}36\ \text{kN} \cdot 0{,}835\ \text{m} = \mathbf{11{,}13\ kNm}$

Die Momentenfläche zeigt geradlinige Begrenzungen im lastfreien Bereich und parabelförmige unter der Streckenlast (**5**.56).

**c) Bemessen des Balkens**

Das erforderliche Widerstandsmoment ist

$\text{erf}\ W_y = \dfrac{1112\ \text{kNcm}}{1\ \text{kN/cm}^2} = 1112\ \text{cm}^3.$

Gewählt: Holzbalken (Güteklasse II) $b/d = 16/22$ cm mit $W_y = \mathbf{1291\ cm^3}$

**Übungen 43** Für die Balken mit gemischter Belastung nach Bild **5**.58 a bis c sind die maximalen Biegemomente zu berechnen sowie die Querkraft- und die Momentenflächen darzustellen.

Hinweis: Für das Zeichnen der Querkraftfläche zu Bild **5**.58 c empfiehlt es sich, die Streckenlast in zwei Teile zu zerlegen, einen Teil vor der Last von 18 kN und einen Teil dahinter.

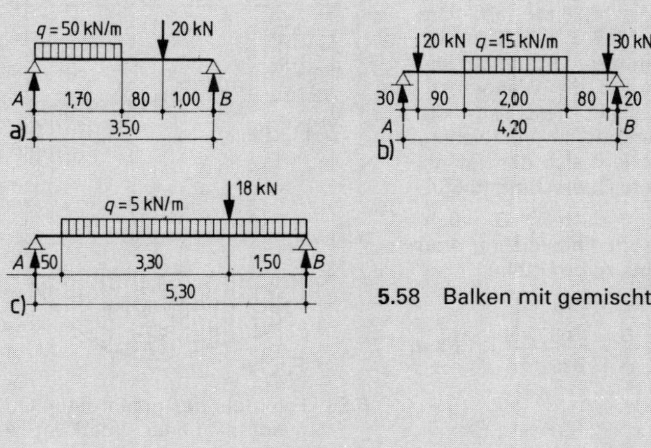


**5**.58 Balken mit gemischter Belastung

## 5.7.4 Balken auf zwei Stützen mit Kragarm

Ein Balken mit Kragarm muß sowohl die Lasten zwischen den Auflagern als auch die auf dem Kragarm aufnehmen. Er könnte, wenn er zu schwach wäre, an zwei Stellen zerbrechen: zwischen den Auflagern, d. h. „im Feld", und über der Stütze *B*.

> Ein Balken mit Kragarm hat zwei gefährdete Querschnitte.

**Beispiel 41** Der Balken mit Kragarm nach Bild **5**.59 ist zu berechnen. Als Auflagerkräfte erhalten wir (führen Sie die Berechnung selbst durch)

$A = 7$ kN und $B = 10$ kN.

**a) Ermitteln der gefährdeten Querschnitte**

Aus der Belastung mit Einzellasten schließen wir auf rechtwinklig begrenzte Querkraftflächen. Rechts von *A* ergibt sich auf 1 m Länge die gleichbleibende Querkraft von + 7 kN. Unter der Einzellast reduziert sie sich auf + 7 kN − 12 kN = − 5 kN. Am Wechsel des Vorzeichens erkennen wir den gefährdeten Querschnitt „im Feld" an dieser Stelle. Gleichbleibend und deshalb waagerecht verläuft die Querkraft bis *B*, wo sie auf − 5 kN + 10 kN = + 5 kN ansteigt. Der erneute Vorzeichenwechsel beweist, daß der zweite gefährdete Querschnitt „über der Stütze" liegt. Mit dem Wert + 5 kN schließt die Querkraftfläche waagerecht an die Einzellast des Kragarms an, was die Richtigkeit der Querkraftgrößen beweist und den Gleichgewichtsgrundsatz $\Sigma V = 0$ bestätigt.

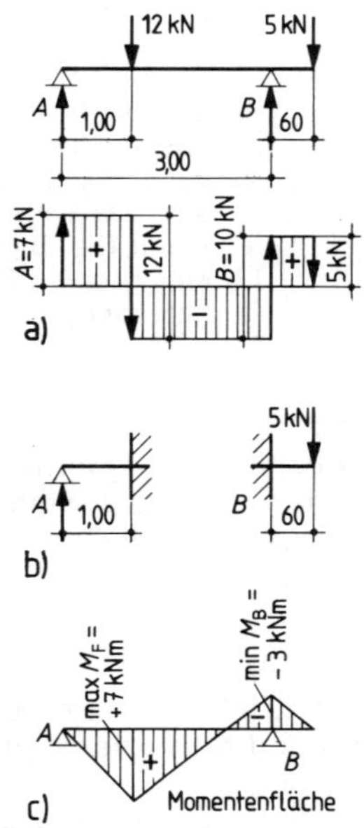


**5**.59 Balken auf zwei Stützen mit Kragarm

> Die Querkraftlinie eines Balkens auf zwei Stützen mit Kragarm schneidet die waagerechte Systemlinie zweimal: einmal im Feld und einmal über der Stütze. Jedesmal wechselt sie dabei das Vorzeichen und kennzeichnet an diesen Nullstellen die beiden gefährdeten Balkenquerschnitte (**5**.59 a).
>
> Die zugehörige Momentenlinie hat dazu entsprechend einen Höchstwert im Feld und einen weiteren über der Stütze (**5**.59 c).

**Beispiel 41,** Fortsetzung

**b) Berechnen des Größtmoments**

Für beide gefährdeten Querschnitte sind die Biegemomente zu berechnen, da nicht ohne weiteres zu sagen ist, welches Moment das größere ist; und nach diesem ist der Balken ja zu bemessen.

**c) Berechnen des Feldmoments**

Der gefährdete Querschnitt liegt unter $F = 12$ kN. Wir erhalten das Biegemoment

$M = A \cdot 1{,}00 \text{ m} = +7 \text{ kN} \cdot 1{,}00 \text{ m} = +$ **7 kNm** (**5**.59 b).

**d) Berechnen des Stützmoments $M_B$**

Für den gefährdeten Querschnitt im Auflager $B$ (**5**.59 c) ist das Biegemoment

$M_B = -5 \text{ kN} \cdot 0{,}60 \text{ m} = -$ **3 kNm.**

Dieses Stützmoment biegt den Balken nach oben durch. Die Zugbeanspruchung liegt hier also in der oberen Querschnittshälfte des Balkens, die Druckbeanspruchung in der unteren. Umgekehrt verhält sich das Biegemoment im Feld, das den Balken nach unten durchbiegt: Die Zugbeanspruchung liegt hier unten, die Druckbeanspruchung oben. Die beiden Biegemomente biegen den Balken also in entgegengesetzter Richtung. Sie sind deshalb mit verschiedenen Vorzeichen einzusetzen.

> Positive Biegemomente (hier Feldmomente) erzeugen Zug im unteren, negative Biegemomente (hier $M_B$) Zug im oberen Querschnittsteil. Die Vorzeichen sind entsprechend zu beachten.

Auch hier gilt:

Die kritischen Momente entsprechen der Summe der Querkraftflächen links und rechts von den gefährdeten Querschnitten.

Für die Berechnung von Stahl- und Holzbalken mit symmetrischen Querschnitten spielen diese Vorzeichen keine Rolle, hier kommt es nur auf die Größe der Momente an. Bei Stahlbetonkonstruktionen jedoch ist die Unterscheidung der Vorzeichen wesentlich, weil die Bewehrungsstähle stets in die Zugzone gelegt werden müssen.

**Momentenfläche.** Aufgrund der Belastung mit Einzellasten ist die Momentenfläche geradlinig begrenzt. Die Eckpunkte decken sich mit den Versprüngen in der Querkraftfläche.

**e) Bemessen des Balkens**

In diesem Fall ist das Feldmomente mit $M = 7$ kNm das zahlenmäßig größere; nach ihm ist also der Holzbalken zu bemessen.

$$\text{erf } W_y = \frac{M}{\text{zul } \sigma} = \frac{700 \text{ kNcm}}{1 \text{ kN/cm}^2} = 700 \text{ cm}^3$$

Gewählt: $b/d$ 14/18 cm mit $W_y =$ **756 cm³**

**Beispiel 42** Der Balken auf zwei Stützen mit Kragarm **5.60** ist zu berechnen.

Die Berechnung der Auflagerdrücke ergibt (führen Sie sie wieder selbst durch)

$A = 31$ kN und $B = 46$ kN.

**a) Ermitteln der gefährdeten Querschnitte**

Die Querkraftfläche zwischen $A$ und $B$ (d. h. im Feld) zeichnen wir wie üblich. Im Bereich der Streckenlast fällt die Querkraft von $B$ aus schräg auf 0 am Kragarmende ab (**5.60** b). Der gefährdete Querschnitt des Feldes liegt unter der Last 20 kN, der des Kragarms liegt wie immer über der Stütze $B$.

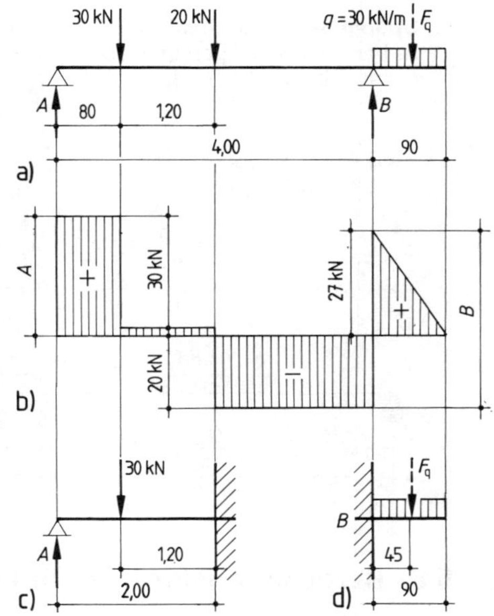


**5.60** Balken auf zwei Stützen mit Kragarm

**b) Berechnen des Größtmoments**

Für den unter der Last 20 kN eingespannten Balken (**5.60** c) ist das Feldmoment

$M = A \cdot 2{,}00\ \text{m} - 30\ \text{kN} \cdot 1{,}20\ \text{m} = 31\ \text{kN} \cdot 2{,}00\ \text{m} - 30\ \text{kN} \cdot 1{,}20\ \text{m}$
$M = 62\ \text{kNm} - 36\ \text{kNm} = 26\ \text{kNm}.$

Das Stützmoment $M_B$ berechnen wir stets allein aus den Kragarmlasten (**5.60** d). Die Streckenlast ersetzen wir durch ihre Gesamtlast $F_q$. Deren Hebelarm bis zur Einspannung ist 0,90/2 = 0,45 m. Also ist das Stützmoment.

$M_B = -F_q \cdot 0{,}45\ \text{m} = -27\ \text{kN} \cdot 0{,}45\ \text{m} = \mathbf{-12{,}5\ kNm.}$

**c) Bemessen des Trägers**

Das zahlenmäßig größere Moment ist hier das Feldmoment

$M = 26$ kNm.

$$\text{erf } W_y = \frac{2600\ \text{kNcm}}{14\ \text{kN/cm}^2} = 186\ \text{cm}^3$$

Gewählt: I200 mit $W_y = \mathbf{214\ cm^3}$

**Übungen 44** Die Stahlprofilträger mit Kragarm nach Bild **5**.61 a bis c sind zu berechnen (Trägereigenlast vernachlässigt) sowie die *Q*- und *M*-Flächen darzustellen.

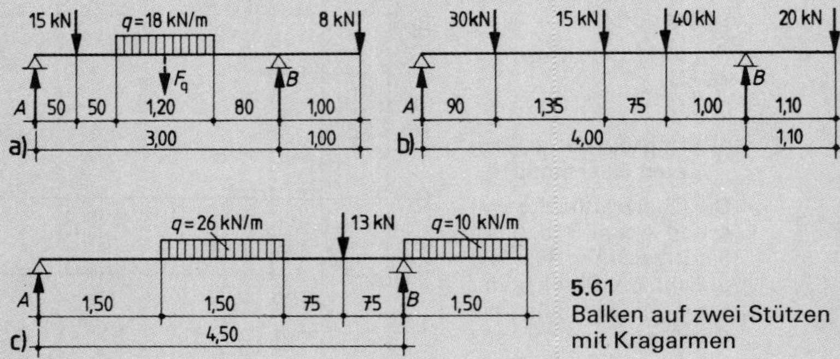


**5**.61
Balken auf zwei Stützen mit Kragarmen

## 5.8 Berechnungsformeln für häufige Laststellungen

In der Praxis wiederholen sich manche Belastungsfälle sehr oft. So sind häufig Träger zu berechnen, die eine Einzellast in der Mitte aufzunehmen haben (**5**.62). Auch gleichmäßig verteilte Lasten kehren bei der Berechnung von Deckenbalken und Trägern sowie bei vielen Hölzern der Dachkonstruktion immer wieder. Man vereinfacht derartige Berechnungen durch vorausberechnete Formeln für das maximale Moment (Größtmoment). Diese finden wir meist in den Tabellenbüchern. Oft sind auch Formeln für die zugehörigen Auflagerkräfte und die Durchbiegung mit aufgeführt. Im folgenden wollen wir einige jedoch selbst herausfinden.

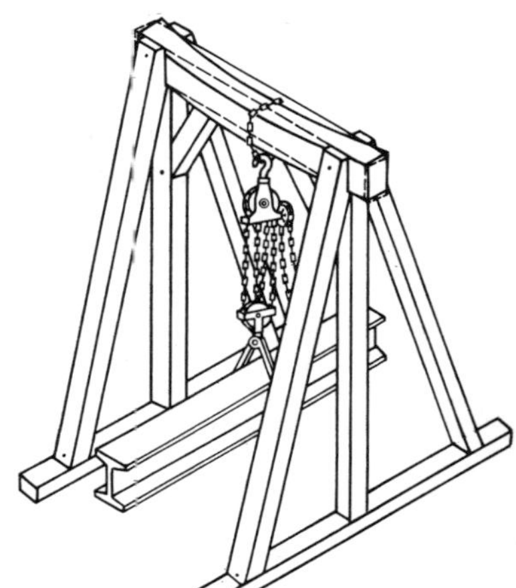

**5**.62 Schwere Einzellast in der Mitte eines Balkens

Für häufig wiederkehrende Belastungsfälle werden die Größtmomente vorteilhaft nach geeigneten Formeln (Gleichungen) aus Tabellenbüchern berechnet.

**Beispiel 43** Der Balken nach Bild **5**.63 hat die Spannweite $l$ und wird durch eine Einzellast $F$ in der Mitte belastet. Die allgemeine Formel für das Größtmoment ist zu ermitteln.

Aus einfacher Überlegung ergeben sich die Auflagerkräfte zu

$$\boldsymbol{A = B = \frac{F}{2}} .$$

Der gefährdete Querschnitt (Querkraftfläche zeichnen!) muß unter $F$ liegen; das Größtmoment ist $M = A \cdot l/2$.

In diese Gleichung setzen wir den obigen Wert für $A = F/2$ ein. So ist

$$\textbf{max}\ \boldsymbol{M = \frac{F}{2} \cdot \frac{l}{2} = \frac{F \cdot l}{4}} .$$

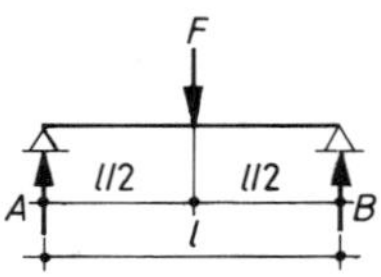


**5**.63 Träger mit Einzellast in der Mitte

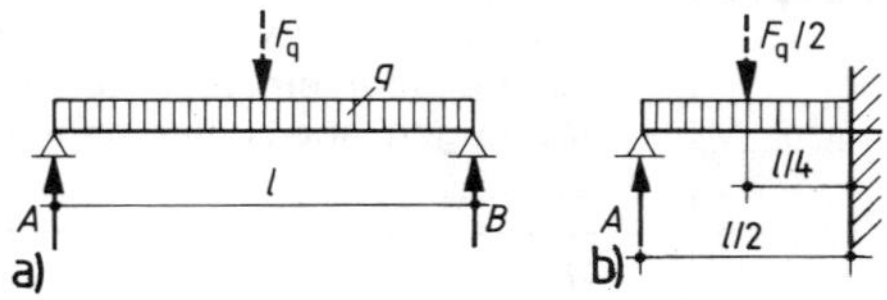


**5**.64 Träger mit gleichmäßig verteilter Belastung

**Beispiel 44** Der Balken in Bild **5**.64 ist gleichmäßig verteilt belastet. Ermitteln Sie die Grundgleichung für sein Größtmoment.

Die Gesamtlast ist $\boldsymbol{F_q = q \cdot l}$.

Die Auflagerkräfte sind $\boldsymbol{A = B = F_q/2}$.

Der gefährdete Querschnitt muß in der Mitte liegen (Querkraftfläche!), so daß sich für die Berechnung des Größtmoments das Einspannungsbild **5**.64 b ergibt. Auf den Kragarm wirkt die Gesamtlast $F_q/2$ mit dem Hebelarm $l/4$. Also ist $M = A \cdot l/2 - F_q/2 \cdot l/4$.

Für $A$ wird der Wert $A = F_q/2$ eingesetzt. Dann ist

$$M = \frac{F_q}{2} \cdot \frac{l}{2} - \frac{F_q}{2} \cdot \frac{l}{4} = \frac{F_q}{4} \cdot l - \frac{F_q}{8} \cdot l = \boldsymbol{\frac{F_q \cdot l}{8}} .$$

Diese Gleichung läßt sich so umformen, daß wir sofort mit $q$ rechnen können und den Umweg über $F_q$ ersparen. Mit $F_q = q \cdot l$ erhalten wir

$$\max M = \frac{q \cdot l \cdot l}{8} = \boldsymbol{\frac{q \cdot l^2}{8}} .$$

Aus der Gegenüberstellung der Gleichungen

$$M = \frac{F \cdot l}{4} \quad \text{und} \quad M = \frac{F_q \cdot l}{8}$$

ersehen wir, daß das Biegemoment durch eine Einzellast in der Mitte doppelt so groß ist wie das durch eine gleich große Streckenlast über die ganze Länge des Balkens.

Weitere Gleichungen für häufig vorkommende Belastungsfälle s. Tabelle **10**.32, S. 173.

**Beispiel 45** An einem Holzbalken von 3 m Stützweite soll in der Mitte eine Last von 8 kN hochgezogen werden (**5**.62). Welche Balkenabmessungen sind zu wählen?

**Beispiel 45,** Fortsetzung

Nach Beispiel 43 ist

$$M = \frac{F \cdot l}{4}.$$

Mit $F = 8$ kN und $l = 3{,}00$ m erhalten wir

$$M = \frac{8\ \text{kN} \cdot 3{,}00\ \text{m}}{4} = 6\ \text{kNm} = 600\ \text{kNcm}.$$

Gewählt: 10/20 cm mit $W_y = \mathbf{667\ cm^3}$

$$\text{vorh}\ \sigma = \frac{600\ \text{kNcm}}{667\ \text{cm}^3} = 0{,}9\ \text{kN/cm}^2 > 1$$

**Beispiel 46** Die Balken der Geschoßdecke, für die in Beispiel 4, S. 15 die Belastung mit $q = 3{,}49$ kN/m² berechnet wurde, liegen mit 80 cm Achsabstand über einem Raum von 4,01 m Lichtweite (**5**.65). Ihre Abmessungen sind zu berechnen.

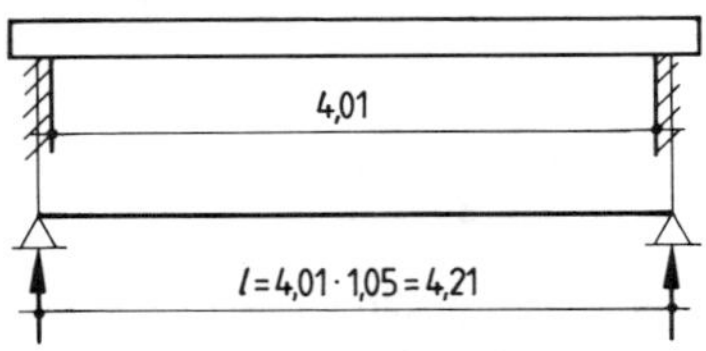


**5**.65 Licht- und Stützweite eines Trägers

Träger und Balken haben an jedem Auflager eine bestimmte Auflagerlänge. Der Berechnung ist nicht die Lichtweite zwischen den Auflagern, sondern die Stütz- oder Spannweite $l$ zugrundezulegen.

> Die Stütz- oder Spannweite $l$ ist bei Einfeldträgern ausreichend genau mit $l = 1{,}05 \cdot$ Lichtweite $l_w$ bestimmbar. Zwischen Mittelstützen ist $l$ = Lichtmaß + je ½ Stützenbreite.

Das rechnerische Auflager liegt somit um $0{,}05\, l \cdot \frac{1}{2}$ von der Auflagervorderkante entfernt. Bei genaueren Berechnungen legt man den rechnerischen Auflagerpunkt um ⅓ Balkenauflagerlänge von der Auflagerinnenkante fest. Bei Zwischenauflagern bleibt der rechnerische Auflagerpunkt stets in der Auflagermitte.

In diesem Fall ist $l = 4{,}01\ \text{m} \cdot 1{,}05 = 4{,}21$ m.

Je Balken ergibt sich somit bei 80 cm Achsabstand unter Anwendung der oben entwickelten Formel für Einfeldbalken mit Streckenlast das Größtmoment

$$\max M = 0{,}8\ \text{m} \cdot \frac{q \cdot l^2}{8}$$

$$\max M = 0{,}8\ \text{m} \cdot \frac{3{,}49\ \text{kN/m}^2\ (4{,}21\ \text{m})^2}{8} = \mathbf{6{,}19\ kNm.}$$

Das erforderliche Widerstandsmoment ist

$$\text{erf}\ W_y = \frac{M}{\text{zul}\ \sigma} = \frac{619\ \text{kNcm}}{1\ \text{kN/cm}^2} = 619\ \text{cm}^3.$$

Gewählt: $b/d = 10/20$ mit $W_y = \mathbf{667\ cm^3}$

**Übung 45** An einem Träger, der auf zwei Mauern aufliegt, die 4,00 m im Lichten entfernt sind, soll in der Mitte eine Last von 15 kN hochgezogen werden. Trägerprofil?

**Übung 46** Der Deckenträger **5**.66 erhält durch die Decke eine gleichmäßig verteilte Last $q_1 = 9$ kN/m. Durch die Mauern erhält er zwei Streckenlasten $q_2 = 18$ kN/m. Welcher I-Träger ist bei Berücksichtigung seiner Eigenlast zu wählen? Stützweite beachten!

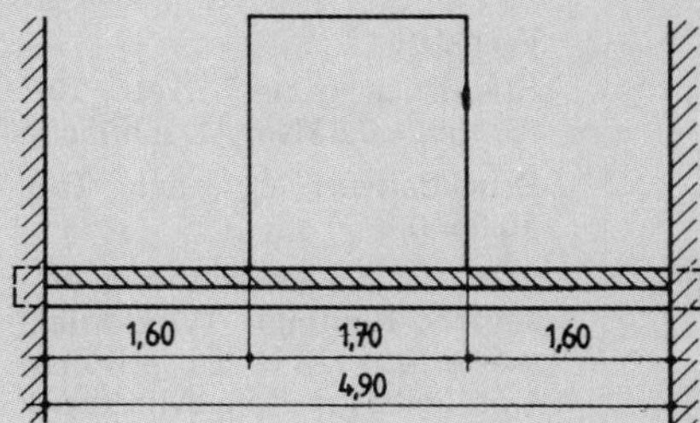


**5**.66
Mauer mit Türöffnung auf einem Deckenträger

**Übung 47** Auf den Balken **5**.67 überträgt der Pfosten eines Dachstuhls eine Last von 19 kN. Der Balken ist zu berechnen.

**Übung 48** Der Unterzug **5**.68 wird durch die Deckenträger in seinen Viertelpunkten mit je $F = 35$ kN belastet. Bestimmen Sie das Trägerprofil.

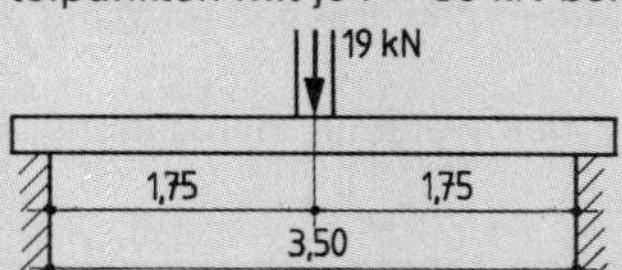


**5**.67 Pfosten auf einem Balken

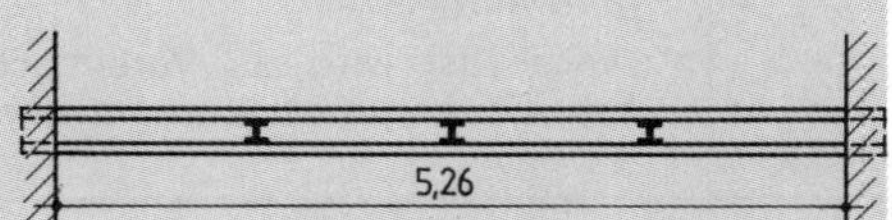


**5**.68 Unterzug mit Deckenträgern

## 5.9 Balken und Träger in einem Haus

> Der erste Schritt bei einer Berechnung in der Praxis ist stets die Feststellung der Stützweiten und Lasten.

**Beispiel 47** Für das mit Biberschwanzziegeln gedeckte Dach **5**.69 sind die Sparren zu berechnen. Sparrenabstand $e = 90$ cm, $\alpha = 50°$, Schneelastzone 1.

Es ist zunächst die Belastung zu ermitteln. Die Sparren haben außer der Eigenlast die Dachhaut und die Belastung durch Schnee und/ oder Wind aufzunehmen, oft auch noch Ausbaulasten.

**a) Belastung**

| | | |
|---|---|---|
| Sparreneigenlast geschätzt | = | 0,1 kN/m² Dachfläche |
| Dachdeckung nach Tab. **10**.2, S. 150 | = | 0,6 kN/m² Dachfläche |
| Vermörtelung | = | 0,1 kN/m² Dachfläche |
| Dacheigenlast | $g =$ | 0,8 kN/m² Dachfläche |

**Beispiel 47,** Schnee
Fortsetzung

Regelschneelast $s_o$ nach Tab. **10.**4 (S. 154) = 0,75 kN/m² Grundfläche

Abminderungswerte $k_s$ nach Tab. **10.**5 = 0,5

Rechenwert der Schneelast
$s = k_s \cdot s_o = 0{,}5 \cdot 0{,}75$ kN/m²
= 0,375 kN/m² Grundfläche

Wind

Staudruck $q$ nach Tab. **10.**7 (S. 155) = 0,8 kN/m² Dachfläche

Druckbeiwert $c_p$ nach Tab. **10.**8 = 0,8

Weil für die Berechnung einzelner Bauteile Winddruckwerte um 25 % zu erhöhen sind, gilt für den Winddruck $w = 1{,}25 \cdot c_p \cdot q = 1{,}25 \cdot 0{,}8 \cdot 0{,}8$ kN/m² = 0,8 kN/m² Dachfläche.

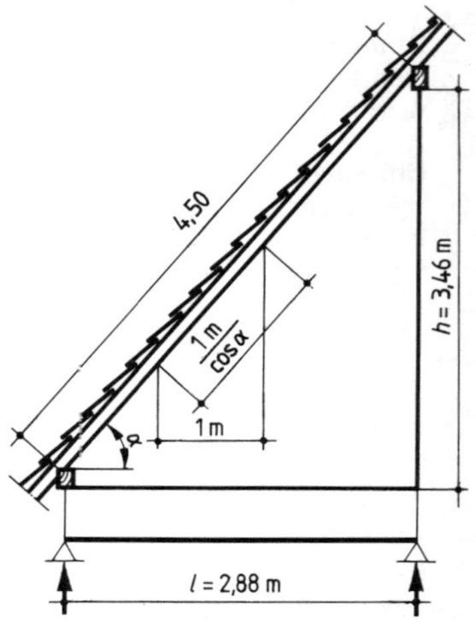


**5.**69 Sparren eines Biberschwanzdachs

Die gleichzeitige Berücksichtigung von Wind und Schnee gilt nur für Dächer mit ≦ 45° Dachneigung. Für unser Beispiel vernachlässigen wir die Schneelast, denn die Lastenannahmen ergeben für Wind den größeren Wert.

Diese Last wird zur Vereinfachung der weiteren Berechnung auf 1 m² Grundrißfläche umgerechnet.

$$\text{Last je m}^2\ \text{Grundrißfläche} = \frac{\text{Last je m}^2\ \text{Dachfläche}}{\cos\alpha}$$

$\alpha$ ist der Winkel der Dachneigung. Er wird mit dem Winkelmesser genügend genau in der Konstruktionszeichnung gemessen.

Hier sind $\alpha = 50°$ und $\cos\alpha = 0{,}64$, also ist die Dacheigenlast $\bar{g}$ je m² Grundrißfläche

$$\bar{g} = \frac{0{,}8\ \text{kN/m}^2\ \text{Dachfläche}}{0{,}64} = 1{,}25\ \text{kN/m}^2\ \text{Grundrißfläche.}$$

Auf 1 m² Grundrißfläche entfällt mehr als 1 m² Dachfläche (**5.**69); die Last je m² Grundrißfläche ist also höher als die je m² Dachfläche.

**b) Biegemoment**

Weil wir die Dachlasten auf 1 m² Grundfläche umrechnen, müssen wir als Stützweite auch das Grundmaß $l$ = 2,88 m wählen. Die Windkraft jedoch lassen wir gleichermaßen horizontal

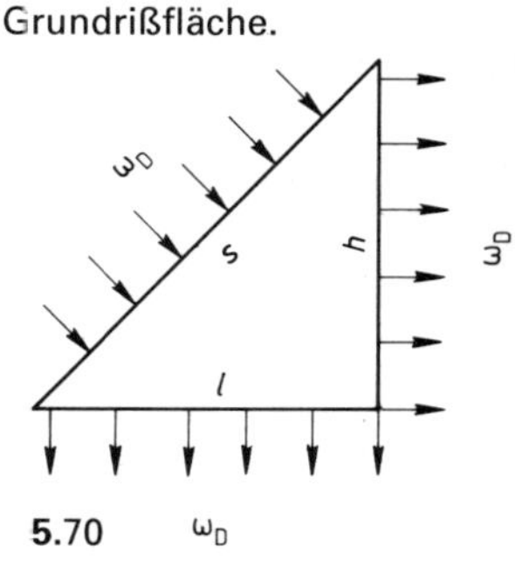


**5.**70

**Beispiel 47,** Fortsetzung

und vertikal einwirken. Nach dem Lehrsatz des Pythagoras erhalten wir das gleiche Biegemoment wie beim rechtwinklig zum Sparren wirkenden Wind (**5**.70) und entsprechen damit den Vorschriften. Unter Beachtung der Sparrenteilung ($l$ = 0,9 m) ergibt sich

$$\max M = \left(\frac{g \cdot l^2}{8} + \frac{w_D \cdot l^2}{8} + \frac{w_D \cdot h^2}{8}\right) \cdot 0{,}9$$

$$\max M = \left(\frac{1{,}25 \text{ kN/m } (2{,}88 \text{ m})^2}{8} + \frac{0{,}8 \text{ kN/m } (2{,}88 \text{ m})^2}{8} + \frac{0{,}8 \text{ kN/m } (3{,}46 \text{ m})^2}{8}\right) 0{,}9$$

max $M$ = 0,9 (1,30 kNm + 0,83 kNm + 1,20 kNm) = **3,33 kNm.**

**c) Bemessung**

Nach Tabelle **10**.16 (S. 158) beträgt zul $\sigma$ für Biegung bei Nadelholz Güteklasse II 10 N/mm$^2$ = 1 kN/cm$^2$. Wir dürfen den für Durchlaufträger (ohne Gelenke) zulässigen Wert von 11 N/mm$^2$ nicht ausnutzen, weil die Klaue den Sparrenquerschnitt schwächt.

Das erforderliche Widerstandsmoment ist somit

$$\text{erf } W_y = \frac{M}{\text{zul } \sigma} = \frac{333 \text{ kNcm}}{1{,}0 \text{ kN/cm}^2} = 333 \text{ cm}^3.$$

Gewählt: 8/16 cm mit $W_y$ = **341 cm³**

| Dieser Berechnungsgang ist bei allen Sparrenberechnungen sinngemäß zugrundezulegen. |
|---|

**Beispiel 48** Die Abfangträger für eine Schaufensteröffnung in einem Altbau von 4,20 m lichter Weite sind zu berechnen (**5**.71). Das Dachgeschoß ist nicht ausgebaut.

**a) Belastung je lfd. m Mauer bzw. Träger**

**Dachlast**

1 m$^2$ Deutsches Schieferdach mit großen Platten nach Tab. **10**.2

0,5 kN/m$^2$ Dachfläche

Sparrenlast wie Beispiel 47

0,1 kN/m$^2$ Dachfläche

0,6 kN/m$^2$ Dachfläche

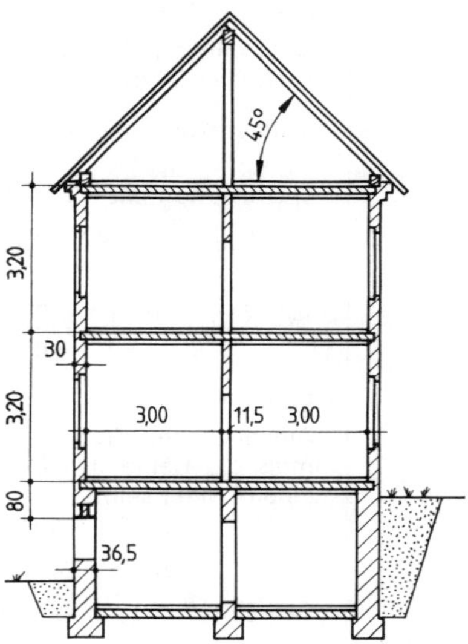


**5**.71 Hausquerschnitt (vereinfacht)

**Beispiel 48,** Fortsetzung

Umrechnung je m² Grundrißfläche

$$\bar{g} = \frac{0{,}6\ \text{kN/m}^2\ \text{Dachfläche}}{\cos\alpha} = \frac{0{,}6\ \text{kN/m}^2\ \text{Dachfläche}}{0{,}71} = 0{,}845\ \text{kN/m}^2$$

| | |
|---|---|
| Dachlast | = 0,845 kN/m² Grundrißfläche |
| Schneelast $k_s \cdot s_o = 0{,}62 \cdot 0{,}75$ | = 0,465 kN/m² Grundrißfläche |
| Winddruck $c_p \cdot q = 0{,}7 \cdot 0{,}8$ | = 0,56 kN/m² Grundrißfläche |
| Dachlast | 1,870 kN/m² Grundrißfläche |

Auf 1 lfd. m Mauer entfällt die halbe Dachfläche in der Waagerechten gerechnet, also:

$$\frac{1{,}87\ \text{kN/m}^2 \cdot 3{,}00\ \text{m}}{2} = 2{,}81\ \text{kN/m}$$

**Deckenlast**

| | |
|---|---|
| Eigenlast der Holzbalkendecke (geschätzt) | = 2,5 kN/m² |
| Verkehrslast (s. Tab. **10**.3, S. 152) | = 2,0 kN/m² |
| | Gesamtlast 4,5 kN/m² |

Von den 3 Decken hat die Mauer je die Hälfte aufzunehmen:

$$3 \cdot 4{,}5\ \text{kN/m}^2 \cdot \frac{3{,}00\ \text{m}}{2} = 20{,}25\ \text{kN/m}$$

**Mauerlast**

Mauer der beiden oberen Geschosse aus Steinen der Rohdichtegruppe 1,0 $0{,}30\ \text{m} \cdot 6{,}40\ \text{m} \cdot 10\ \text{kN/m}^3 = 19{,}20\ \text{kN/m}$

Mauer des Untergeschosses bis Unterkante Träger[1)]

Steinrohrdichte 1,8 $0{,}365\ \text{m} \cdot 0{,}80\ \text{m} \cdot 18\ \text{kN/m}^3 = 5{,}26\ \text{kN/m}$

Gesamtlast je lfd. m Träger $q = 47{,}52\ \text{kN/m}$

**b) Gesamtlast**

Zur Lichtweite 4,20 m ist $^1/_{20}$ hinzuzuschlagen. So ist die Spannweite $l = 1{,}05 \cdot 4{,}20\ \text{m} = 4{,}41\ \text{m}$.

$$\text{Auflagerkräfte } A = B = \frac{q \cdot l}{2} = \frac{47{,}52\ \text{kN/m} \cdot 4{,}41\ \text{m}}{2} = \mathbf{104{,}80\ kN}$$

**c) Größtmoment**

$$M = \frac{A \cdot l}{4} = \frac{104{,}80\ \text{kN} \cdot 4{,}41\ \text{m}}{4} = \mathbf{115{,}54\ kNm} \quad \text{oder}$$

$$M = \frac{q \cdot l^2}{8} = \frac{47{,}52\ \text{kN/m} \cdot (4{,}41\ \text{m})^2}{8} = \mathbf{115{,}52\ kNm}$$

**d) Bemessung**

Aus baulichen Gründen sind zwei I-Träger anzuordnen. Jeder Träger muß die Hälfte des Biegemoments aufnehmen. Es muß also für einen Träger sein

$$\text{erf } W_y = \frac{M}{2 \cdot \text{zul}\,\sigma} = \frac{11\,552\ \text{kNcm}}{2 \cdot 14\ \text{kN/cm}^2} \sim \mathbf{413\ cm^3\ je\ Profilträger}$$

Gewählt: 2I260 mit $W_y$ = **442 cm³ je Profil**

1) Die Eigenlast der Träger kann hier entfallen, weil sie annähernd durch die bis Unterkante Träger berechnete Mauerlast berücksichtigt ist.

**Übungen 49** Für den in Bild **5**.72 skizzierten Aufbau einer Werkstatt mit Lagerraum im Obergeschoß sind zu berechnen:

a) Die Holzbalken der Dachdecke mit $e$ = 85 cm Achsabstand,

b) das maximale Biegemoment für einen 1 m breiten Deckenstreifen der Stahlbetondecke,

c) die zwei I-Träger über der Garageneinfahrt,

d) die zwei I-Träger über der Tür,

e) der Mauerpfeiler in der Gebäudeecke (24/24),

f) das Außenwandfundament für eine zulässige Bodenpressung von 150 kN/m².

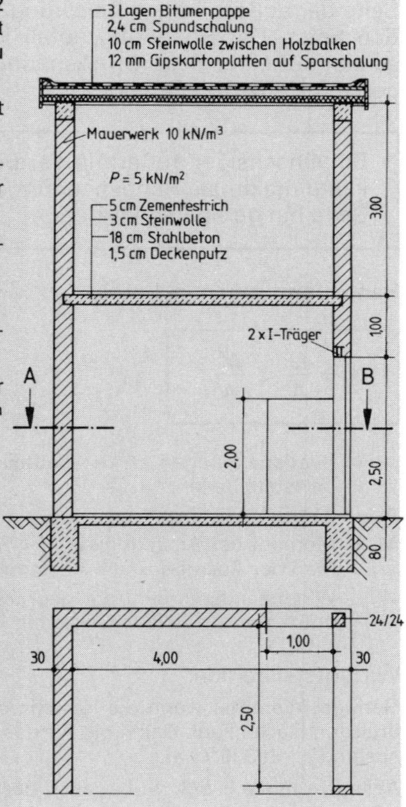


**5**.72
Werkstattanbau und Lagerraum

## 5.10 Spannung bei einachsiger Ausmittigkeit

Spannungen dürfen wir nur dann als gleichmäßig verteilt annehmen, wenn die Normalkraft mittig (zentrisch) eingeleitet wird. Ein außermitti-

**5**.73
a) Ungleichmäßige Spannungsverteilung bei kleiner Ausmittigkeit der Resultierenden (Kraft) $R$ (Druckspannungen auf der ganzen Fläche)
b) Bei größerer Ausmittigkeit verursacht die Resultierende $R$ Druckspannungen auf einer und Zugspannungen (klaffende Fuge!) auf der Gegenseite

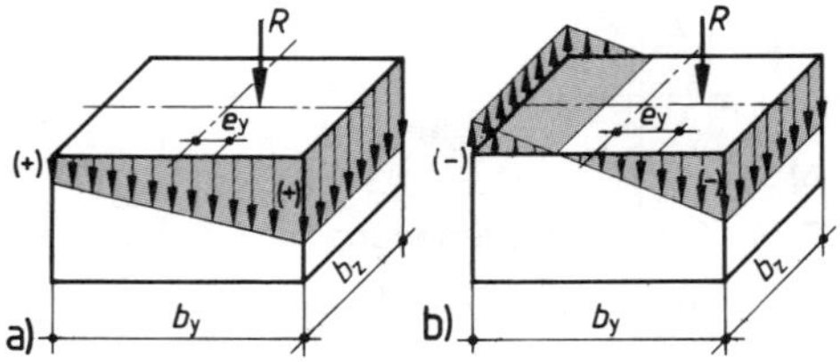

ger Kraftangriff erzeugt ungleichmäßige Spannungsverteilung, auf der Seite der außermittigen Belastung größere als auf der gegenüberliegenden Seite. Der Spannungsabfall ist linear (**5**.73 a). Im Extremfall entstehen auf einer Seite Druckspannungen, auf der anderen Zugspannungen mit klaffender Fuge (**5**.73 b).

> Bei einachsiger außermittiger Belastung entstehen an der Außenkante maximale Randspannungen, die sich zur weniger belasteten Seite hin geradlinig verringern.

**Randspannungen** $\sigma_R$ berechnen wir nach der Formel

$$\sigma_R = \frac{N}{A} \pm \frac{M}{W}.$$

$\sigma_R$ = Randspannungen an der Bauteilaußenkante der belasteten bzw. weniger belastete Seite

$A$ = gedrückte Fläche

$M$ = Moment der Ausmittigkeit $M = R_v \cdot e$ ($R_v$ = resultierende Vertikalkraft, $e$ = Maß der Ausmittigkeit = Abstand $R_v$ bis Mittelachse)

$W$ = Widerstandsmoment der gedrückten Fläche. Bei Rechtecken $W = \frac{b_z \cdot b_y^2}{6}$ mit $b_z$ und $b_y$ als Rechteckseiten

Wir unterscheiden:

**Geringe Ausmitte,** wenn die Resultierende $R_v$ noch im mittleren Drittel der gedrückten Fläche liegt. Dabei gilt für das Maß der Ausmitte $e < b/6$, für den Randabstand $c > b/3$ (**5**.74 a).

**Ausmitte mit $e = b/3$,** wobei auch der Randabstand $c = b/3$ beträgt. Die Randspannung gegenüber der ausmittigen Belastung verringert sich auf 0. Dieser Fall darf infolge Eigenlast nicht überschritten werden (**5**.74 b).

**Ausmitte mit $e > b/3$** und demzufolge Randabstand $c < b/3 \geq b/6$. In diesem Fall ergeben sich Zugspannungen auf der weniger belasteten Seite, die jedoch vom Mauerwerk, Beton oder Erdreich nicht aufgenommen werden können (**5**.74 c).

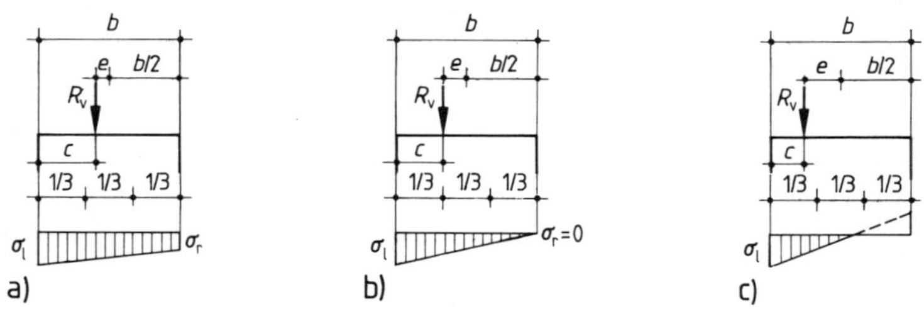


**5**.74 Spannungsverteilung bei unterschiedlicher Ausmittigkeit der Belastung
a) $e < \frac{b}{6}$, b) $e = \frac{b}{6}$, c) $e > \frac{b}{6} \leq \frac{b}{3}$

Für ausmittig belastete Fundamente gilt die

**rechnerisch maßgebende Bodenpressung** $\sigma_{or} = \frac{R_v}{A'}$ (**5**.75).

Dabei muß die wirkliche Fundamentfläche $A$ auf die Teilfläche $A'$ verkleinert werden, die eine verkürzte Länge $b'_y = b_y - 2 \cdot e_y$ hat. Der neue Schwerpunkt ist zugleich der Angriffspunkt der Resultierenden $R_v$ (**5**.75).

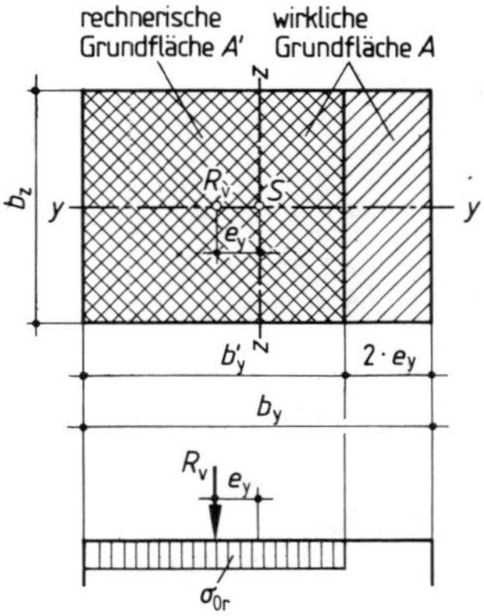


**5**.75 Theoretisch angenommene, gleichmäßig verteilte Bodenpressung auf der Teilfläche $A'$ bei geringer einachsiger Ausmitte

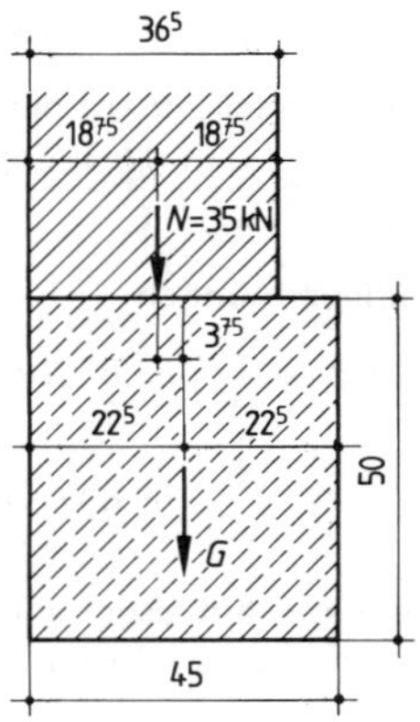


**5**.76 Fundament, außermittig durch Wandlast $N = 35$ kN belastet

**Beispiel 49** Für das Fundament **5**.76 sind die Kantenpressung (Randspannung) und die rechnerisch maßgebende Bodenpressung $\sigma_{or}$ zu berechnen. Die zulässige Bodenpressung sei 150 kN/m².

**a) Belastung**

| | |
|---|---|
| Wandlast (s. Bild) $N$ | = 35,0 kN/m |
| Fundamenteigenlast $G = 0{,}45\text{ m} \cdot 0{,}5\text{ m} \cdot 24\text{ kN/m}^3$ | = 5,4 kN/m |
| Gesamtlast = Resultierende $R_v$ | = 40,4 kN/m |

**b) Randabstand *c***

aus $\Sigma M$ um die linke untere Fundamentkante

$$M = R \cdot c = N \cdot \frac{0{,}365\text{ m}}{2} + G \cdot \frac{0{,}45\text{ m}}{2} = 0.\text{ Somit:}$$

$$c = \frac{35\text{ kN} \cdot 0{,}1875\text{ m} + 5{,}4\text{ kN} \cdot 0{,}225\text{ m}}{40{,}4\text{ kN}} = 0{,}193\text{ m}$$

**Beispiele 49, Fortsetzung**

**c) Maß der Ausmitte**

$$e_y = \frac{0{,}45\ \text{m}}{2} - c = 0{,}225\ \text{m} - 0{,}193\ \text{m} = 0{,}032\ \text{m} < \frac{0{,}45\ \text{m}}{6}$$

Es liegt eine kleine Ausmitte ($< e_y/6$) vor.

**d) Moment der Ausmittigkeit**

$$M_e = R \cdot e_y = 40{,}4\ \text{kN} \cdot 0{,}032\ \text{m} = 1{,}29\ \text{kNm}$$

**e) Normalspannung**

$$\sigma_N = \frac{N + G}{A} = \frac{40{,}4\ \text{kN}}{0{,}45\ \text{m} \cdot 1{,}0\ \text{m}} = 89{,}8\ \text{kN/m}^2 < 150$$

**f) Widerstandsmoment der Fundamentfläche**

$$W = \frac{l_z \cdot l_y^2}{6} = \frac{1{,}0\ \text{m} \cdot (0{,}45\ \text{m})^2}{6} = 0{,}034\ \text{m}^3$$

**g) Randspannungen**

$$\sigma_{\text{links}} = \sigma_N + \frac{M}{W} = 89{,}8\ \text{kN/m}^2 + \frac{1{,}29\ \text{kNm}}{0{,}034\ \text{m}^3} = 127{,}7\ \text{kN/m}^2 < 150$$

$$\sigma_{\text{rechts}} = \sigma_N - \frac{M}{W} = 89{,}8\ \text{kN/m}^2 - \frac{1{,}29\ \text{kNm}}{0{,}034\ \text{m}^3} = 51{,}9\ \text{kN/m}^2 < 150$$

**h) Rechnerisch maßgebende Bodenpressung $\sigma_{or}$**

$$A' = b_z \cdot (l_y - 2 \cdot e_y) = 1{,}0\ \text{m} \cdot (0{,}45\ \text{m} - 2 \cdot 0{,}032\ \text{m}) = 0{,}386\ \text{m}^2$$

$$\sigma_{or} = \frac{R_v}{A'} = \frac{40{,}4\ \text{kN}}{0{,}386\ \text{m}^2} = \mathbf{105\ kN/m^2 < 150}$$

**Beispiel 50** Die Gartenmauer **5.77** ist außer der Normalkraft $N$ dem Winddruck $W$ ausgesetzt. Kippsicherheit und Bodenpressung g (zul $\sigma$ = 102 kN/m²) sind für 1 m Wandlänge zu untersuchen.

**a) Eigenlast**

| | |
|---|---|
| der Wand $N_1 = 0{,}3\ \text{m} \cdot 2{,}0\ \text{m} \cdot 1{,}0\ \text{m} \cdot 20\ \text{kN/m}^3$ | = 12 kN |
| des Fundaments $N_2 = 0{,}65\ \text{m} \cdot 0{,}60\ \text{m} \cdot 1{,}0\ \text{m} \cdot 23\ \text{kN/m}^3$ | = 9 kN |
| Resultierende $R_v = N_1 + N_2$ | = 21 kN |

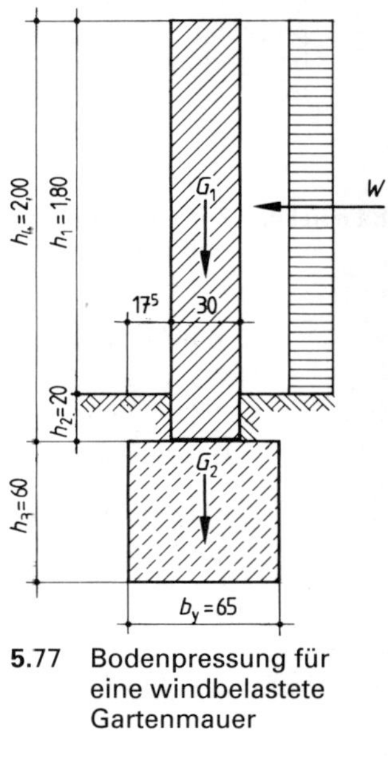


**5.77** Bodenpressung für eine windbelastete Gartenmauer

**Beispiel 50,** Fortsetzung

**b) Winddruck**

$W = c_f \cdot q \cdot h_1 \cdot l = 1{,}2 \cdot 0{,}5\ \text{kN/m}^2 \cdot 1{,}8\ \text{m} \cdot 1{,}0\ \text{m} = 1{,}08\ \text{kN}$
(Tab. **10**.7, S. 155, $c_f$ vgl. DIN 1052)

**c) Kippsicherheit**

Standmoment $M_S = N_1 \cdot \frac{b_1}{2} = \frac{12\ \text{kN} \cdot 0{,}3\ \text{m}}{2} = 1{,}8\ \text{kNm}$

Kippmoment $M_K = W \cdot \left(\frac{h_1}{2} + h_2\right) = 1{,}08\ \text{kN} \cdot \left(\frac{1{,}8\ \text{m}}{2} + 0{,}2\ \text{m}\right)$

$M_K = 1{,}19\ \text{kNm}$

Kippsicherheit $\eta_K = \frac{M_S}{M_K} = \frac{1{,}80\ \text{kNm}}{1{,}19\ \text{kNm}} = \mathbf{1{,}51 > 1{,}50}$, also kippsicher

**d) Fundamentsohle**

Moment aus Wind um untere Fundamentkante

$$M = W \cdot \left(\frac{h_1}{2} + h_2 + h_3\right) = 1{,}08\ \text{kN}\left(\frac{1{,}8\ \text{m}}{2} + 0{,}2\ \text{m} + 0{,}6\ \text{m}\right) = 1{,}84\ \text{kNm}$$

Maß der Ausmitte

$$e_y = \frac{M}{R_v} = \frac{1{,}84\ \text{kNm}}{21\ \text{kN}} = 0{,}088\ \text{m} < \frac{b_y}{6} = 0{,}108\ \text{m}$$

Normalspannung

$$\sigma_N = \frac{R_v}{A} = \frac{21\ \text{kN}}{0{,}65\ \text{m} \cdot 1{,}0\ \text{m}} = 32{,}3\ \text{kN/m}^2$$

Widerstandsmoment der Fundamentfläche

$$W = \frac{b_z \cdot b_y^2}{6} = \frac{1{,}0\ \text{m} \cdot (0{,}65\ \text{m})^2}{6} = 0{,}0704\ \text{m}^3$$

Randspannung (Kantenspannung)

$$\sigma_{links} = \sigma_N + \frac{R_v \cdot e_y}{W} = 32{,}3\ \text{kN/m}^2 + \frac{21\ \text{kN} \cdot 0{,}088\ \text{m}}{0{,}0704\ \text{m}^3}$$

$$\sigma_{links} = 32{,}3\ \text{kN/m}^2 + 26{,}25\ \text{kN/m}^2 = 58{,}55\ \text{kN/m}^2$$

$$\sigma_{rechts} = \sigma_N - \frac{R \cdot e_y}{W} = 32{,}3\ \text{kN/m}^2 - 26{,}25\ \text{kN/m}^2 = 6{,}05\ \text{kN/m}^2$$

**e) Rechnerisch maßgebende Bodenpressung $\sigma_{or}$**

$A' = b_z\,(b_y - 2 \cdot e_y) = 1{,}0\ \text{m}\ (0{,}65\ \text{m} - 2 \cdot 0{,}088\ \text{m}) = 0{,}474\ \text{m}^2$

$$\sigma_{or} = \frac{R_v}{A'} = \frac{21\ \text{kN}}{0{,}474\ \text{m}^2} = \mathbf{44{,}3\ kN/m^2 < 102\ kN/m^2}$$

**Übungen 50** Das Fundament **5**.78 ist außermittig durch Wandlasten $N$ = 40 kN belastet. Die Betonwichte sei 23 kN/m³, die zulässige Bodenpressung 200 kN/m². Berechnen Sie für 1 m Fundamentlänge

a) die Gesamtlast $R_v$ aus $N$ und $G$,
b) das Maß der Ausmitte $e_y$ (Hinweis: $e_y = N \cdot a / R_v$),
c) das Widerstandsmoment $W_y$ des Fundaments,
d) die Randspannungen $\sigma_{links}$ und $\sigma_{rechts}$,
e) die verkleinerte Fundamentbreite $b'_y$ und die verkleinerte Fundamentfläche $A'$,
f) die rechnerisch maßgebende Bodenpressung $\sigma_{or}$.

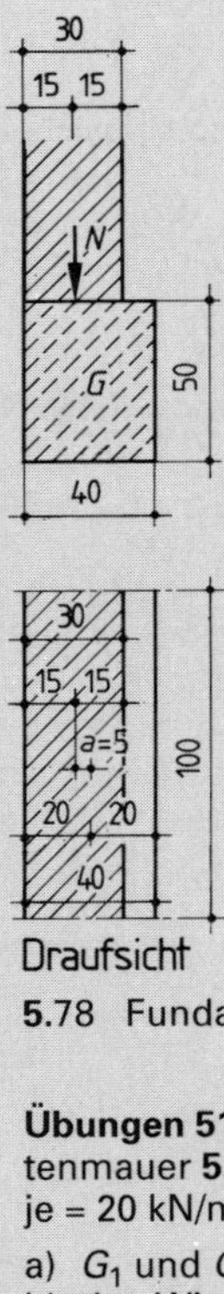

**5**.78 Fundament

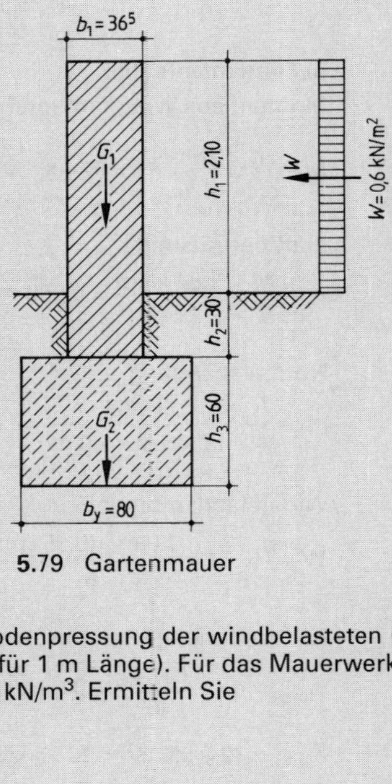

**5**.79 Gartenmauer

**Übungen 51** Kippsicherheit und Bodenpressung der windbelasteten Gartenmauer **5**.79 sind zu untersuchen (für 1 m Länge). Für das Mauerwerk gilt je = 20 kN/m³, für das Fundament 23 kN/m³. Ermitteln Sie

a) $G_1$ und $G_2$,
b) den Winddruck $W$,
c) das Kippmoment $M_K$,
d) das Standmoment $M_S$,
e) die Kippsicherheit $\eta_K$,
f) das Moment $M$ für die Fundamentuntersuchung,
g) die Gesamtlast $R_v$,
h) die Ausmitte $e_y$,
i) die Randspannungen $\sigma_{links}$ und $\sigma_{rechts}$,
k) die verkleinerte Fundamentbreite $b'_y$,
l) die rechnerisch maßgebende Bodenpressung $\sigma_{or}$.

# 6 Kräftedarstellung

## 6.1 Zeichnerische Darstellung von Kräften

**Kräftemaßstab und Kräftepfeil.** In Schaubildern stellt man häufig die Größe einzelner Angaben (z. B. über Produktionsentwicklungen, über die Bautätigkeit, über Ein- und Ausfuhr) in Säulen oder Geraden dar, um einen anschaulichen Vergleich zu ermöglichen. Ebenso lassen sich die auf Bauwerke wirkenden Kräfte und Lasten darstellen. Der Last von 100 N (links in Bild **6**.1) entspricht die daneben gezeichnete Strecke. Man wählt hierzu einen geeigneten Kräftemaßstab. Soll z. B. eine Strecke von 1 cm Länge eine Kraft von 100 N darstellen, schreibt man: 1 cm ≙ 100 N (in Worten: 1 cm entspricht 100 N). Der gewählte Maßstab ist in der Zeichnung entweder zeichnerisch (wie in Bild **6**.1) oder in Zahlen (1 cm ≙ 40 N) anzugeben. In Bild **6**.1 gehört also zur lotrecht wirkenden Last von 100 N ein ebenfalls lotrecht nach unten gerichteter Kräftepfeil von

$$100\ \text{N} \cdot \frac{1\ \text{mm}}{40\ \text{N}} = 2{,}5\ \text{mm Länge.}$$

Für das Mauerstück ist der – gleichfalls lotrecht verlaufende – Kräftepfeil

$700\ \text{N} = \frac{1\ \text{mm}}{40\ \text{N}} = 17{,}5$ mm lang. Der schräge Strebendruck erfordert einen Kräftepfeil in der gleichen Schräglage. (Berechnen Sie dessen Länge.)

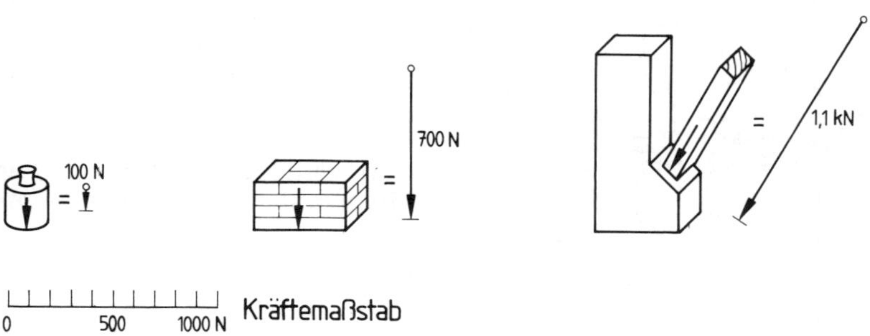


**6**.1 Zeichnerische Darstellung von Lasten und Kräften

> Kräfte kann man zeichnerisch als Pfeile darstellen. Die Pfeillänge entspricht maßstäblich der Kraftgröße, der Pfeil gibt die Kraftrichtung an. Die Lage des Pfeils bestimmt die Wirkungslinie der Kraft.

**Übungen 52** Die Kräfte und Lasten in Bild **6**.2 a bis d sind zeichnerisch darzustellen.

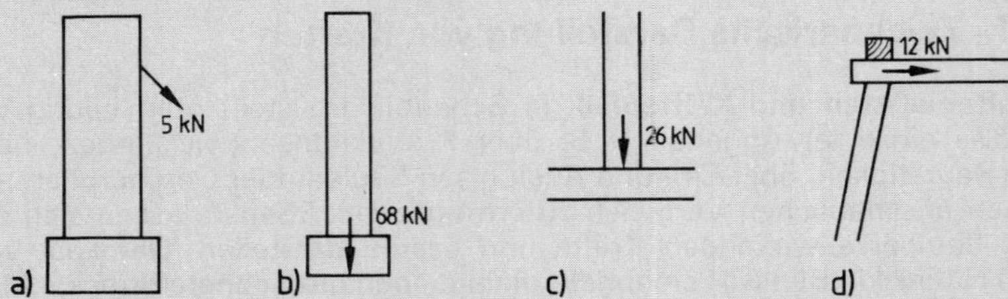


**6**.2 a) Zug an einem Pfeiler, b) Fundamentlast, c) Pfostendruck, d) Druck in einer Zange

## 6.2 Zusammensetzen und Zerlegen von Kräften

### 6.2.1 Zusammensetzen von Kräften mit dem Kräfteparallelogramm

**Resultierende.** Oft wirken zwei oder mehr Kräfte aus verschiedenen Richtungen auf ein Bauteil. In Bild **6**.3 z. B. hat jedes Einzelfundament die lotrechte Stützen- und die schräge Strebenkraft des Hallenbinders aufzunehmen. Im Zusammenwirken vereinigen sich beide Kräfte zu einer neuen Größe gleicher Wirkung. Wir nennen sie Mittelkraft, Ersatzkraft oder Resultierende *R*.

Der Zusammenhang zwischen zwei Kräften und ihrer Resultierenden veranschaulicht Bild **6**.4. Dort wird das Boot *A* mit der Motorkraft $F_1$ in Richtung *B* ge-

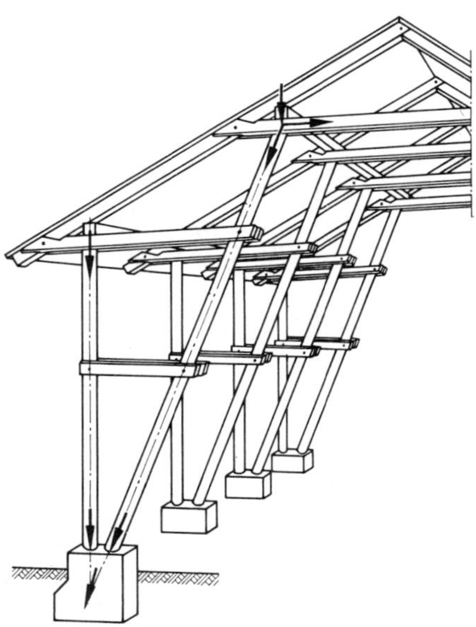

**6**.3 Kräfte in den Bindern einer Scheune

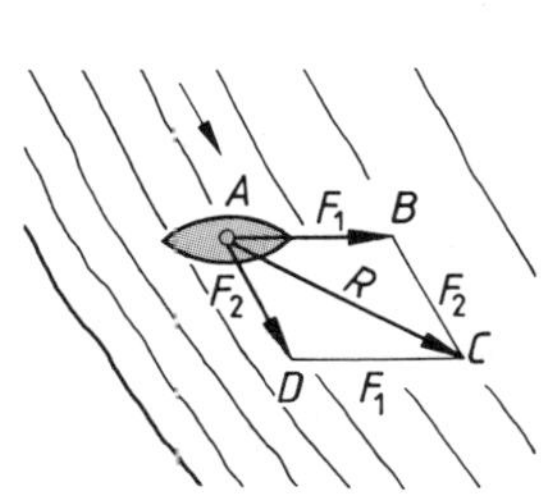


**6**.4 Kräfteparallelogramm an einem Boot

steuert. Zugleich treibt die Strömung das Boot mit der Kraft $F_2$ in Richtung *D*. Tatsächlich aber fährt das Boot mit der Kraft der Resultierenden *R* in Richtung *C*. Die Wirkung der Kraft *R* ist also gleich der Wirkung von $F_1$ und $F_2$.

> Die Wirkung von zwei Kräften (Teilkräften) kann durch die Wirkung einer Kraft, der Resultierenden *R*, ersetzt werden.

**Kräfteparallelogramm**. Wenn wir die Kräfte $F_1$ und $F_2$ nach Lage und Größe maßstäblich auftragen, läßt sich daraus leicht ein Parallelogramm ergänzen (**6**.4). Wir nennen es Kräfteparallelogramm. Die vom gemeinsamen Ausgangspunkt beginnende Diagonale entspricht der Resultierenden *R*.

> Die Resultierende *R* von zwei Kräften (Teilkräften) wird als die Diagonale eines Kräfteparallelogramms gefunden, dessen Seiten die Teilkräfte sind.

**Beispiel 51** Welchen Druck üben die beiden Streben zusammen auf den Pfeiler in Bild **6**.5 aus? $F_1 = 40$ kN, $F_2 = 60$ kN.

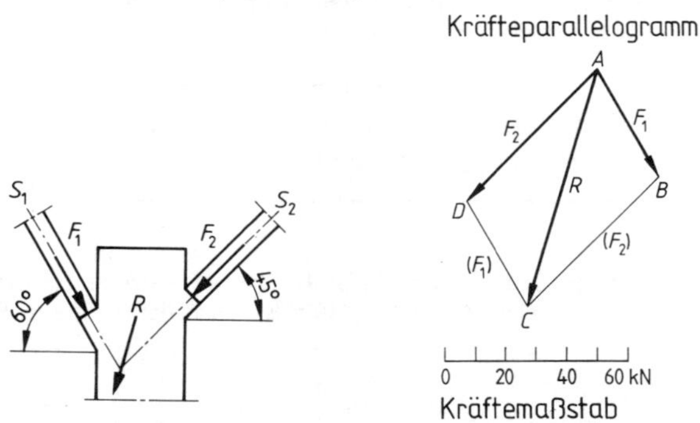


**6**.5 Zusammensetzung zweier Strebenkräfte an einem Pfeiler

Es ist also die Resultierende *R* der beiden Teilkräfte $F_1$ und $F_2$ zu suchen. In einem geeigneten Kräftemaßstab (hier 1 cm ≙ 30 kN)[1)] werden von *A* aus $F_1$ und $F_2$ als Strecken *AB* und *AD* aufgetragen und mit Pfeil und Beschriftung versehen. Dann ziehen wir zu $F_2$ (d. h. zu *AD*) eine Parallele durch *B* und durch *D* eine Parallele zu $F_1$ (d. h. zu *AB*). So erhalten wir das Kräfteparallelogramm aus $F_1$ und $F_2$ mit

---

[1)] Bei zeichnerischen Aufgaben liefern größere Kräftemaßstäbe, als sie hier im Buch angewendet werden können, genauere Ergebnisse. Für unser Beispiel wäre 1 cm ≙ 10 kN oder, noch größer, 1 cm ≙ 5 kN angebracht.

**Beispiel 51**, Fortsetzung der Diagonalen $AC$ als Resultierende $R$. Ihre Länge messen wir zu 27 mm. Mit dem Kräftemaßstab erhalten wir dann

$R = 2{,}7\ \text{cm} \cdot 30\ \text{kN/cm} \approx 80\ \text{kN}$.

Mit der gleichen Wirkung wie die Kräfte $F_1$ und $F_2$ könnte also auch deren Resultierende $R$ auf den Pfeiler drücken.

> Die Resultierende zweier Teilkräfte übt die gleiche Wirkung aus wie ihre Teilkräfte.

Wir haben bisher sowohl die Größe als auch die Richtung von $R$ ermittelt. Es ist aber noch festzustellen, wo $R$ an dem Pfeiler angreifen muß, damit sie in gleicher Weise wirkt wie $F_1$ und $F_2$. Denn je nach der Lage der Resultierenden würde der Pfeiler sehr verschieden beansprucht werden, z. B. wenn $R$ an der rechten Pfeilerkante, an der linken Pfeilerkante oder in der Mitte angriffe.

> Die Wirkungslinie der Resultierenden geht stets durch den Schnittpunkt der Wirkungslinien ihrer beiden Teilkräfte.

In der Pfeilerzeichnung sind also die beiden Kräfte $F_1$ und $F_2$ zum Schnitt zu bringen. Durch den Schnittpunkt ist eine Parallele zu der Mittelkraft $R$ im Kräfteparallelogramm zu zeichnen, wodurch auch die Lage von $R$ im Pfeiler ermittelt ist.

> Eine Kraft ist eindeutig bestimmt, wenn von ihr bekannt sind:
> 1. die Größe, 2. die Richtung, 3. die Lage.

**Übung 53** Welchen Druck üben die Stütze und die Strebe auf das Fundament aus (**6**.6)? $F_1 = 20$ kN, $F_2 = 30$ kN. (Größe und Richtung von $R$ werden gesucht.)

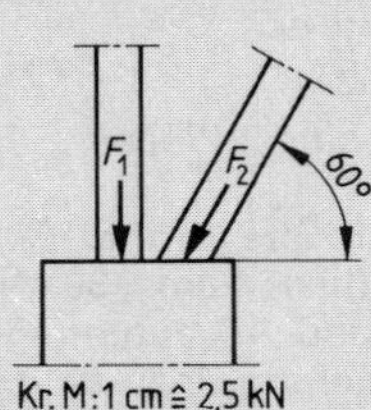


**6**.6 Stützen und Strebendruck auf ein Fundament

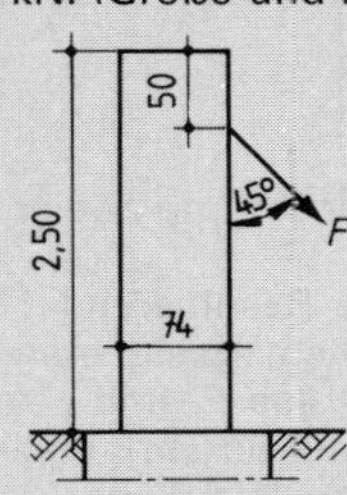


**6**.7 Zugkraft an einem Pfeiler

**Übung 54** An einem 2,50 m hohen Pfeiler aus Ziegelmauerwerk ($\gamma = 18\ \text{kN/m}^3$) mit den Querschnittsmaßen 74 cm x 74 cm wirkt eine Zugkraft $F = 5$ kN (**6**.7). Es ist die Resultierende $R$ aus $F$ und der Pfeilerlast $G$ zu ermitteln und festzustellen, ob diese Resultierende an der Seitenwand oder in der Bodenfuge des Pfeilers heraustritt. Im ersten Fall würde der Pfeiler kippen! (Größe, Richtung und Lage von $R$ werden gesucht.)

**Übung 55** Es ist der gemeinsame Druck der beiden Streben $F_1 = 150$ kN und $F_2 = 120$ kN auf den Pfeiler zu ermitteln (**6**.8). (Größe und Richtung von $R$ werden gesucht.)

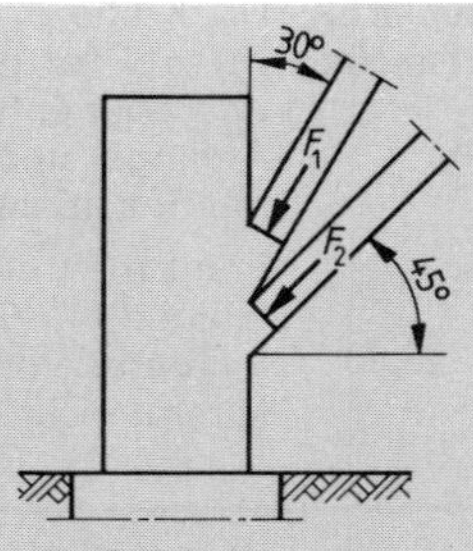


**6**.8 Streben an einem Pfeiler

## 6.2.2 Zusammensetzen von Kräften mit dem Kräftedreieck

**Kräftedreieck.** In Bild **6**.5 wurden die Teilkräfte $F_1$ und $F_2$ von Punkt $A$ aus nebeneinander angetragen und das so entstehende Bild durch Parallelen zu einem Parallelogramm vervollständigt. Dessen Diagonale $AC$ lieferte uns die Resultierende $R$. Bild **6**.4 konnten wir entnehmen, daß das Boot unter der Wirkung von $F_1$ und danach von $F_2$ von $A$ über $B$ nach $C$ fährt. Auch die umgekehrte Reihenfolge (also erst $F_2$ und dann $F_1$) brächte das Boot (diesmal von $A$ über $D$) nach $C$. Die gesuchte Diagonale $AC$ erhält man also auch dadurch, daß man die Teilkräfte nacheinander anträgt, d. h. nur die Hälfte des Kräfteparallelogramms, ein Kräftedreieck, zeichnet.

> Zur Bestimmung der Resultierenden $R$ von zwei Teilkräften genügt es, aus den beiden Teilkräften ein Kräftedreieck zu zeichnen.

Weil die Reihenfolge der darzustellenden Kräfte gleich ist, sind zwei (spiegelgleiche) Dreiecke und somit auch zwei Lösungswege möglich.

**Beispiel 52** Die beiden Strebenkräfte $F_1 = 40$ kN und $F_2 = 60$ kN des Bildes **6**.5 sind mit dem Kräftedreieck zu ihrer Resultierende zusammenzusetzen (**6**.9).

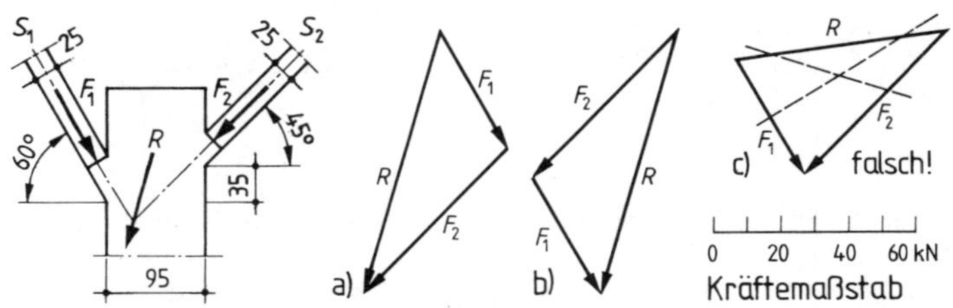


**6**.9 Kräftedreiecke für zwei Strebenkräfte. Die Strebenkräfte können in beliebiger Reihenfolge jeweils in Pfeilrichtung aneinandergefügt werden.

**Beispiel 52,** Fortsetzung Die Kräfte $F_1$ und $F_2$ werden in einem geeigenten Kräftemaßstab in ihrer Pfeilrichtung hintereinander aufgetragen (**6**.9 a und b), und zwar entweder $F_2$ an $F_1$ oder $F_1$ an $F_2$. Die Verbindung der freien Anfangs- und Endpunkte von $F_1$ und $F_2$ ergibt Größe und Richtung der Resultierenden $R$.

Trägt man die beiden Kräfte $F_1$ und $F_2$ gegen- statt nacheinanderlaufend an (**6**.9 c), ergibt sich zwar auch ein Kräftedreieck, aber die Richtung von $R$ ist offensichtlich falsch, und auch seine Größe stimmt nicht.

> Die Teilkräfte müssen in ihrer Pfeilrichtung aneinandergereiht werden; sie müssen sich „nachlaufen" (Kräftezug). Die Reihenfolge ist beliebig.
>
> Die Resultierende schließt das Dreieck. Sie hat die entgegengesetzte Pfeilrichtung der Teilkräfte, läuft ihnen „entgegen".

Hätten alle drei Kräfte die gleiche Pfeilrichtung, wären sie im Gleichgewicht. Die Resultierende entspricht in der Größe stets der Gleichgewichtskraft ihrer Teilkräfte.

Skizzieren Sie das Beispiel in Bild **6**.9 maßstäblich auf. Ermitteln Sie Größe und Neigungswinkel der Resultierenden $R$ nach dem vorgegebenen Lösungsweg (**6**.9 a oder b). Tragen Sie $R$ auch in den Schnittpunkt der Strebenkräfte auf, womit seine Lage im Bauwerk bestimmt ist.

**Übung 56** Führen Sie die Übungen 49 bis 51 mit Hilfe des Kräftedreiecks durch.

**Übung 57** Welchen Druck üben die beiden Streben zusammen auf den Pfosten aus, wenn $F_1 = F_2 = 30$ kN ist (**6**.10)?

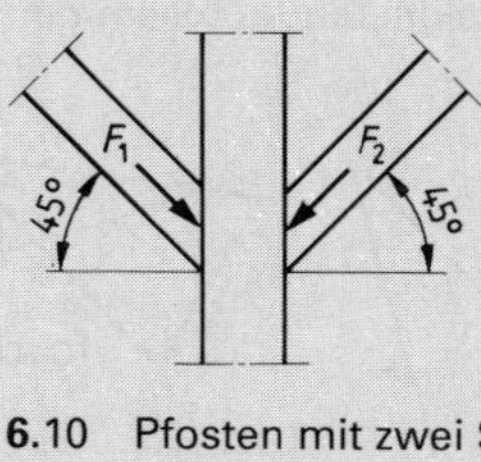


**6**.10 Pfosten mit zwei Streben

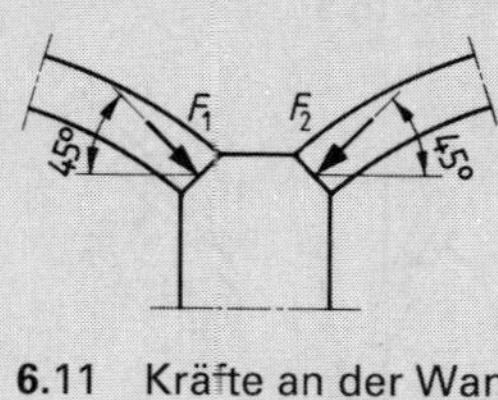


**6**.11 Kräfte an der Wand eines überschütteten Gewölbes

**Übung 58** Ermitteln Sie den Druck, den die Gewölbe auf den Pfeiler ausüben. $F_1 = 36$ kN, $F_2 = 28$ kN (**6**.11).

## 6.2.3 Zusammensetzen von mehr als zwei Kräften mit dem Kräftezug (Kräftepolygon)

**Kräftezug.** Auf die Sohle des Fundaments der Kellermauer **6.**12 wirken der Kämpferdruck *K* des Gewölbes, der Erddruck *E*, die Eigenlast *G* der Wand und die des Fundaments. Zur Berechnung der Fundamentgröße müssen diese Kräfte zu ihrer Resultierenden *R* zusammengesetzt werden. Dazu benutzt man zweckmäßigerweise den Kräftezug, der sich aus dem Kräftedreieck ableitet. Für das folgende Beispiel wird aus Platzgründen auf die Ermittlung der Kraftgrößen von *K*, *G* und *E* verzichtet. Sie werden vorgegeben.

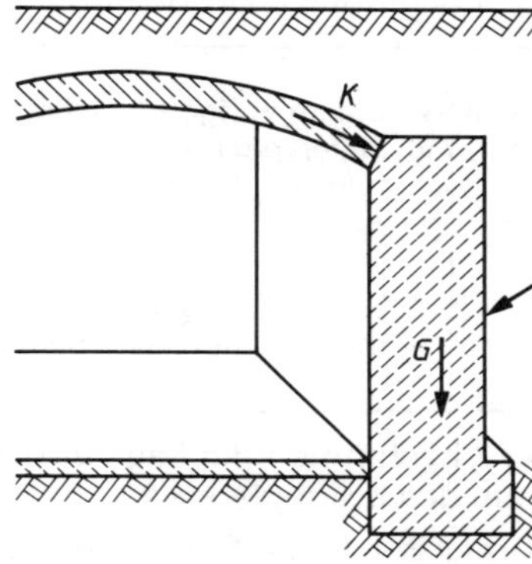


**6.**12 Kräfte an der Wand eines überschütteten Gewölbes

**Beispiel 53** Es ist die Kraft festzustellen, die als Resultierende das Fundament der Wand **6.**13 belastet; $K = 20$ kN, $G = 61$ kN, $E = 27$ kN.

Wir können in zwei Schritten vorgehen. Zunächst werden die beiden Kräfte *K* und *G* in einem Kräftedreieck zu ihrer Resultierenden $R_1$ zusammengesetzt. Anschließend wird aus $R_1$ und *E* die endgültige Resultierende *R* ermittelt. Einfacher ist es, alle Teilkräfte aneinanderzureihen. Aus dem so entstehenden Kräftezug erhält man ohne Umwege die Größe und Richtung von *R*. Die zeichnerische Lösung ist aber nur möglich, wenn der Lageplan maßstäblich gegeben ist.

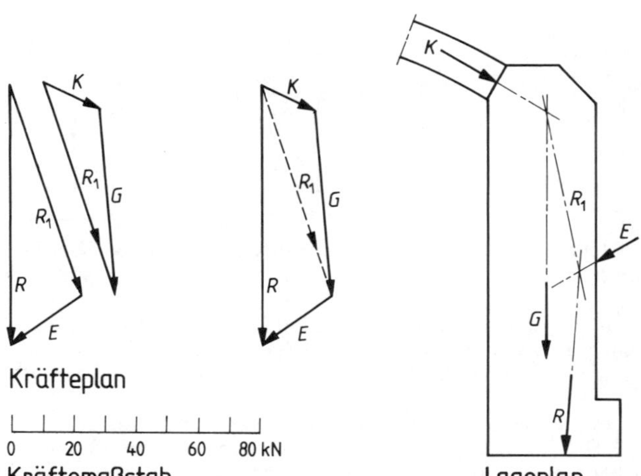


**6.**13 Kräftezug aus 3 Kräften

Ist die Resultierende für mehrere Teilkräfte zu ermitteln, sind die Teilkräfte zu einem Kräftezug(-polygon) zusammenzusetzen, dessen Schlußlinie Größe und Richtung der Resultierenden ergibt.

**Beispiel 53**, Fortsetzung Die im vorigen Abschnitt gegebenen Regeln über die Pfeilrichtungen gelten auch für den Kräftezug, ebenso die freie Wahl in der Reihenfolge der Kräfte.

Es fehlt uns noch die Lage der Resultierenden *R* im Lageplan. Zunächst bestimmen wir die Lage $R_1$ von *K* und *G* in bekannter Weise. Weil die Gesamtresultierende *R* die Resultierenden aus $R_1$ und *E* ist, muß sie durch den Schnittpunkt von $R_1$ und *E* gehen.

Wir bestimmen die Lage von *R* mit Hilfe von Zwischenresultierenden des Kräfteplans.

Dreieckbildende Seiten des Kraftecks schneiden sich im Lageplan stets in einem Punkt.

**Übung 59** Aus den Strebenkräften und der Eigenlast des 2 m langen Betonpfeilers ist die Resultierende *R* zu ermitteln (**6**.14).

**Übung 60** An der 1 m langen Ziegelmauer ist ein Schwenkkran angebracht (**6**.15). Die Resultierende aus dem oberen Ankerzug, dem Auflagerdruck am Kranfuß und der Eigenlast der Mauer ($\gamma$= 18 kN/m$^3$) ist zu ermitteln.

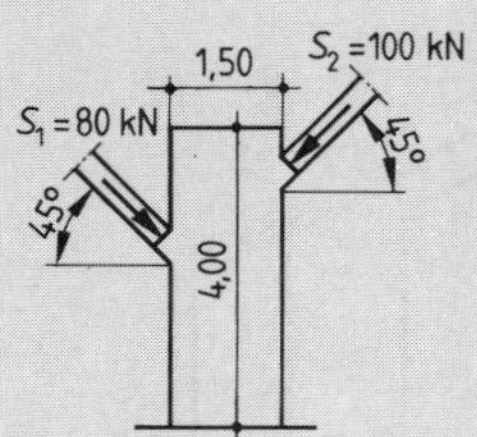


**6**.14 Pfeiler mit zwei Streben

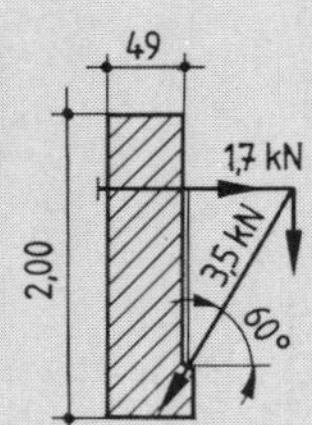


**6**.15 Schwenkkran an einer Mauer

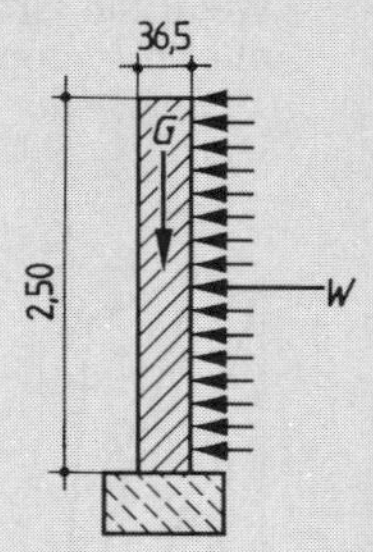


**6**.16 Wind auf freistehender Mauer

**Übung 61** Auf eine freistehende Ziegelmauer **6**.16 drückt der Wind mit 0,6 kN/m$^2$. Es ist zu ermitteln, ob die Resultierende aus Winddruck *w* und Eigenlast *G* durch die Bodenfuge geht, d. h., ob die Mauer standsicher ist.

Hinweis: Es wird ein Stück der Mauer von 1 m Länge untersucht (s. Beispiel 5, S. 16). Der über die ganze Mauerhöhe gleichmäßig verteilte Winddruck kann als waagerechte Einzellast in halber Mauerhöhe angenommen werden.

## 6.2.4 Zerlegen von Kräften mit dem Kräftedreieck

Die an der Hängesäule wirkende Brückenlast geht über die Streben als Horizontalkraft in den Hängebalken und als Vertikalkraft in die Auflager (**6**.17). Die Strebenkräfte $S_1$ und $S_2$ ermitteln wir mit Hilfe des Kräftedreiecks aus der Brückenlast *F* in der Hängesäule.

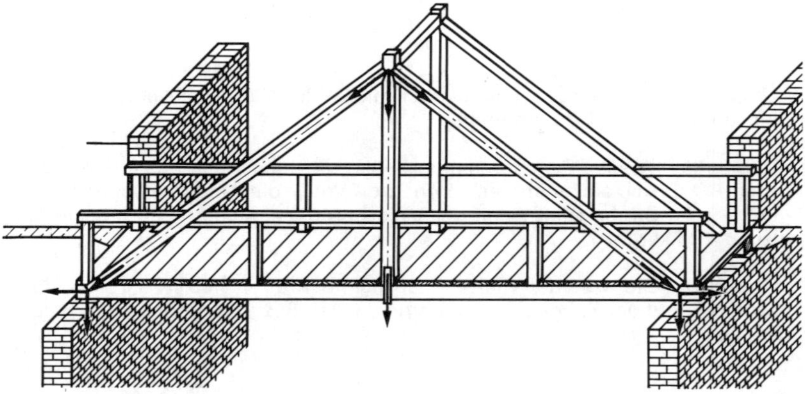

**6**.17 Kräftezerlegung an einer Hängewerkbrücke

**Beispiel 54** Die an der Hängesäule wirkende Kraft $F = 80$ kN ist in die beiden Strebenkräfte $S_1$ und $S_2$ zu zerlegen (**6**.18). Anschließend sind diese Strebenkräfte in ihre waagerechten (horizontalen) und lotrechten (vertikalen) Teilkräfte *H* und *V* zu zerlegen. Durch *H* und *V* werden der Hängebalken und die Auflager beansprucht.

Man trägt die gegebene Kraft $F = 80$ kN im gewählten Kräftemaßstab auf, zieht durch den einen Endpunkt (hier den unteren) eine Parallele zur Strebe $S_2$ und durch den anderen Endpunkt (hier den oberen) eine Parallele zu $S_1$. Die beiden Parallelen werden zum Schnitt gebracht und bilden dann mit *F* ein Kräftedreieck, aus dem sich die Größe $S_1$ und $S_2$ ablesen läßt.

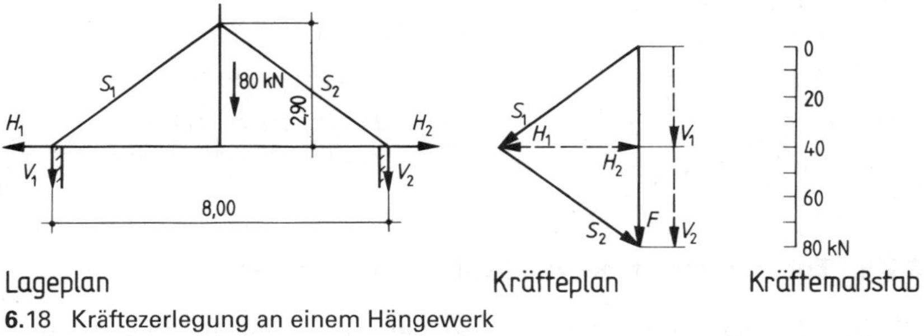


**6**.18 Kräftezerlegung an einem Hängewerk

| |
|---|
| Zum Zerlegen einer Kraft in zwei Teilkräfte dient das Kräftedreieck. Darin stellt die gegebene Kraft die Resultierende dar. |

**Beispiel 54**, Fortsetzung

Es sind zwei spiegelgleiche Kräftedreiecke möglich, die für $S_1$ und $S_2$ die gleichen Größen ergeben.

Die Pfeilrichtung der Teilkräfte ist entgegengesetzt zur Pfeilrichtung der gegebenen Kraft, weil diese als Resultierende aufzufassen ist.

Zur weiteren Zerlegung in $H$ und $V_1$ bzw. $V_2$ benutzt man das bereits vorhandene Kräftedreieck. $S_1$ und $S_2$ brauchen wir also nicht noch einmal aufzutragen.

**Übung 62** An einem Kran wirkt die Kraft $F = 20$ kN (**6**.19). Es sind die Strebenkräfte $S_1$ und $S_2$ zu ermitteln.

**Übung 63** Welche Beanspruchung haben die Jochstreben **6**.20 durch die Last $F = 16$ kN aufzunehmen? Wie groß muß die Unterstützungsfläche unter jeder Strebe sein, wenn der Untergrund aus steifem Lehm besteht? (zul $\sigma = 150$ kN/m$^2$)

**Übung 64** Die von der Pfette übertragene Kraft $F = 40$ kN ist von der Strebe $S$ und der Zange $Z$ aufzunehmen (**6**.21). Bestimmen Sie deren Belastung.

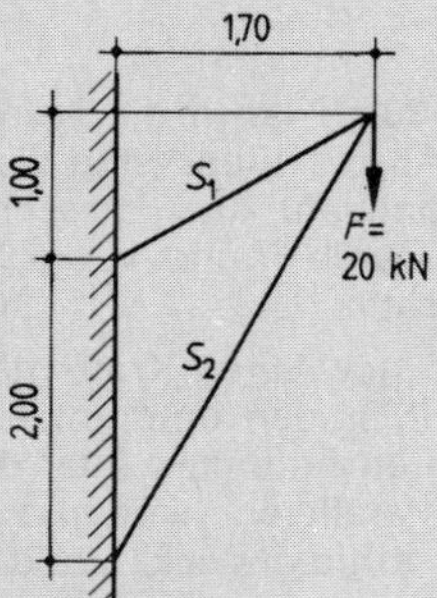


**6**.19 Last an einem Kranausleger

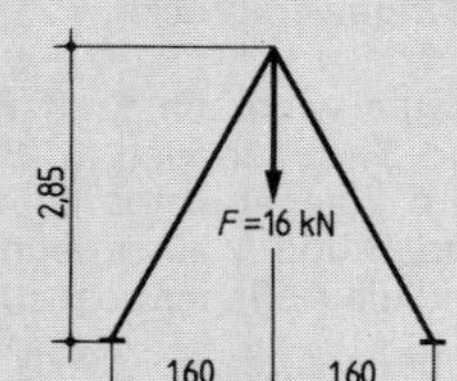


**6**.20 Last an einem Holzjoch

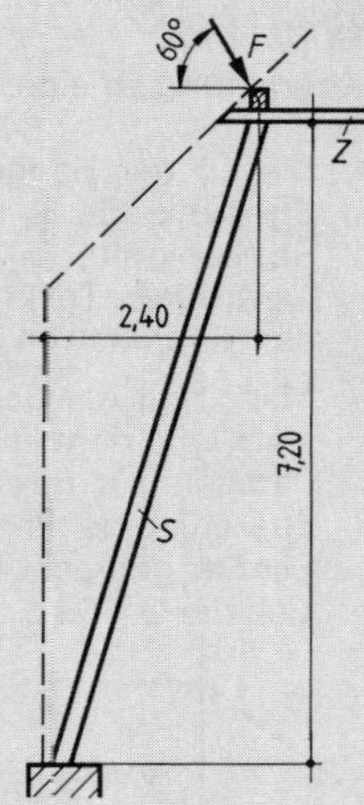


**6**.21 Pfettenlast auf dem Binder einer Feldscheune

## 6.2.5 Zusammensetzen von Kräften mit dem Seileck

Häufig läßt sich die Lage einer Resultierenden nicht dadurch bestimmen, daß man die Teilkräfte zum Schnitt bringt (z. B. wenn sie parallel laufen, **6**.22). Aber auch bei nur wenig gegeneinander geneigten Teilkräften liegt der Schnittpunkt oft nicht mehr auf dem Zeichenbogen oder ergibt sich nur sehr ungenau.

Bei Teilkräften, die wenig gegeneinander geneigt oder parallel sind, muß die Lage der Resultierenden mit dem Seileck bestimmt werden.

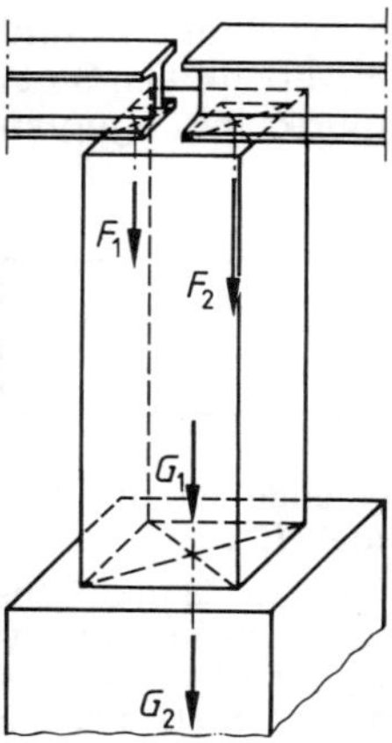


**6**.22 Parallele Kräfte an einem Pfeiler

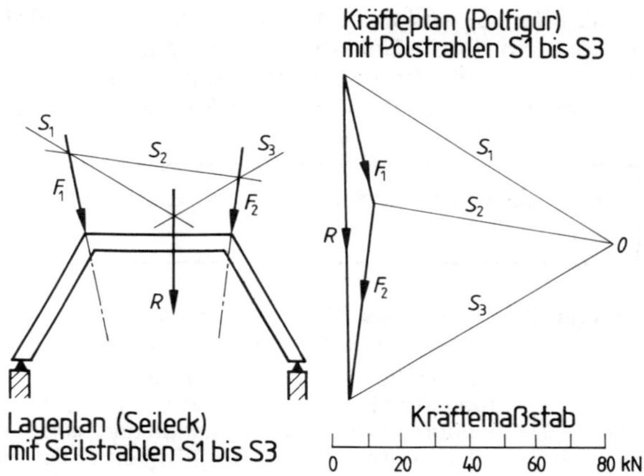


**6**.23 Zusammensetzung der Kräfte an einem Dachbinder mit Seileck und Polfigur

Bei wenig geneigten Teilkräften erhält man die Größe und Richtung der Resultierenden wie bisher aus dem Kräftedreieck bzw. dem Kräftezug.

Bei parallelen Kräften ergeben sich Größe und Richtung von $R$ durch Aneinanderreihen der Kräfte auf einer Geraden. In diesem Fall entspricht $R$ der Summe aller Einzelkräfte ($R = F_1 + F_2 + \dots F_n$).

**Beispiel 55** Für die Kräfte $F_1 = 40$ kN und $F_2 = 60$ kN auf dem Stahldachbinder **6**.23 sind Größe, Richtung und Lage der Resultierenden $R$ (zeichnerisch) zu bestimmen..

Mit Hilfe des Kräftedreiecks finden wir $R$. Die geringen Richtungsunterschiede von $F_1$ und $F_2$ erschweren jedoch eine genaue Lösung für die Lage von $R$. Hier bietet das Seileckverfahren den besseren Lösungsweg.

In der Zeichnung des Kräftedreiecks (Kräfteplan) nehmen wir einen beliebigen Pol $0$ an und verbinden ihm mit den Anfangs- und Endpunkten von $F_1$ und $F_2$ durch die Polstrahlen $S_1$, $S_2$ und $S_3$. (Es ist zweckmäßig, den Pol $0$ etwa in die mittlere Höhe des Kräftedreiecks zu legen, so daß der erste und der letzte Seilstrahl unter $\approx 45°$ verlaufen.) Im Lageplan ziehen wir eine Parallele zu $S_1$ von außen an $F_1$ heran, die $F_1$ in einem beliebigen Punkt schneidet. Durch diesen Schnittpunkt ziehen wir eine Parallele zu $S_2$ von $F_1$ nach $F_2$ und durch deren Schnittpunkt mit $F_2$ die Parallele zu $S_3$ nach außen. Die beiden äußeren Strahlen $S_1$ und $S_3$ werden nun zum Schnitt gebracht. Durch ihren Schnittpunkt geht die Mittelkraft $R$, und zwar parallel zu $R$ im Kräfteplan. Ihre Lage ist damit bestimmt.

**Seileck.** Betrachten wir die Seilstrahlen als Kräfte, erkennen wir, daß dieser Lösungsweg die oben beschriebenen Zusammenhänge anwendet. Wir erinnern uns, daß die Resultierende und ihre beiden Teilkräfte stets ein geschlossenes Kräftedreieck bilden und im Lageplan einen gemeinsamen Schnittpunkt haben. Kräfte- und Lageplan unseres Beispiels zeigen, daß $F_1$ von den Seilkräften $S_1$ und $S_2$ ersetzt wird, $F_2$ von den Seilkräften $S_2$ und $S_3$. Und auch $R$ steht sowohl für die Teilkräfte $F_1$ und $F_2$ als auch für die Seilkräfte $S_1$ und $S_3$. Wir merken uns nochmals: Stets ergeben drei Kräfte mit einem gemeinsamen Schnittpunkt im Lageplan ein geschlossenes (Kräfte-)Dreieck im Kräfteplan.

> Beim Zeichnen des Seilecks ist die Wahl des Poles *0* in der Polfigur beliebig.

**Beispiel 56** Die auf das Pfeilerfundament wirkende Resultierende aus den Trägerlasten und den Pfeilereigenlasten ist zu ermitteln (**6**.24).

Alle Kräfte sind lotrecht abwärts gerichtet. Um die Größe und Richtung ihrer Resultierenden zu erhalten, werden sie aneinandergereiht, wodurch sich $R$ aus der Länge der Gesamtstrecke – also als Summe aller Kräfte – ergibt. $R$ muß gleichfalls abwärts gerichtet sein. Die Lage von $R$ im Pfeilerfundament ergibt sich aus dem Seileck, das wie im Beispiel 55 gezeichnet wird. Wir erkennen, daß die Seilkräfte $S_1$ und $S_4$ mit $R$ im Kräfteplan ein Dreieck bilden. Im Lageplan müssen sie daher einen gemeinsamen Schnittpunkt haben. $R$ muß deshalb im Lageplan durch den Schnittpunkt von $S_1$ und $S_4$ führen.

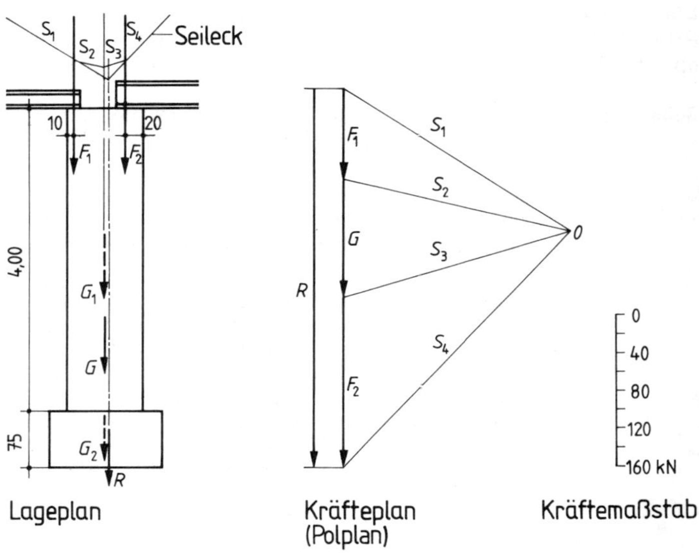


**6**.24 Zusammensetzung der Kräfte an einem Pfeiler mit dem Seileck

**Übung 65** Für einen 1 m breiten Plattenstreifen sind die Mauerlasten $G_1$ bis $G_4$ einschließlich der anteiligen Deckenlasten auf der Fundamentplatte zu ihrer Resultierenden $R$ zusammenzusetzen (**6**.25), $\gamma$ des Mauerwerks = 18 kN/m³).

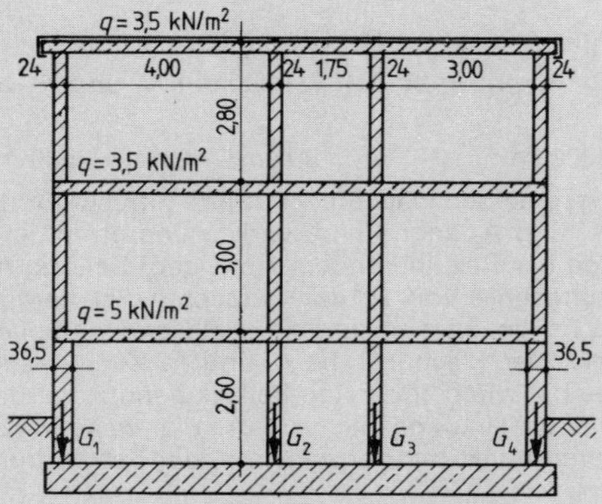


**6**.25 Mauerlasten auf einer Fundamentplatte

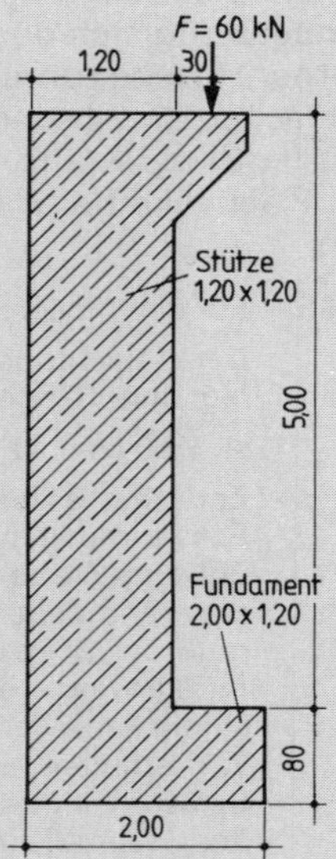


**6**.26 Kranbahnstütze aus Stahlbeton

**Übung 66** Für die Fundamentberechnung der Stahlbeton-Kranbahnstütze **6**.26 ist die Resultierende aus der Kranlast $F = 60$ kN, den Eigenlasten der Stütze und des Fundaments zu ermitteln. Die Eigenlast der Konsole kann außer Ansatz bleiben.

**Übung 67** Die durch Schnee- und Windlast hervorgerufenen einseitigen Dachlasten **6**.27 sind zu ihrer Resultierenden zusammenzusetzen.

$F_1 = 3{,}2$ kN, $F_2 = 6{,}3$ kN, $F_3 = 8$ kN, $F_4 = 7{,}2$ kN, $F_5 = 3{,}6$ kN.

Verwenden Sie dazu das Verfahren des Kräftezugs. Versuchen Sie auch die Lage der Resultierenden herauszufinden. Wenden Sie dafür Ihre gewonnenen Erkenntnisse über das Seileckverfahren an.

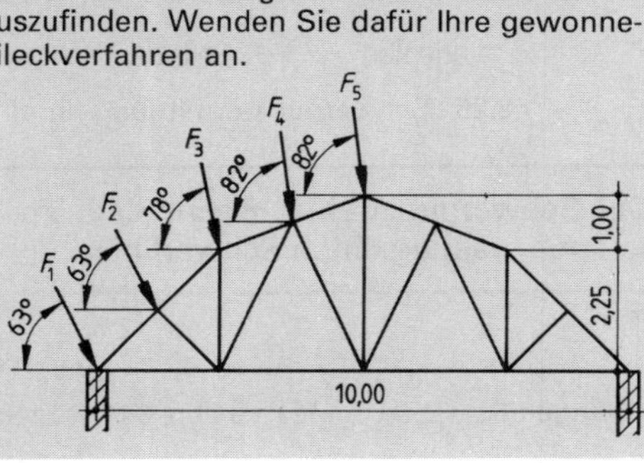


**6**.27 Einseitige Schnee- und Windlast auf einem Dachbinder

### 6.2.6 Zeichnerisches Bestimmen von Schwerpunkten

Außer der Größe von Eigenlasten ist häufig auch ihr Angriffspunkt für statische Berechnungen zu ermitteln (z. B. bei Stützmauern). Er entspricht stets der Lage der Resultierenden und in der Querschnittsfläche des Bauteils zugleich der Lage des Schwerpunkts. Zum Bestimmen des Schwerpunkts einer unregelmäßigen Fläche zerlegt man diese in mehrere Teilflächen (s. Abschn. 5.5) und betrachtet die Inhalte dieser Teilflächen (cm²) als Kräfte. Statt durch Rechnung kann die Resultierende dieser Flächenkräfte mit dem Seileck auch zeichnerisch gefunden werden.

**Beispiel 57** Für den Pfeilerquerschnitt **6**.28 ist der Schwerpunkt zu ermitteln.

Der Gesamtquerschnitt $A$ wird in beiden Teilflächen $A_1$ und $A_2$ zerlegt. Ihre Größe ist

$A_1 = 50 \text{ cm} \cdot 40 \text{ cm} = 2000 \text{ cm}^2$ $\qquad$ $A_2 = 90 \text{ cm} \cdot 40 \text{ cm} = 3600 \text{ m}^2$.

Zunächst lassen wir diese beiden Flächen wie Kräfte lotrecht (in den Schwerpunkten von $A_1$ und $A_2$ angreifend) wirken und ermitteln in üblicher Weise die Lage der Resultierenden $A$ mit dem Seileck. Auf der gefundenen Wirkungslinie von $A$, der lotrechten Schwerlinie, muß der Schwerpunkt liegen. Nun zeichnen wir ein zweites Seileck für die waagerecht wirkenden Flächenkräfte $A_1$ und $A_2$. Zur Vereinfachung kann der gleiche Pol wie beim ersten Seileck benutzt werden. Wir erhalten eine zweite Wirkungslinie von $A$, die waagerechte Schwerlinie. Deren Schnittpunkt mit der ersten ist der Schwerpunkt der Gesamtfläche $A$.

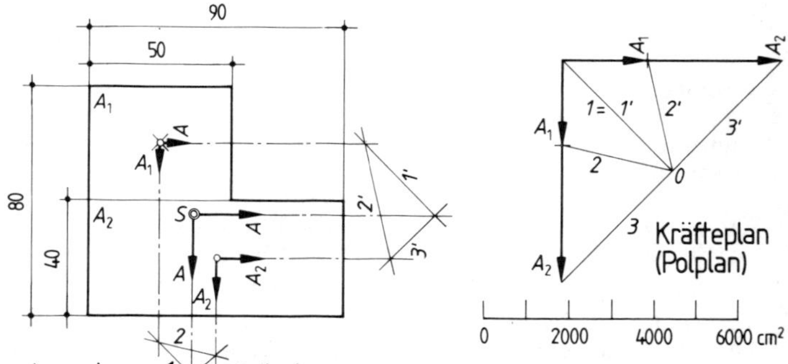


**6**.28 Schwerpunktermittlung für einen Pfeilerquerschnitt

> Der Schwerpunkt einer Fläche liegt im Schnittpunkt ihrer lotrechten und waagerechten Schwerlinie.

**Übungen 68** Die Übungen 34 bis 36 sind zeichnerisch zu lösen.

## 6.2.7 Zerlegen von Kräften mit dem Seileck

So wie man Teilkräfte mit dem Seileck zu ihrer Resultierenden zusammensetzen kann, lassen sich damit auch Kräfte in parallele oder flach geneigte Teilkräfte zerlegen.

> Zum Zerlegen von Kräften in parallele oder flach gegeneinander geneigte Teilkräfte wird das Seileck verwendet.

**Beispiel 58** Die Belastung der Jochpfähle **6**.29 ist zu ermitteln.

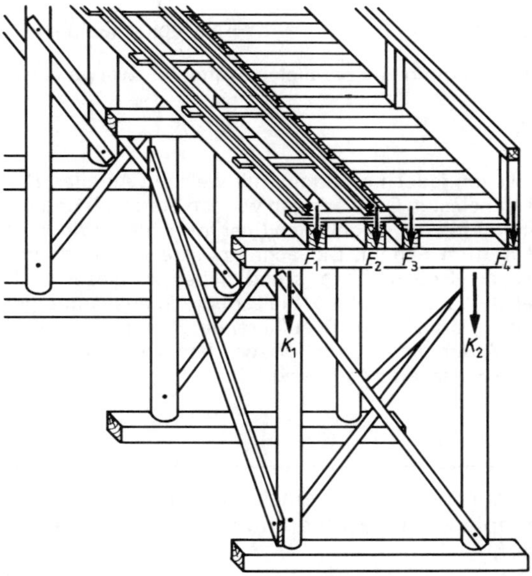


**6**.29 Kräftezerlegung für das Joch einer Behelfsbrücke

Mit anderen Worten: Die Kräfte $F_1$ bis $F_4$ auf dem Jochbalken sind in die Pfahlkräfte $K_1$ und $K_2$ zu zerlegen.

$F_1 = F_2 = 20$ kN

$F_3 = F_4 = 11$ kN

Im Kräfteplan werden die Kräfte $F_1$ bis $F_4$ aneinandergereiht (**6**.30) und vom beliebig gewählten Pol *0* die Polstrahlen *1* bis *5* gezogen. Im Lageplan wird dann das Seileck gezeichnet. Der Schnittpunkt des ersten (*1*) mit dem letzten Seilstrahl (*5*) liefert uns wie bisher die Lage von *R*.

**Beispiel 58,**
Fortsetzung

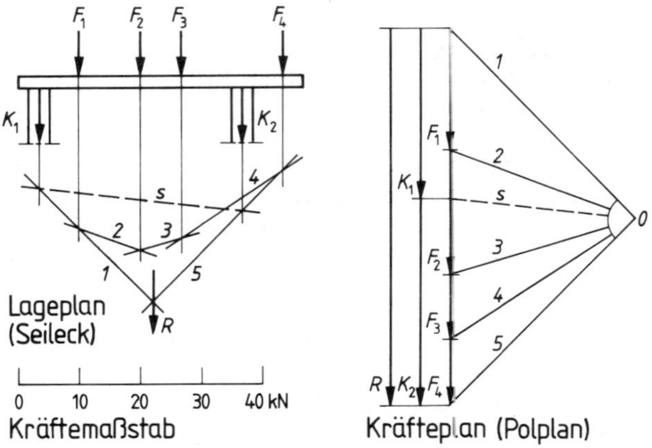


**6.**30 Zerlegung von parallelen Kräften in zwei parallele Teilkräfte

Wir wollen jedoch ermitteln, mit welchen Anteilen $R$ die Pfosten $K_2$ und $K_1$ belastet. Dazu bringen wir den ersten (*1*) und den letzten Seilstrahl (*5*) mit den gegebenen (hier lotrechten) Wirkungslinien von $K_2$ und $K_1$ zum Schnitt. Die Schnittpunkte verbinden wir miteinander durch die Schlußlinie $s$ und ziehen zu dieser im Kräfteplan die Parallele durch den Pol *0*. Sie zerlegt die aneinandergereihten Kräfte $F_1$ bis $F_4$ bzw. deren Resultierende $R$ in $K_1$ und $K_2$. Dabei ist der obere Abschnitt $K_1$ ( weil er zwischen *1* und $s$ liegt), der untere $K_2$ (weil er zwischen $s$ und *5* liegt).

Die Parallele zur Schlußlinie eines Seilecks durch den Polpunkt teilt im Kräfteplan die Resultierende in die zwei Auflager- bzw. Stützkräfte auf.

Zur Prüfung der zeichnerischen Richtigkeit von Kräfte- und Lageplan dient die uns bekannte Bedingung:

Linien, die sich im Lageplan in einem Punkt schneiden (z. B. Seilstrahl *1*, Kraft $F_1$ und Seilstrahl *2*), müssen im Kräfteplan ein geschlossenes Dreieck bilden.
(Dies gilt ebenso für die Linien $R$, *1*, *5*, für $K_1$, *1*, $s$ und $K_1$, $s$, *5*.)

**Übung 69** Welche Kräfte werden durch den Laufkran **6**.31 auf die Kranbahnkonsolen ausgeübt?

**Übung 70** Die Pfeilrichtung $F_1 = 180$ kN und $F_2 = 100$ kN sind in die beiden Pfahlkräfte zu zerlegen (**6**.32). Die Eigenlasten von Pfeiler und Fundament seien hier unberücksichtigt.

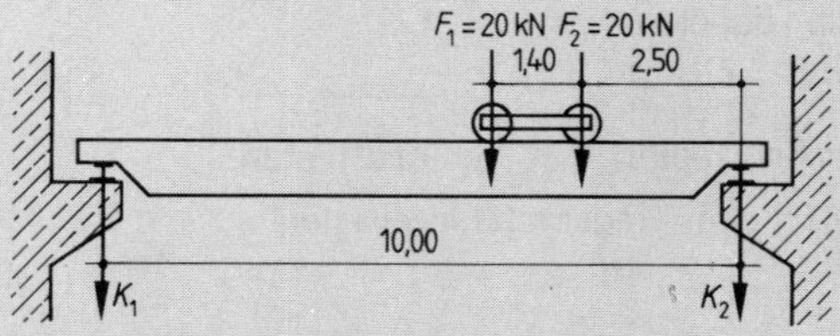

**6**.31 Laufkran auf Konsolen

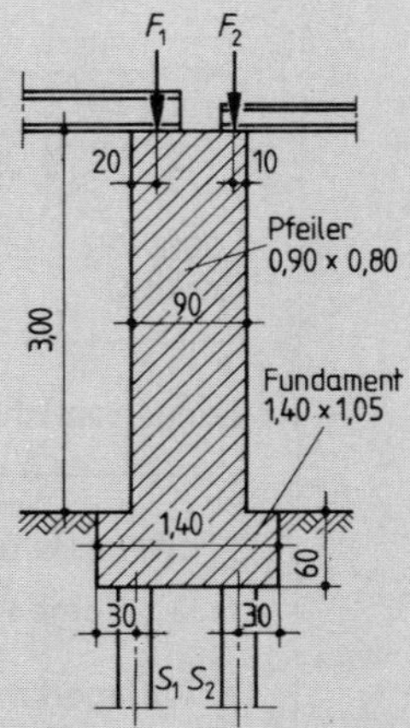

**6**.32 Betonpfeiler auf Pfahlgründung

## 6.3 Kräfte wirken auf Balken

### 6.3.1 Balken auf zwei Stützen mit Einzellasten

Im Abschnitt 5 „Biegekräfte" wurde die rechnerische Bemessung von Balken behandelt. Dazu wurden die Auflagerkräfte und das größte Biegemoment berechnet.

> Auflagerkräfte und Biegemomente von Balken auf zwei Stützen können mit dem Seileck auch zeichnerisch ermittelt werden.

Hierzu muß der Balken maßstäblich aufgetragen werden. Es ist also für die Zeichnung neben dem Kräftemaßstab (für das Seileck) ein Längenmaßstab (für den Balken) zu wählen.

**Beispiel 59** Für den Balken **6**.33 sind die Auflagerkräfte und das Größtmoment zeichnerisch zu ermitteln.

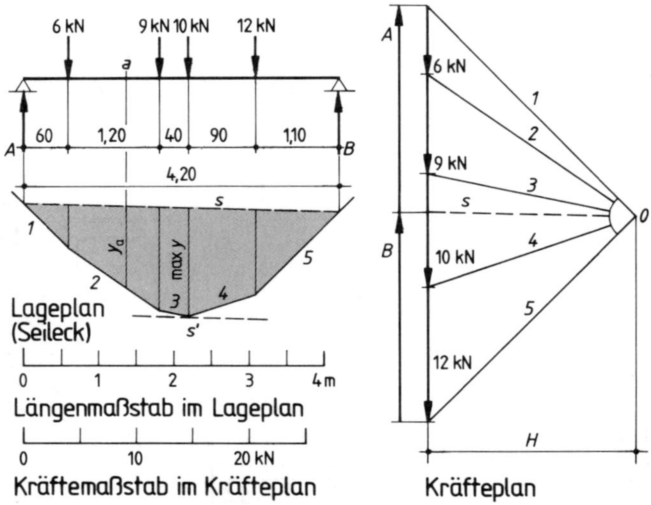


**6**.33 Momentenfläche für Träger mit Einzellasten

**a) Auflagerkräfte**

*A* und *B* werden wie die Jochkräfte $K_1$ und $K_2$ im Beispiel 58 mit der Schlußlinie *s* des Seilecks ermittelt. Als Stützkräfte, die das Gleichgewicht halten sollen, wirken sie nach oben.

> Die Parallele zur Schlußlinie *s* des Seilecks durch den Punkt *0* des Kräfteplans teilt die Resultierende in die Auflagerkräfte *A* und *B*.

**b) Größtmoment**

Mit dem Seileck läßt sich das Biegemoment für einen beliebigen Querschnitt (z. B. im Punkt *a* des Balkens) feststellen. Die lotrechte Entfernung zwischen der Schlußlinie *s* und dem darunterliegenden Seilstrahl *2* sei $y_a$. Die Entfernung des Pols von den aneinandergereihten Kräften (also das Lot von *0* auf die Kräfte), die Polweite sei *H*. Dann ist, wie sich mathematisch nachweisen läßt, das Biegemoment im Querschnitt *a*

$$\boldsymbol{M_a = H \cdot y_a}.$$

Hierin ist die eine der beiden Strecken im Längen-, die andere im Kräftemaßstab zu messen. Es ist gleichgültig, welche der Strecken in dem einen und welche in dem anderen Maßstab gemessen wird, denn stets ergibt sich das gleiche Produkt. In Bild **6**.33 sind

$y_a$ (gemessen im Längenmaßstab) = 1,10 m

*H* (gemessen im Kräftemaßstab) = 18,5 kN. Also ist

$M_a = H \cdot y_a = 18{,}5\ \text{kN} \cdot 1{,}10\ \text{m} = 20{,}35\ \text{kNm}$.

**Beispiel 59,** Fortsetzung

Offensichtlich ist dies noch nicht das Größtmoment, weil $y_a$, nicht die größte lotrechte Entfernung zwischen *s* und den Seilstrahlen ist. Das Größtmoment, d. h. den gefährdeten Querschnitt, kann man gemäß Abschn. 5.7.1 mit der Querkraftfläche ermitteln. Hier erkennen wir sofort, daß das maximale Moment in der Wirkungslinie der Einzellast von 10 kN liegt, denn max *y* ist der größte Lotabschnitt in der Seileckfläche. Dies können wir durch die Parallele *s'* zu *s* durch den Schnittpunkt von max *y, 3,4* nachprüfen.

Gemessen im Längenmaßstab ist max $y = 1{,}45$ m,

folglich ist max $M = H \cdot \max y = 18{,}5\ \text{kN} \cdot 1{,}45\ \text{m} =$ **26,8 kNm.**

Bei Einzellasten liegt der gefährdete Querschnitt bzw. das Größtmoment über der größten lotrechten Strecke max *y* in der Seileckfläche.

Es erleichtert die Rechnung, wenn *H* in der Polfigur in vollen cm gewählt wird.

Die Fläche zwischen Seilstrahlen und Schlußlinie entspricht der Momentenfläche. Wir können daraus die Momente an jeder beliebigen Stelle des Balkenquerschnitts ermitteln.

**c) Bemessung**

Der Balken wird nun in gleicher Weise bemessen, wie im Abschnitt 5 „Biegekräfte" erläutert.

**Übungen 71** Für die Balken auf zwei Stützen sind die Auflagerkräfte und die Größtmomente zeichnerisch zu ermitteln und die Abmessungen zu berechnen (**6**.34).

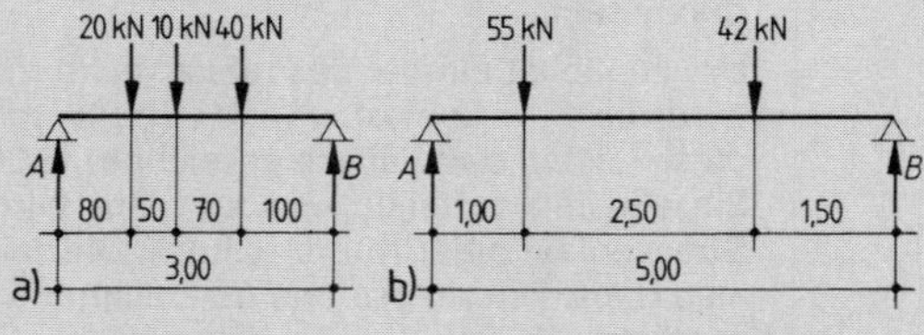


**6.34**
Träger mit Einzellasten

**Übung 72** Der Träger muß im Punkt *a* gestoßen werden (**6**.35). Für diesen Querschnitt ist das Moment zeichnerisch festzustellen.

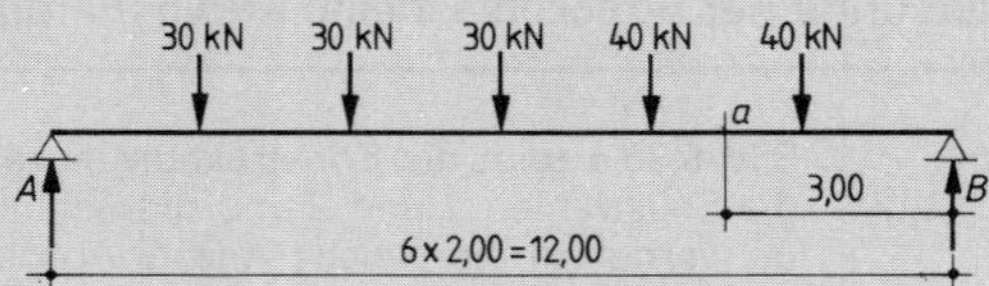


**6.35**
Träger mit Stoß

## 6.3.2 Balken mit Streckenlast und gleichmäßig verteilter Last

Bei der rechnerischen Behandlung der Balken mit Streckenlasten wurden diese Belastungen durch ihre Gesamtlasten ersetzt (vgl. Beispiel 24, S. 44).

> Auch bei der zeichnerischen Lösung sind Streckenlasten zunächst durch ihre Gesamtlasten zu ersetzen.

Balken mit gleichmäßig verteilter Last werden zweckmäßig nicht zeichnerisch, sondern mit den Formeln im Abschnitt 5.8 (s. a. Tab. **10**.33) bemessen. Bei Balken mit Streckenlasten erfordern beide Lösungen (zeichnerisch oder rechnerisch) etwa die gleiche Arbeit.

**Beispiel 60** Für den Holzbalken **6**.36 sind $A$, $B$ und max $M$ zeichnerisch zu ermitteln. Außerdem ist der Balken zu bemessen.

**a) Auflagerkräfte**

Die Streckenlast $q = 6$ kN/m wird ersetzt durch ihre Gesamtlast $F_q$.

$F_q = q \cdot l = 6$ kN/m · 2,00 m · 12 kN

Da der Balken jetzt nur mit der Einzellast $F_q$ belastet ist, bietet die Ermittlung von $A$ und $B$ nichts Neues.

$A = 7{,}2$ kN

$B = 4{,}8$ kN

**b) Größtmoment**

In Abschnitt 5.8 wurde auf Seite 81 erörtert, daß Einzellasten in der Regel größere Momente hervorrufen als gleichgroße Streckenlasten. Deshalb kann das max $y$, das wir in Bild **6**.36 a als Folge der Ersatzlast $F_q$, einer Einzellast erhalten haben, nicht das zu $q$ gehörige max $y$ sein.

Um zunächst einmal das tatsächliche max $y$ angenähert zu erhalten, wird die Streckenlast $q$ in 4 Einzellasten $F_{q1}$ bis $F_{q4}$ zerlegt und für diese Lasten das Seileck gezeichnet (**6**.36 b). Je weiter wir sie nun in Einzellasten aufteilen, um so mehr wird sich das Seileck unter der Streckenlast einer Kurve nähern. Die zeichnerische Lösung bestätigt also die Erkenntnisse aus der rechnerischen Behandlung der Biegemomente (S. 81).

> Bei der Momentenfläche für eine Streckenlast bilden die Seilstrahlen unter der Streckenlast eine Kurve (Parabel).

Bild **6**.36 c zeigt die Konstruktion dieser Kurve: Man zeichnet für $F_q$ die Seilstrahlen *1* und *2* und die Schlußlinie *s*. Die Strecken *cd* und *de* werden in die gleiche Anzahl Abschnitte geteilt und wie im Bild beziffert. Dann verbindet man die Punkte mit gleichen Ziffern unter-

**Beispiel 60,**
Fortsetzung

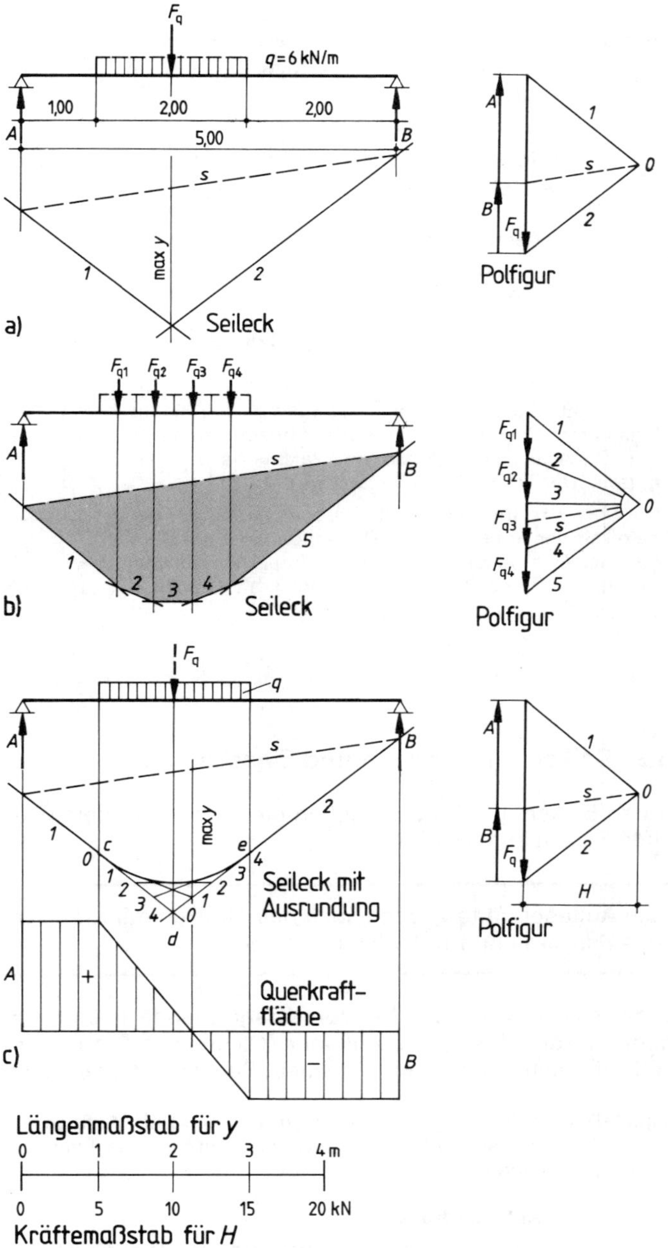


**6.36** Balken auf zwei Stützen mit Streckenlast. Einteilung der Momentenfläche

**Beispiel 60,** Fortsetzung

einander und erhält so eine Anzahl Tangenten für die Parabel, die sich nun mit dem Kurvenlineal leicht einzeichnen läßt.

Den gefährdeten Querschnitt erhält man mit der Querkraftfläche (**6**.36 d).

max $M = H \cdot$ max $y$

$H$ (im Kräftemaßstab) = 7,5 kN max $y$ (im Längenmaßstab) = 1,5 m

max $M$ = 7,5 kN · 1,5 m = **11,25 kNm**

**c) Bemessung**

$$W = \frac{\max M}{\text{zul}\ \sigma} = \frac{1125\ \text{kNcm}}{1\ \text{kN/cm}^2} = \mathbf{1125\ cm^3}$$

Gewählt: 16/22 cm mit $W_y$ = **1291 cm³**

**Übung 73** Für den mit einer 11,5 cm dicken Mauer belasteten Träger **6**.37 sind die Auflagerdrücke $A$ und $B$ sowie das Größtmoment zeichnerisch zu ermitteln. Der Träger ist zu bemessen.

Die Mauer bleibt unverputzt. Sie besteht aus Vollziegeln mit der Rohdichte 1,8. Die Aufgabe ist mit dem Beispiel 60 und Bild **6**.36 vergleichbar. Verwenden Sie für die Berechnung der Gewichtskraft Tab. **10**.2, S. 150.

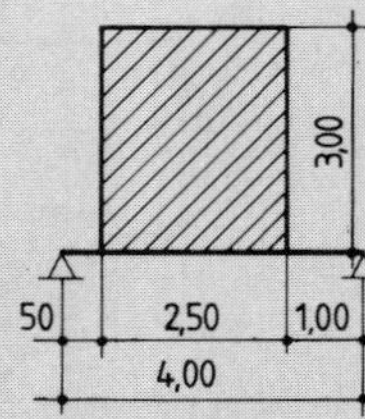


**6**.37 Mauer auf einem Träger

## 6.3.3 Balken mit Kragarm und Einzellasten

Für den Balken mit Kragarm gelten die gleichen Regeln wie für den einfachen Balken auf zwei Stützen.

Die Auflagerkräfte werden auch beim Balken mit Kragarm mit Hilfe des Seilecks und Kräfteplans ermittelt.

Der Seilstrahl *5* muß hierbei vom Kragarmende nach links zurück verlängert werden, bis er das Auflager $B$ schneidet. Die Dreieckstrecken *B, 5, s* (Kräfteplan) müssen sich in einem Punkt des Lageplans schneiden.

**Beispiel 61** Für den Träger mit Kragarm **6**.38 sind die Auflagerdrücke und das Größtmoment zeichnerisch zu ermitteln. Das Trägerprofil ist zu berechnen.

**a) Auflagerdrücke**

Durch die Schnitte des ersten und des letzten Seilstrahls mit den Auflagersenkrechten erhalten wir wieder die Schlußlinie $s$. Deren Parallele zerlegt im Kräfteplan die aneinandergereihten Kräfte in $A$ und $B$.

**Beispiel 61**, Fortsetzung

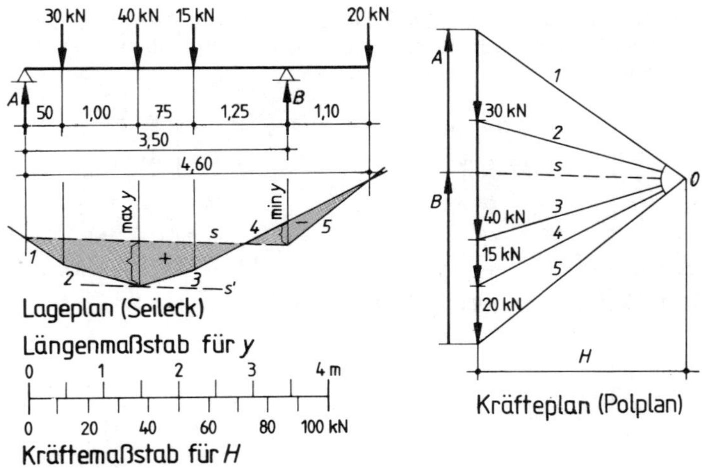


**6**.38 Momentfläche für Kragarmträger mit Einzellasten

**b) Größtmomente**

Legt man an das Seileck im Feld eine Tangente *s'*, die zu *s* parallel ist, erhält man max *y* auf der Wirkungslinie der Einzellast von 40 kN.

Es gibt aber noch ein zweites, negatives Größtmoment über dem Auflager *B* – das Stützmoment (vgl. Abschn. 5.7.4). Dort liegt der zweite Größtwert von *y*, nämlich min *y* (minimum *y* = Größtwert des negativen *y*). Die beiden Momente haben entgegengesetzte Vorzeichen, und zwar ist für das Feldmoment max *y* positiv (+), für das Stützmoment min *y* negativ (–).

Es ist $\max M = H \cdot \max y$.

Mit dem Kräftemaßstab erhalten wir $H = 70$ kN

und mit dem Längenmaßstab $\max y = +\,0{,}60$ m.

Damit wird $\max M = 70$ kN $\cdot$ (+ 60 m) = **+ 42 kNm.**

Mit $\min y = -\,0{,}30$ m

ist ferner $\min M = H \cdot \min y = 70$ kN $\cdot$ (– 0,30 m) = **– 21 kNm.**

Die Zugspannungen entstehen im Feld (max *M*) auf der Unterseite des Balkens, über dem Auflager *B* (min *M*) und im Kragarm dagegen auf der Oberseite. Die Momentenfläche zeigt, daß das negative Biegemoment (min *M*) – und somit auch die Zugkräfte im oberen Balkenquerschnitt – über das Auflager *B* in das Feld hineinreichen. Das ist für die Anordnung der Bewehrungsstähle bei Stahlbeton-Kragarmen wichtig (s. Abschn. 9.5.2).

**c) Bemessung**

Der Balken muß für den zahlenmäßig größeren Wert von max *M* und min *M* bemessen werden. Führen Sie dies selbst durch.

**Übungen 74** Für den Balken **6**.39 a und b sind *A* und *B* sowie max *M* und min *M* zeichnerisch zu ermitteln und die Balkenabmessungen zu berechnen.

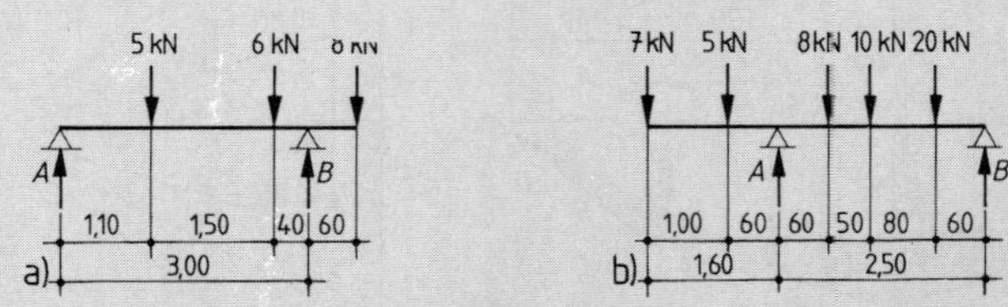


**6**.39 Kragarmträger mit Einzellasten

# 7 Knickgefahr und Knicksicherheit

## 7.1 Trägheit gegen Ausknicken

Auf Druck beanspruchte schlanke Pfosten oder Pfeiler (in der Statik „Druckstäbe" oder „Druckglieder" genannt) werden bei Überbelastung nicht zerdrückt, sondern viel eher ausknicken (s. Abschn. 2.4). Ein rechteckiger Pfeiler wird zuerst um seine Längsachse ausknicken wollen (vgl. Druck auf stehende Reißschiene). Ein Kantholz von z. B. 10/20 cm, mit 200 $cm^2$ Querschnitt könnte bei Knicken um die Längsachse nur 1/4 derjenigen Knicklast tragen, die bei Knicken um die Querachse noch eben tragbar wäre. Deshalb muß bei der Berechnung eines Pfostens auf Knicken diese kleinere Tragkraft zugrundegelegt werden. Ein quadratisches Kantholz von 14/14 cm mit 196 $cm^2$, also fast gleichem Querschnitt, könnte um beide Achsen gleich viel Knicklast tragen – im Vergleich zum oben genannten Rechteckquerschnitt also doppelt so viel. Ebensoviel würde ein gleich großes Rundholz von Ø 16 m mit 201 $cm^2$ nach allen Seiten aushalten.

Für knickbeanspruchte Bauteile (z. B. Stützen) eignen sich allseits symmetrische Querschnitte.

Der dritte Stützenquerschnitt in Bild **7**.1 (ein Hohlquerschnitt, der den gleichen Materialquerschnitt hat wie der Rechteck- oder der Rundquerschnitt) mit z. B. 19 cm Durchmesser, davon 4 cm Ringdicke, könnte sogar die 4 1/2 fache Knicklast des Rechteckquerschnitts aushalten.

Bei Schilfrohr und Getreidehalmen macht sich die Natur z. B. die hohe Knicksicherheit (und damit Tragfähigkeit) des Rohrquerschnitts zunutze.

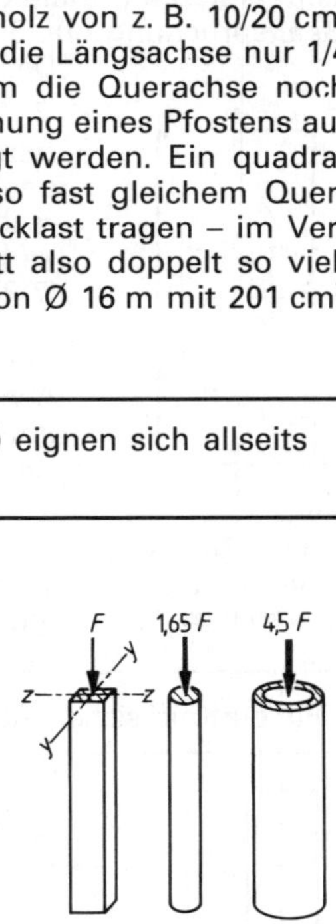


**7**.1 Drei Stäbe mit gleicher Querschnittsfläche

Symmetrische Hohlquerschnitte bieten mehr Knicksicherheit als vergleichbar große Vollquerschnitte.

Wie bei der Biegung (Abschn. 5) ist also auch hier nicht die Größe des Querschnitts allein, sondern auch seine Form für die Tragfähigkeit maßgebend.

## 7.2 Flächenmoment

Ein Maß für die Eignung eines Querschnitts für Knickbeanspruchung und damit für die Tragfähigkeit einer Stütze ist sein Flächenmoment $I$[1], früher Trägheitsmoment genannt.

**Größtes und kleinstes Flächenmoment.** Für einen nicht runden Querschnitt können unendlich viele Flächenmomente berechnet werden, je nachdem, welche Knickrichtung man dabei zugrundelegt. Meist interessieren jedoch nur das größte und das kleinste Flächenmoment. Aus dem ersteren ($I_y$) leitet sich das Widerstandsmoment $W_y$ ab, das bei der Beanspruchung auf Biegen gebraucht wird (hochkant gelegte Balken). Das kleinste Flächenmoment ($I_z$) ist dagegen für die Größe der zulässigen Knickbelastung maßgebend.

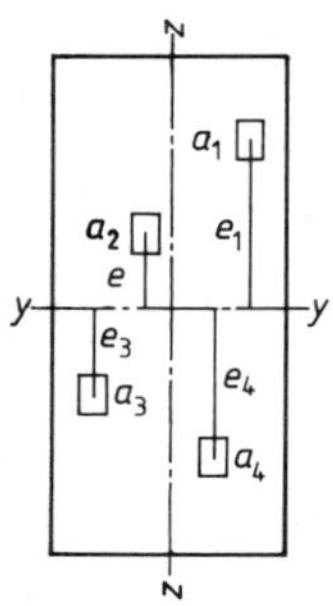


**7**.2
Trägheitsmoment eines Rechteckquerschnitts

**Berechnung.** Wir teilen einen Rechteckquerschnitt in unendlich viele kleinste Flächenteilchen $a$ auf und berechnen für jedes dieser Teilchen das Produkt $a \cdot e^2$, wobei $e$ der jeweilige Abstand von der $y$-Achse ist (**7**.2). Die Summe dieser Produkte ist das Flächenmoment $I_y$ des Querschnitts. Berechnen wir in gleicher Weise das Flächenmoment $I_z$, bezogen auf die $z$-Achse, erhalten wir das kleinste Flächenmoment (min $I$) des Querschnitts.

Wir erkennen: Je weiter die Querschnitts-Flächenanteile und je mehr von ihnen vom Gesamtschwerpunkt entfernt liegen, je „gespreizter" also ein Querschnitt ist, um so größer ist sein Flächenmoment und um so größer auch seine Steifigkeit gegen Knicken.

| |
|---|
| Für die Knicksicherheit ist das kleinste Flächenmoment min $I$ maßgebend. |

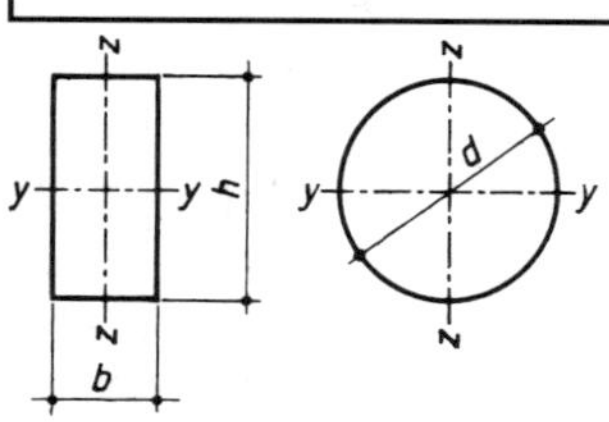


**7**.3 Rechteck- und Kreisquerschnitt

Für die üblichen Rechteck-, Kreis- und Stahlprofile sind die $I_y$ und $I_z$ in den Tabellen **10**.22 bis **10**.32, S. 162 ff. enthalten. Sie werden, mit den Querschnittsmaßen in cm nach den folgenden Formeln berechnet.

Für den Rechteckquerschnitt

$$I_y = \frac{b \cdot h^3}{12} \text{ in cm}^4 \qquad I_z = \frac{h \cdot b^3}{12} \text{ in cm}^4$$

Für den Kreisquerschnitt

$$I_y = I_z = \frac{\pi \cdot d^4}{64} \text{ in cm}^4$$

[1] $I$ = inertia, lat. = Trägheit. Neue Bezeichnung nach DIN 1080 T2 (März 1980) „Flächenmoment 2. Grades um die ... Achse".

**Übungen 75** Berechnen Sie für folgende Holzquerschnitte die Flächenmomente $I_y$ und $I_z$ und vergleichen Sie die Ergebnisse mit den Werten der Tabellen **10**.22 und **10**.23:

a) 10 cm × 12 cm, b) 14 cm × 18 cm, c) 20cm × 26 cm, d) Ø 15 cm.

## 7.3 Stützen aus Stahl und Holz

Bei Bemessung einer Stütze aus Holz (**7**.4) oder Stahl ist zunächst die Belastung der Stütze zu ermitteln. Im Verhältnis zu ihrer Eigenlast hat die Stütze in der Regel unverhältnismäßig hohe Lasten aufzunehmen. Ihre Eigenlast kann daher meist vernachlässigt werden.

Da die Stützenlast meist als Normalkraft parallel zur Längsachse wirkt, bezeichnen wir sie mit *N*. Die Last, unter der Knickung eintritt, nennen wir kritische Knicklast (-kraft) $F_K$ (**7**.5 b).

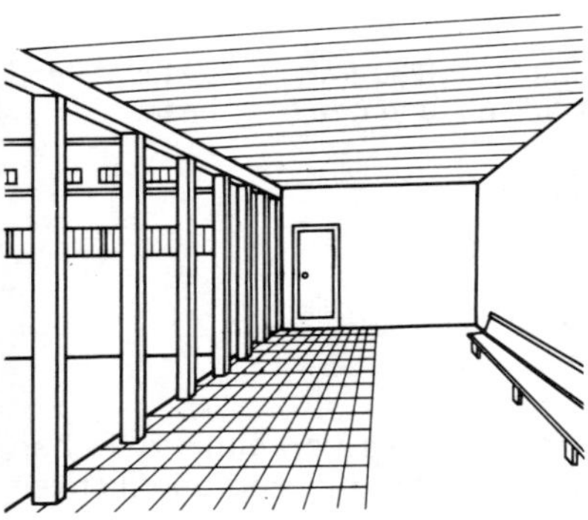

**7**.4 Vordach auf Holzstützen

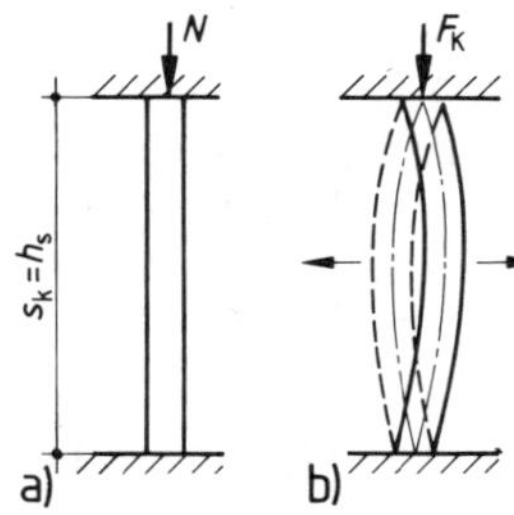


**7**.5 Stützen
a) Für beidseitig gehaltene Stützen gilt $s_K = h_s$
b) Stützen knicken, wenn die kritische Last $F_K$ erreicht ist, „ohne Ankündigung" aus

**Die Knicklänge $s_K$** ist der knickgefährdete Teil belasteter Stützen. Im Regelfall sind die Stützen am Fuß- und am Kopfende gehalten (**7**.5 a)

Die Knicklänge $s_K$ entspricht der Stützenlänge $h_s$, wenn die Stütze an den Enden unverschieblich gehalten ist (Regelfall).

In Ausnahmefällen muß $s_K > h_s$ gewählt werden (z. B. freies Stützenkopfende). Bei oberer und/oder unterer Einspannung darf $s_K < h_s$ sein. Dafür sind bestimmte Korrekturfaktoren $\beta_K$ festgelegt.

**Der Trägheitsradius *i*** (in cm) ist ein Maß für die Steifigkeit eines Querschnitts gegen Knicken. Er beschreibt das Verhältnis Flächenmoment/Querschnitt ($I/A$). Es gilt der Trägheitsradius

$$i = \sqrt{\frac{I}{A}}.$$

Für die üblichen Handelsformen der Holzbalken und Stahlprofile sind die $i$-Werte in Tabellen zusammengefaßt. Da je nach Achsbezug bei den meisten Querschnitten $I_y$ und $I_z$ unterschiedlich groß sind, ergeben sich auch unterschiedliche $i_y$- und $i_z$-Werte (s. Tab. **10**.22 bis **10**.31, S. 162 ff.). Wir erhalten z. B.

– für einen Rechteckquerschnitt mit $b$ = kleinere Seite

$$\min i = \sqrt{\frac{h \cdot b^3}{12} \cdot \frac{1}{h \cdot b}} = \sqrt{\frac{b^2}{12}} = 0{,}289\ b\ ,$$

– für den Kreisquerschnitt $i = \sqrt{\dfrac{\dfrac{\pi \cdot d^4}{64}}{\dfrac{\pi \cdot d^2}{4}}} = \sqrt{\dfrac{d^2}{16}} = \dfrac{d}{4} = 0{,}25\ d.$

**Beispiel 62** Für eine Stahlstütze I 240 mit $I_y = 4250\ \text{cm}^4$, $I_z = 221\ \text{cm}^4$ und $A = 46{,}1\ \text{cm}^2$ sind die Trägheitsradien $i_y$ und $i_z$ zu berechnen.

$$i_y = \sqrt{\frac{I_y}{A}} = \sqrt{\frac{4250\ \text{cm}^4}{46{,}1\ \text{cm}^2}} = \mathbf{9{,}59\ cm}$$

$$i_z = \sqrt{\frac{I_z}{A}} = \sqrt{\frac{221\ \text{cm}^4}{46{,}1\ \text{cm}^2}} = \mathbf{2{,}20\ cm}$$

**Der Schlankheitsgrad** $\lambda$ (lambda) kennzeichnet das Verhältnis zwischen Knicklänge $s_K$ und Trägheitsradius $i$, zugleich die Knickempfindlichkeit eines Druckstabs.

$$\text{Schlankheitsgrad} = \frac{\text{Knicklänge}}{\text{Trägheitsradius}} \qquad \lambda = \frac{s_K}{i}$$

Für den Knicknachweis ist meist der kleinere $i$-Wert maßgebend. Es kommt jedoch auch vor, daß eine Stütze in den Hauptachsen auf unterschiedlicher Höhe gehalten wird, so daß unterschiedliche Knicklängen $s_{Ky}$ und $s_{Kz}$ entstehen. In solchen Fällen sind die Schlankheitsgrade für beide Hauptachsen zu berechnen.

$$\lambda_y = \frac{s_{Ky}}{i_y} \quad \text{und} \quad \lambda_z = \frac{s_{Kz}}{i_z}$$

Der größere der beiden Schlankheitsgrade ist dann für die weitere Berechnung maßgebend.

**Zulässige Schlankheitsgrade** setzen Sicherheitsgrenzen. Für einteilige Druckstäbe aus Holz z. B. gilt zul $\lambda \leq 150$, für einteilige Druckstäbe im allgemeinen Stahlbau $\lambda \leq 250$.

**Die Knickzahl $\omega$** (omega) bezieht die bislang noch nicht berücksichtigte Werkstoffart und -güte in den Knicknachweis ein. Sie kennzeichnet das Verhältnis der normalen zulässigen Druckspannung zul $\sigma_D$ zur zulässigen Knickspannung. Sie gleicht also einem Sicherheitsfaktor und hat deshalb keine Einheit, sondern ist eine unbenannte Zahl. Mit zunehmender Schlankheit steigt die Knickzahl sehr schnell an. Aus den Tabellen **10.**20 und **10.**21 können wir für die üblichen Schlankheitsgrade ($\lambda$-Werte) bei Holz und Stahl die zugehörigen Knickzahlen $\omega$ ablesen. Daraus berechnen wir die Knickspannung $\sigma_K$.

**$\omega$-Verfahren** heißt der Lösungsweg zum Nachweis der Knickspannungen mit Hilfe der oben beschriebenen Werte. Dabei ist nachzuweisen, daß die Knickspannung $\sigma_K$ aus der $\omega$-fachen Stützenlast $N \leq$ zul $\sigma_D$ ist.

$$\text{vorh } \sigma_K = \frac{\text{vorh } N \cdot \omega}{\text{vorh } A} \leq \text{zul } \sigma_D$$

Das $\omega$-Verfahren ist nur auf einteilige Druckstäbe anwendbar.

**Rechengang:**

1. Stützenlast $N$ und Knicklänge $s_K$ bestimmen.
2. Werkstoffart und -güte wählen und Querschnitt schätzen bzw. aus Hilfstafel bestimmen.
3. Querschnitt $A$ und Trägheitsradius $i$ aus Tabellen entnehmen.
4. Schlankheitsgrade $\lambda$ berechnen ($\lambda_y$, $\lambda_z$) und Knickzahl $\omega$ für den größeren $\lambda$-Wert aufsuchen.
5. Knickspannungsnachweis führen: vorh $\sigma_K = \dfrac{\text{vorh } N \cdot \omega}{A} \leq$ zul $\sigma_D$.

**Beispiel 63** Für $N = 500$ kN und $s_K = 4{,}00$ m ist eine Stahlstütze zu berechnen.

Gewählt: IPB 180 mit $A = 65{,}30\ \text{cm}^2$, $i_z = 4{,}57$ cm

$$\lambda = \frac{s_K}{i_z} = \frac{400\ \text{cm}}{4{,}57\ \text{cm}} = 87{,}5$$

Dieser Schlankheitsgrad entspricht nach Tab. **10.**21 einer Knickzahl $\omega = 1{,}67$.

Die vorhandene Knickspannung ist also

$$\sigma_K = \frac{\omega \cdot N}{A} = \frac{1{,}67 \cdot 500\ \text{kN}}{65{,}3\ \text{cm}^2} = \mathbf{12{,}79\ kN/cm^2} < \text{zul } \sigma = 14\ \text{kN/cm}^2.$$

**Beispiel 64** Für $N = 30$ kN und $s_K = 8{,}00$ m ist eine Holzstütze zu berechnen.

Gewählt wird zunächst 16/24 cm mit $A = 384\ \text{cm}^2$, $i_z = 4{,}62$ cm.

$$\lambda = \frac{s_K}{i_z} = \frac{800\ \text{cm}}{4{,}62\ \text{cm}} = 173$$

Nach Tabelle **10.**20 ist dieser Schlankheitsgrad zu groß. Nur bei Stützen für fliegende Bauten (z. B. Wanderzirkus) ist $\lambda > 150$ zulässig. Es

**Beispiel 64,** Fortsetzung muß daher ein größerer Querschnitt gewählt werden. Um mehrfaches Proberechnen zu vermeiden, kann man wie folgt vorgehen:

Weil $\lambda = \frac{s_K}{i_z} \leqq 150$ sein muß, gilt auch $i_z \geqq \frac{s_K}{150}$

oder mit den Zahlen des Beispiels $i_z \geqq \frac{800 \text{ cm}}{150} \geqq 5{,}33$ cm.

In Tabelle **10**.23 finden wir 20/20 cm mit $i_z \geqq 5{,}77$ cm und $A \geqq 400$ cm$^2$.
Es ist nun

$$\lambda = \frac{s_K}{i_z} = \frac{800 \text{ cm}}{5{,}77 \text{ cm}} = 139.$$

Knickzahl $\omega = 5{,}80$

Vorhandene Knickspannung:

$$\sigma_K = \frac{\omega \cdot N}{A} = \frac{5{,}80 \cdot 30 \text{ kN}}{400 \text{ cm}^2} = \mathbf{0{,}435\ kN/cm^2} < \text{zul } \sigma = 0{,}85 \text{ kN/cm}^2.$$

**Übung 76** Für $N = 120$ kN und $s_K = 3{,}00$ m ist eine Rundholzstütze zu berechnen.

**Übung 77** Für $N = 30$ kN und $s_K = 5{,}00$ m ist eine Stahlstütze zu berechnen.

## 7.4 Stützen aus unbewehrtem Beton

Nach DIN 1045 (Beton und Stahlbeton) gelten solche Bauteile als Stützen, deren Querschnittsmaße $b \leq 5d$ entsprechen. Querschnitte, deren Länge größer ist als die 5-fache Dicke ($b > 5d$), gelten als Wände.

7.6 Betonstützen als tragende Bauteile

Bei Stützen richtet sich die zulässige Traglast

- nach der Betonfestigkeitsklasse B 5, B 10, B 15 usw.,
- nach dem dazugehörigen Rechenwert $\beta_R$,
- nach einem Sicherheitsbeiwert $\gamma$ (griech. gamma) = 2,1,
- nach dem Schlankheitsgrad $\lambda$ der Stütze,
- nach einem Abminderungsbeiwert $\varkappa$ (griech. kappa).

Nach DIN 1045 dürfen für Stützen aus unbewehrtem Beton keine höheren Festigkeitsklassen als B 35 ausgenutzt werden.

Der Rechenwert $\beta_R$ ist ein im Vergleich zur Betonfestigkeit (bzw. Nennfestigkeit) herabgesetzter Wert. Er berücksichtigt, daß Beton unter Dauerlast weniger tragen kann als bei kurzfristigen Druckbelastungen und daß die Formen der Prüfkörper (Würfel) höhere Festigkeiten ergeben als die meist prismatischen Formen der Bauteile. So beträgt für B 15 der Rechenwert $\beta_R$ nur 10,5 MN/m$^2$ (s. Tab. **10**.14, S. 158).

Der Rechenwert $\beta_R$ darf nicht mit der zulässigen Spannung zul $\sigma_D$ verwechselt werden. Diese ergibt sich erst aus zul $\sigma_D = \beta_R/\gamma$.

Für Schlankheiten > 70 sind weiterführende Nachweise erforderlich. Für Bauteile aus Beton B 5 gilt $\lambda \leq 20$. Sind beide Stützenenden gehalten (Regelfall), ist als Knicklänge $s_K$ die Stützenhöhe $h$ anzusetzen. Für Stützen mit Rechteckquerschnitten berechnen wir

$$\lambda = \frac{s_K}{\min i} = \frac{s_K}{0{,}289 \cdot \text{kleinste Dicke } d}.$$

Schließlich muß noch ein Abminderungsbeiwert $\varkappa$ einbezogen werden. Wir entnehmen ihn der Tab. **10**.42. Dazu brauchen wir außer dem Schlankheitsgrad $\lambda$ noch den Quotienten $e_v/\min d$. $e_v$ ist die ungewollte Ausmitte, wofür die Berechnungsformel $e_v = s_K/300$ gilt ($s_K$ in cm). min $d$ ist die kleinere Stützenbreite.

Die gesamte Berechnung der zulässigen Traglast für einen mittig belastenten Pfeiler aus unbewehrtem Beton heißt also:

$$\text{zul } N = \frac{\text{Pfeilerquerschnitt} \cdot \text{Rechenwert} \cdot \text{Abminderungsfaktor}}{\text{Sicherheitsbeiwert}} = \frac{A \cdot \beta_R \cdot \varkappa}{\gamma}$$

**Beispiel 65** Wie groß ist die zulässige Belastung für eine Stütze aus B 15 mit $h = s_K = 3{,}00$ m und den Seiten 35 cm × 35 cm?

In Tabelle **10**.14 finden wir den für B 15 zugehörigen Rechenwert $\beta_R = 10{,}5$ MN/m$^2$.

Als Schlankheitsgrad $\lambda$ ergibt sich

$$\lambda = \frac{s_K}{0{,}289 \cdot d} = \frac{300 \text{ cm}}{0{,}289 \cdot 35 \text{ cm}} = 29{,}7 < 70.$$

$$e_v = \frac{s_K}{300} = \frac{300 \text{ cm}}{300} = 1{,}0 \text{ cm} \qquad \frac{e_v}{d} = \frac{1{,}0 \text{ cm}}{35 \text{ cm}} = 0{,}03$$

Für den Abminderungsfaktor erhalten wir aus Tab. **10**.42

$\varkappa = 0{,}77$.

Die Traglast ist dann

$$N = \frac{0{,}35 \cdot 0{,}35 \text{ m} \cdot 10{,}5 \text{ MN/m}^2 \cdot 0{,}77}{2{,}1} = 0{,}471 \text{ MN} = 471 \text{ kN}.$$

Sie ist, da die Stütze auch ihre Eigenlast tragen muß, zu verringern um $0{,}35 \text{ m} \cdot 0{,}35 \text{ m} \cdot 3{,}00 \text{ m} \cdot 23 \text{ kN/m}^3 = 8{,}45$ kN.

So erhalten wir
zul $N = 471 \text{ kN} - 8{,}45 \text{ kN} = 462{,}55 \text{ kN} \approx$ **463 kN Nutzlast.**

**Beispiel 66** Für eine Last von 600 kN und eine Höhe von 4,50 m ist eine quadratische Stütze aus B 25 zu berechnen.

Zunächst muß ein Stützenquerschnitt geschätzt und seine zulässige Tragfähigkeit berechnet werden. Stimmt diese nicht mit der gegebenen Last überein, muß ein neuer Querschnitt geschätzt werden. Wir wählen einen Stützenquerschnitt 50 cm × 50 cm und erhalten den Schlankheitsgrad

$$\lambda = \frac{\text{Höhe}}{0{,}289 \cdot \text{Dicke}} = \frac{450\ \text{cm}}{0{,}289 \cdot 50\ \text{cm}} = 31{,}1 < 70$$

$$e_v = \frac{s_K}{300} = \frac{450\ \text{cm}}{300} = 1{,}5\ \text{cm} \qquad \frac{e_v}{d} = \frac{1{,}5\ \text{cm}}{50} = 0{,}03$$

und den Faktor $\varkappa = 0{,}76$ (vgl. Tab. **10.**42)

für B 25 aus Tabelle **10.**14 den Rechenwert $\beta_R = 17{,}5\ \text{MN/m}^2$.

Die zulässige Traglast ist dann

$$\text{zul}\ N = \frac{0{,}50\ \text{m} \cdot 0{,}50\ \text{m} \cdot 17{,}5\ \text{MN/m}^2 \cdot 0{,}76}{2{,}1} = 1{,}583\ \text{MN} = 1583\ \text{KN}.$$

Die Stütze wäre also viel zu dick – sie könnte mehr als doppelt soviel tragen. Wir wählen deshalb einen kleineren Querschnitt mit 40 cm × 40 cm und erhalten jetzt

$$\lambda = \frac{450\ \text{cm}}{0{,}289 \cdot 40\ \text{cm}} \approx 39 < 70$$

$$e_v = \frac{450\ \text{cm}}{300} = 1{,}5\ \text{cm} \qquad \frac{e_v}{d} = \frac{1{,}5\ \text{cm}}{40\ \text{cm}} = 0{,}04$$

$\varkappa = 0{,}69$ (s. Tab. **10.**42)

den unveränderten Rechenwert $\beta_R = 17{,}5\ \text{MN/m}^2$ und als Traglast

$$N = \frac{0{,}40\ \text{m} \cdot 0{,}40\ \text{m} \cdot 17{,}5\ \text{MN/m}^2 \cdot 0{,}69}{2{,}1} = 0{,}92\ \text{MN} = 920\ \text{kN}.$$

Verringert um die Stützlast $0{,}40\ \text{m} \cdot 0{,}40\ \text{m} \cdot 4{,}50\ \text{m} \cdot 23{,}0\ \text{kN/m}^3 = 16{,}56\ \text{kN}$

wird zul $N = 920\ \text{kN} - 16{,}56\ \text{kN} = 903{,}44\ \text{kN} \approx$ **903 kN** > 600 kN, also groß genug. Prüfen Sie, ob auch noch ein Querschnitt von 35 cm x 35 cm ausreicht.

**Übung 78** Für $N = 800$ kN und $h = 5{,}00$ m ist eine quadratische Stütze aus Beton B 25 zu berechnen.

**Übung 79** Für $N = 200$ kN und $h = 2{,}50$ m ist ein Stützpfeiler aus Beton B 15 nebst Fundament (0,50 cm hoch) zu berechnen. Die eine Stützseite soll $d = 30$ cm sein. Der Baugrund darf mit zul $\sigma = 300\ \text{kN/m}^2$ belastet werden.

**Übungen 80** Eine Last $N = 200$ kN ist durch eine Stütze von 3,00 m Knicklänge aufzunehmen. Es sind vergleichsweise zu berechnen a) eine Mauerstütze in Vollziegeln Mz 12 in Mörtelgruppe II (s. S. 26), b) eine Stütze aus unbewehrtem Beton B 15, c) eine Rundholzstütze, d) eine quadratische Holzstütze, e) eine I-Stütze, f) eine IPB-Stütze.

# 8 Fachwerkträger und Stabkräfte

Fachwerkträger bestehen aus Einzelstäben, die untereinander zu unverschieblichen Dreiecken verbunden sind. Die äußeren Kräfte werden als Einzellasten auf die äußeren Knoten konzentriert und als Druck oder Zug in die Stäbe eingeleitet. Die Stabmittelachsen treffen sich in den Knotenpunkten, wo sie zentrisch zu Gelenken verbunden sind. Die praktische Ausführung weicht von diesen modellhaften Annahmen z. T. ab, was die Tragfähigkeit jedoch im allgemeinen nicht beeinträchtigt. Form und Stabanordnung der Fachwerkträger und -binder sind unterschiedlich. Die übliche Bezeichnung der Stäbe zeigt Bild **8**.1

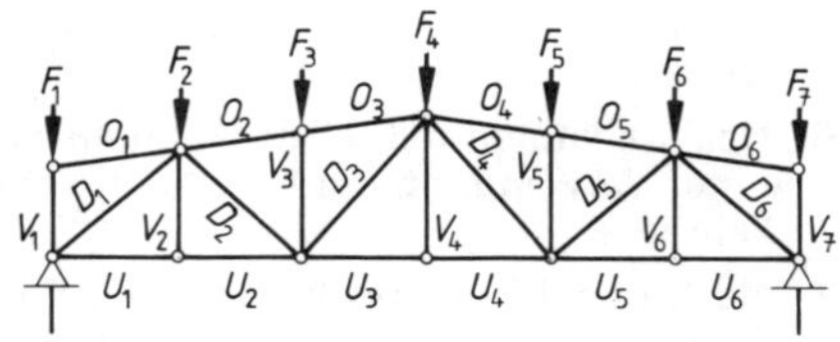


**8**.1
Beispiel eines Fachwerkträgers mit Benennung der Fachwerkstäbe

**Der Kräfteplan nach Cremona** – benannt nach dem italienischen Mathematiker L. Cremona, 1830–1903 – ist ein zeichnerisches Lösungsverfahren zum Ermitteln der Stabkräfte. Es beruht auf dem Prinzip des uns bereits bekannten Kräftepolygons (Kräftezug). Da alle in einem Knotenpunkt angreifenden Kräfte im Gleichgewicht stehen müssen, ergibt sich für jeden Knoten ein geschlossener Kräftezug. Der Cremonaplan faßt die Einzelpolygone lediglich in einem Gesamtplan zusammen.

**Nullstäbe** ergeben sich manchmal aus der Stabanordnung. Sie sollten vor Lösungsbeginn aufgesucht werden. Wir merken uns die beiden wichtigsten Regeln:

1. Besteht ein belasteter Knoten aus nur 2 Stäben, ist der unbelastete ein Nullstab (z. B. $O_1$ und $O_6$ in Bild **8**.1).
2. Tritt an einem unbelasteten Knoten ein Füllstab (z. B. V-Stab) auf 2 Gurtstäbe, die innerhalb der gleichen Wirkungslinie liegen, ist dieser Füllstab ein Nullstab (z. B. $V_2$, $V_4$ und $V_6$ in Bild **8**.1).

**Druck- und Zugstäbe** unterscheiden wir durch die Vorzeichen. Stabkräfte für Druckstäbe erhalten negative Vorzeichen (–), Stabkräfte für Zugkräfte positive (+). Druck- und Zugstäbe erkennen wir an der Pfeilrichtung der Kräfte, die wir beim Zeichnen des Cremonaplans in die Knotenpunkte des Fachwerkträgers übertragen (**8**.2, **8**.4).

Zum Knoten gerichtete Pfeile kennzeichnen Druckstäbe, vom Knoten weggerichtete Pfeile kennzeichnen Zugstäbe.

**Lösungsweg (-regeln)**

1. Lastannahmen anteilig auf die Knoten als Einzellasten verteilen.
2. Systemskizze des Fachwerkbinders aus den Mittelachsen der Stäbe maßstäblich auftragen, Stäbe mit *U, D, V, O* usw. bezeichnen.
3. Kräftemaßstab für Cremonaplan wählen.
4. Auflagerkräfte bestimmen (bei Bindern auf 2 Stützen am einfachsten durch Berechnung).
5. Knoten mit 2 unbekannten Stabkräften aufsuchen (meist der Auflagerpunkt). Kreisschnitt um den Knoten führen und die Kräfte der Reihenfolge nach im Uhrzeigersinn als Kräftepolygon auftragen.
6. Nachbarknoten mit 2 unbekannten Stabkräften aufsuchen und den Kräftezug unter Verwendung der bereits gezeichneten zugehörigen Stäbe weiterentwikkeln.
7. Nach Regel 6 alle noch fehlenden Knotenkräfte ermitteln. Bei symmetrischen Systemen und symmetrischer Lastenanordnung genügt die Darstellung (Untersuchung) bis zur Symmetrieachse, weil für die andere Hälfte das gleiche Bild entsteht, sich also gleiche Stabkräfte ergeben.

Geringfügige Abweichungen bei der zeichnerischen Lösung sind normal und für die Gesamtkonstruktion unwesentlich.

**Beispiel 67** Für den Fachwerkbinder des Vorderdachs **8**.2 sind die Stabkräfte und die Auflagerreaktionen *A* und *B* mit Hilfe des Cremonaplans zu ermitteln.

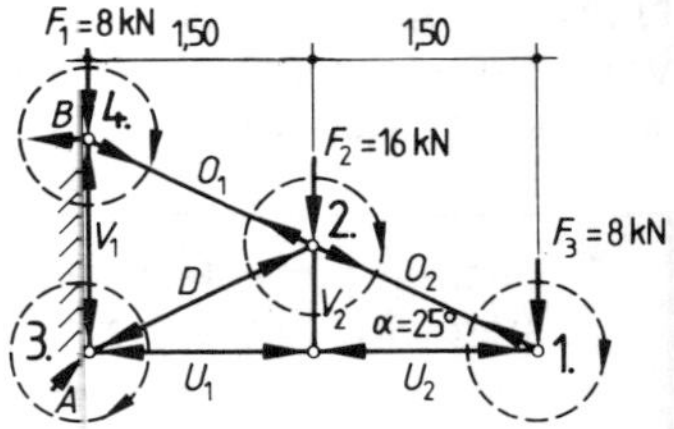


**8**.2 Fachwerk für ein Vorderdach

1. Nach der (2.) Regel für Nullstäbe erkennen wir sofort, daß der nichtbelastete Stab $V_2$ auf die in einer Wirkungslinie verlaufenden Untergurtstäbe $U_1$ und $U_2$ trifft. $V_2$ ist daher ein Nullstab.
2. Wir wählen einen geeigneten Kräftemaßstab und beginnen den Kreisschnitt in der Binderspitze bei der Kraft $F_3$, die mit $O_2$ und $U_2$ ein Dreieck bildet (**8**.3).
3. Den 2. Knoten bei $F_2$ beginnen wir mit $F_2$ oder $O_2$ und erhalten zusammen mit *D* und $O_2$ ein Polygon.
4. Den 3. Knoten bei *A* beginnen wir mit *D* und schließen das Polygon über $U_1$, *A* und $V_1$.
5. Schließlich beginnen wir den letzten Knoten bei *B* mit $V_1$ oder $O_1$ und schließen das Polygon mit *B* und $F_1$.

**Beispiel 67,**
Fortsetzung

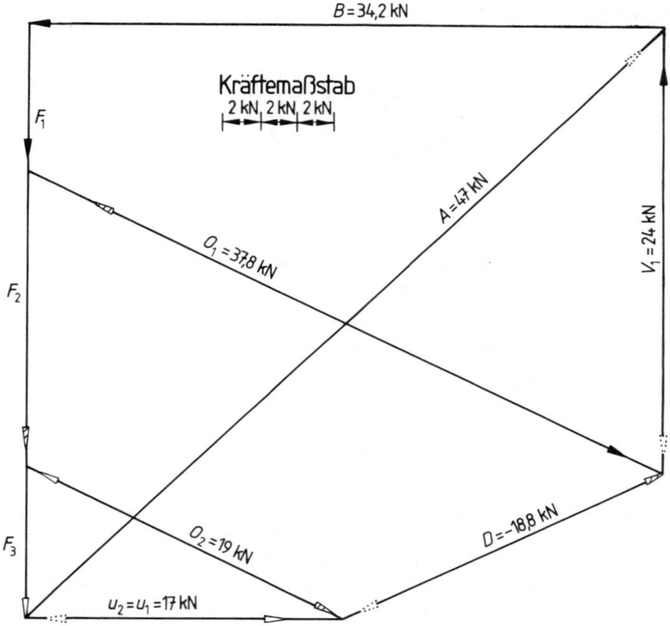


Wertetabelle

| Stäbe | $O_1$ | $O_2$ | $D$ | $V_1$ | $V_2$ | $U_1$ | $U_2$ |
|---|---|---|---|---|---|---|---|
| kN | +37,8 | +19 | +18,8 | +24 | 0 | −17 | −17 |

| Auflager | $A$ | $B$ |
|---|---|---|
| kN | +47 | +34,2 |

(−) Druckstäbe
(+) Zugstäbe

1. Kräftepolygon (1. Rundschnitt)
2. Kräftepolygon (2. Rundschnitt)
3. Kräftepolygon (3. Rundschnitt)
4. Kräftepolygon (4. Rundschnitt)

**8**.3 Cremonaplan für den Fachwerkbinder in Bild **8**.2. Die 4 Lösungsschritte sind durch unterschiedliche Pfeildarstellungen unterschieden.

Zweckmäßig übertragen wir jeden Pfeil, der sich beim Zeichnen des Cremonaplans für jede Stabkraft ergibt, mit der vorgegebenen Richtung sofort in den jeweils bearbeiteten Knoten der Systemskizze. Die Darstellung ist richtig, wenn jeder Stab sowohl im System- als auch im Cremonaplan mit 2 entgegengesetzt gerichteten Pfeilen versehen ist.

In einer Wertetabelle tragen wir die im Cremonaplan abgemessenen Kräfte mit den zugehörigen Vorzeichen ein (Druck negativ, Zug positiv).

**Beispiel 68** Für den Dachbinder **8**.4 sind die Stabkräfte zu ermitteln.

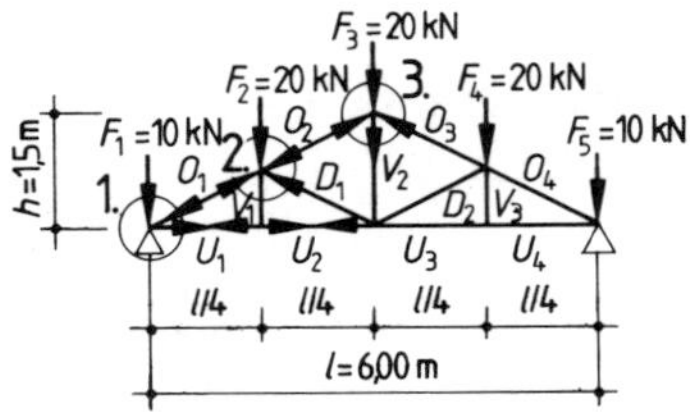


**8**.4 Fachwerkbinder für ein Satteldach

1. Als Nullstäbe erkennen wir nach der oben genannten Regel die Stäbe $V_1$ und $V_3$.
2. Die Auflagerkräfte $A = B$ ergeben sich zu
   $A = B = 10\text{ kN} + 20\text{ kN} +$
   $\dfrac{20\text{ kN}}{2} = 40\text{ kN}.$
3. Für die symmetrische Last- und Stabanordnung genügt der Cremonaplan für eine Binderhälfte, denn die symmetrisch liegenden Stäbe erhalten gleichgroße Stabkräfte.
4. Wir wählen die linke Binderhälfte und beginnen mit dem Knoten in $A$ (**8**.5). Dann entwickeln wir den Cremonaplan weiter, indem wir nacheinander die Nachbarknoten in $F_2$ und $F_3$ untersuchen. Druck- und Zugstäbe erkennen wir an den Kräftepfeilen, die wir aus dem Cremonaplan in die Knotenpunkte übertragen.

**Wertetabelle**

| Stab | $O_1 = O_4$ | $O_2 = O_3$ | $D_1 = D_2$ | $V_1 = V_3$ | $U_1 = U_2 = U_3 = U_4$ | $V_2$ |
|---|---|---|---|---|---|---|
| Stabkraft [kN] | −67 | −44,4 | −22,3 | 0 | +60 | +20 |

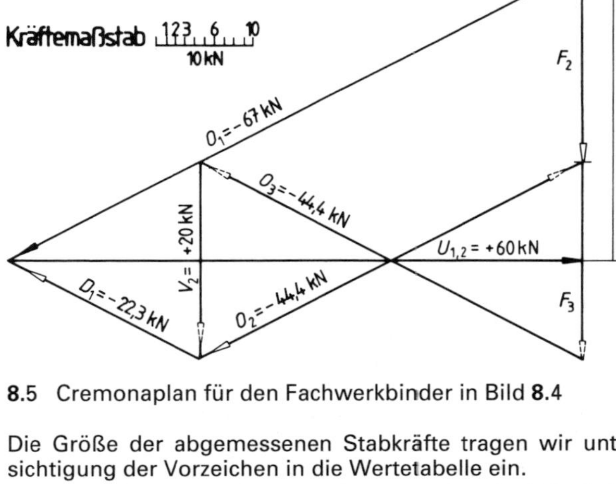


**8**.5 Cremonaplan für den Fachwerkbinder in Bild **8**.4

Die Größe der abgemessenen Stabkräfte tragen wir unter Berücksichtigung der Vorzeichen in die Wertetabelle ein.

Ein weiterer Cremonaplan müßte noch für die Windbelastung erstellt werden. Darauf verzichten wir hier.

**Übung 81** Ermitteln Sie die Stabkräfte für den Dachbinder **8**.6 nach dem Cremonaplan. Belastung: $F_1 = F_5 = 4{,}1$ kN, $F_2 = F_3 = F_4 = 8{,}2$ kN.

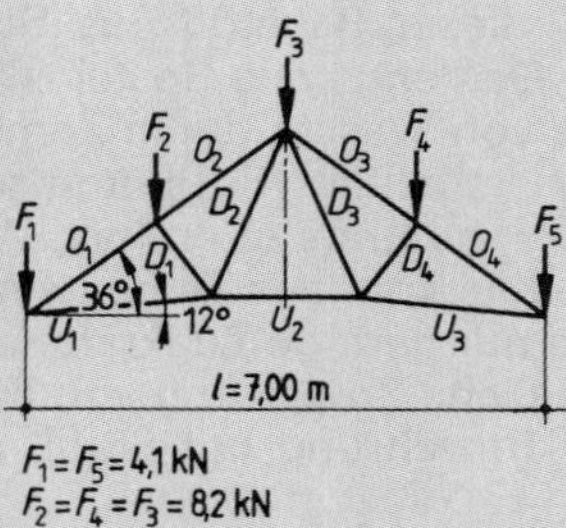


**8**.6 Dachbinder

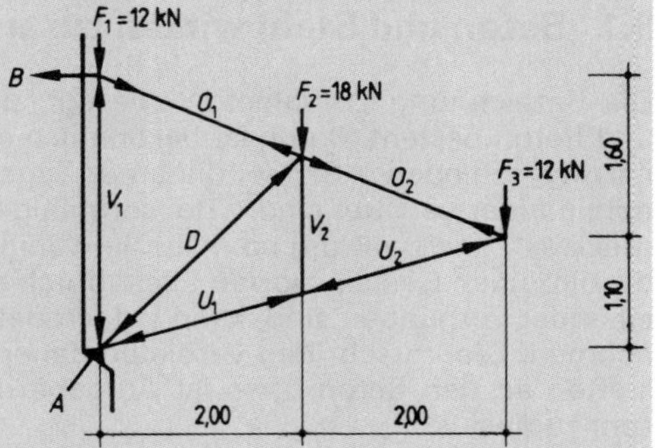


**8**.7 Fachwerk

**Übung 82** Bestimmen Sie die Stabkräfte des Fachwerks **8**.7 (beachten Sie: Stab $V_2 = 0$), ferner die Auflagerreaktionen $A$ und $B$.

# 9 Stahlbeton-Bauteile

## 9.1 Beton und Stahl wirken zusammen

Die Bezeichnung „Stahlbeton" besagt, daß dieser Baustoff aus Stahl und Beton besteht. Beton ist bekanntlich ein Gemenge aus Gesteinskörnern verschiedener Größe, die unter Zugabe von Wasser durch Zement miteinander verkittet sind[1]. Bei sorgfältiger Herstellung wird Beton sehr druckfest, und zwar um so mehr, je weniger Hohlräume er enthält. Weil die einzelnen Gesteinskörner allein durch die Klebkraft des Zements miteinander verbunden sind, kann jedoch Beton nur geringe Zugkräfte aufnehmen. Die Vorschriften verbieten daher jegliche Zuweisung von Zugkräften an den Beton. Dies ist Aufgabe der Bewehrung mit Stahl, der sehr zugfest ist.

> Im Stahlbeton nimmt der Beton die Druckkräfte, die Stahlbewehrung dagegen die Zugkräfte auf.

Beide Baustoffe, Beton und Stahl, wirken zusammen (Verbundbaustoff), weil Beton fest an Stahl haftet. Deshalb ergibt sich in einem Stahlbetonbauteil bei Belastung für beide Baustoffe die gleiche Längenänderung. Wegen seiner erheblich höheren Festigkeit kann Stahl sehr viel größere Spannungen aufnehmen als Beton.

## 9.2 Biegebeanspruchte Bauteile

**Biegebeanspruchung, Spannungsnullinie.** Wenn sich ein Balken auf zwei Stützen unter einer Belastung durchbiegt, wird er im oberen Teil seines Querschnitts (in seinen oberen Fasern) gedrückt und im unteren gezogen (**9**.1). Zwischen diesen beiden verschieden beanspruchten Teilen liegt die „neutrale Faserschicht", die weder gedrückt noch gezogen, sondern nur gebogen wird. Diese Schicht liegt

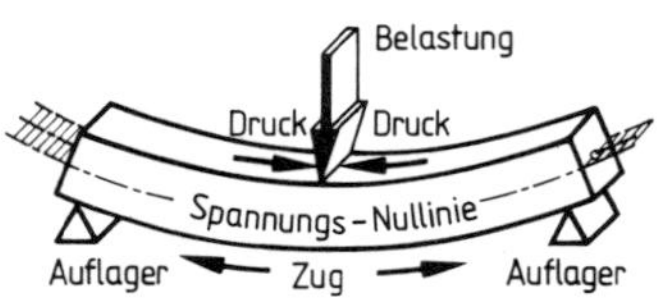


**9**.1 Druck- und Zugspannungen im gebogenen Balken auf zwei Stützen

- bei den Rechteckquerschnitten der Holzbalken und bei den symmetrischen Querschnitten der I-Träger auf halber Höhe,

---

[1] Hinsichtlich der Vorschriften, die beim Zusammensetzen und Mischen, beim Einbringen und Nachbehandeln des Betons zu beachten sind, wird auf die Fachliteratur verwiesen, z. B. Kohl/Bastian/Neizel, Baufachkunde, Teil 1 (Grundlagen) und Teil 2 (Hochbau) sowie G. Lohmeyer, Stahlbetonbau.

– beim Stahlbeton, der sich aus zwei verschiedenen Baustoffen zusammensetzt, dagegen ausmittig.

Die Beanspruchung der einzelnen Fasern nehmen nach der neutralen Faser hin immer mehr ab. Dort sind sie Null. Die größte Zugspannung wirkt also am unteren Rand, die größte Druckspannung am oberen Rand. Die neutrale Faser wird auch Spannungsnullinie genannt, da dort weder Druck noch Zug wirken.

**Schubkräfte.** Wird ein Körper gedrückt, verkürzt er sich, wird er gezogen, verlängert er sich, und zwar um so mehr, je größer die im Querschnitt wirkende Beanspruchung ist. Für einen durch Biegekräfte beanspruchten Querschnitt folgt daraus, daß jede Faserschicht eine andere Längenänderung hat als die benachbarten Faserschichten. Die Faserschichten wollen sich also in der Achsrichtung des Balkens gegeneinander verschieben. Denkt man sich einen Balken in einzelne Bretter aufgelöst (**9**.2), so kann man bei starker Biegung dieses Verschieben der einzelnen Faserschichten gegeneinander an den Bretterenden erkennen. Außerdem wirken auch beim Stahlbeton die Querkräfte, die in Abschnitt 5.7 bei der Biegung der Balken behandelt wurden.

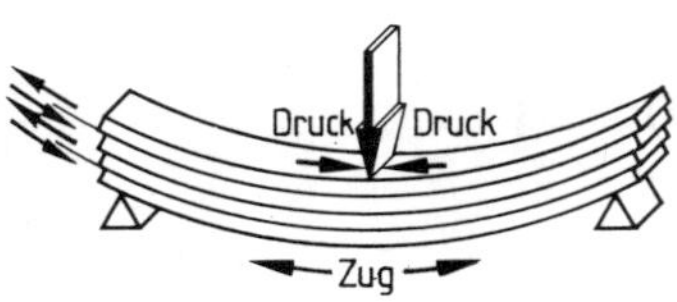


**9**.2 Druck- und Zugkräfte verschieben im gebogenen Bretterstapel die Bretter an den Auflagern gegeneinander

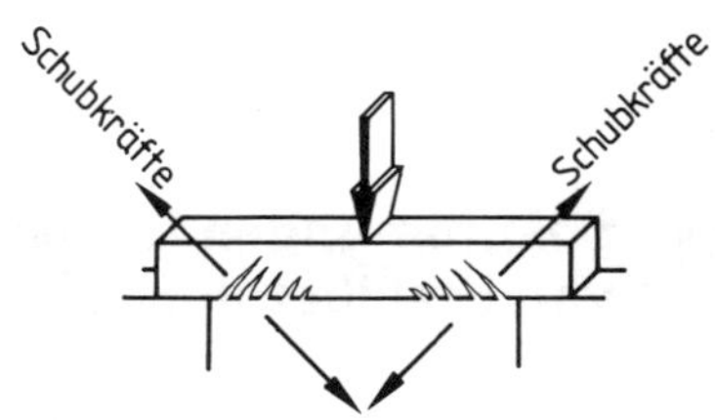


**9**.3 Schubspannungen können bei Biegung Schrägrisse an Stahlbetonbalken hervorrufen

Die Kräfte, die die Faserschichten in der Achsrichtung verschieben wollen, und die Querkräfte, die den Balken abscheren wollen, faßt man zusammen unter dem Begriff Schubkräfte. Schubkräfte bewirken schrägen Zug, den der Beton allein nicht aufnehmen kann. Wenn eine entsprechende Stahlbewehrung fehlt, verursachen sie Risse in Auflagernähe (**9**.3).

> Die Stahlbewehrung ist so anzuordnen, daß sie auch Schubkräfte aufnehmen kann.
>
> Hierzu dienen die Aufbiegungen der Tragstäbe und bei Balken vorzugsweise die Bügel.

## 9.3 Bezeichnungen im Stahlbetonbau

DIN 1045 Beton- und Stahlbetonbau regelt die Bezeichnungen im Stahlbetonbau (**9**.4). Im Rechteckquerschnitt mit der Breite *b* und der Höhe *d* gelten folgende Bezeichnungen:

$D_b$ = Resultierende der Summe aller Betondruckspannungen
$Z_s$ = Zugkraft in der Zugbewehrung
$\sigma_b$ = Randspannung Beton
$x$ = Höhe der Druckzone
$z$ = Hebelarm der inneren Kräfte
$h$ = Nutzhöhe des Querschnitts von seiner Oberkante bis Mittelachse der Stahleinlagen
$\varepsilon_{b1}\ \varepsilon_{b2}$ = Randdehnungen für Beton
$\varepsilon_{s1}\ \varepsilon_{s2}$ = für Stahldehnung

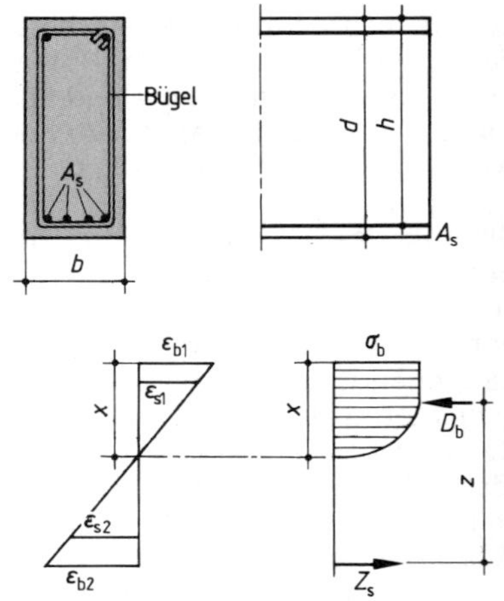


**9**.4 Bezeichnungen bei Rechteckbalken und Platten

## 9.4 Bestimmungen für die Ausführung von Stahlbetonarbeiten

Für den Entwurf und die Berechnung sind die Bestimmungen DIN 1045 für die Ausführung von Bauwerken aus Stahlbeton maßgebend. Aus dieser Norm werden hier die wesentlichen Vorschriften für Rechteckquerschnitte (Rechteckbalken und Platten) erläutert.

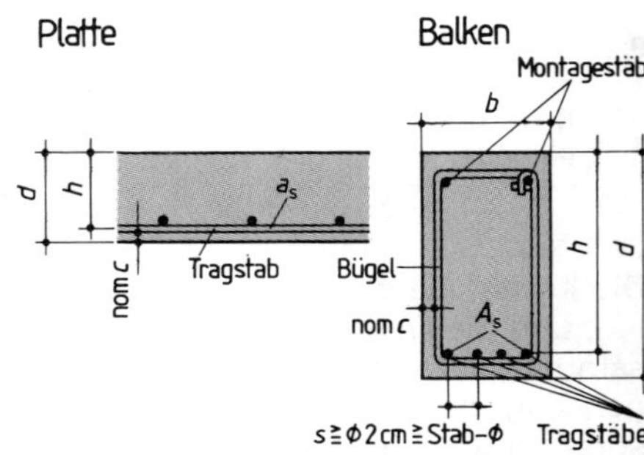


**9**.5 Betondeckung *c* und Mindestabstände der Bewehrungsstäbe

**Die Betondeckung *c*** zwischen Stahl und Betonoberfläche soll den Stahl dauerhaft gegen Rosten schützen und den Verbund zwischen Beton und Stahl sicherstellen. Die erforderlichen Maße enthält Tab. **10**.43. Das Maß min *c* darf nirgendwo unterschritten werden, auch nicht an den Bügeln. Für Planung und Berechnung gilt nom $c$ = min $c + \Delta c$. Das Vorhaltmaß $\Delta c$ beträgt meist 1 cm. Es darf auf 0,5 cm verringert werden, wenn die Abstandhalter-Richtwerte nach Tab. **10**.43 eingehalten werden (bei Umweltbedingungen nach Zeile 1 der Tab. **10**.42 und Beton ab B 35).

**Der lichte Abstand der Bewehrungsstähle** beträgt $s \geq 2$ cm. Bei Stabdurchmesser > 2 cm ist mindestens der Stab-Ø als lichter Abstand einzuhalten. Der Größtabstand darf 15 cm zuzüglich 1/10 der Plattendicke $d$ betragen: $s \leq 15$ cm + $d/10$.

### Vorschriften für Platten

**Stützweite** (Spannweite) $l$ ist bei beiderseits frei aufliegenden Platten die lichte Spannweite plus Entfernung der vorderen Drittelpunkte der Auflagertiefe $t$, also $l = l_w + 2/3\ t$. Vereinfacht darf für die Stützweite auch die um 5 % vergrößerte Lichtweite verwendet werden ($l = 1{,}05\ l_w$, **9**.6). Bei auskragenden Platten gilt die Wandmitte als Auflagerpunkt.

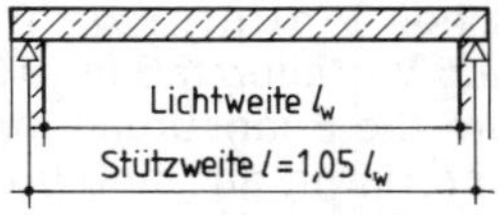


**9**.6 Stützweite bei Platten (s. auch Bild **9**.7 c)

**Die Auflagertiefe** ist so zu wählen, daß die zulässige Pressung in der Auflagerfläche nicht überschritten wird und die erforderliche Verankerungslänge der Bewehrung untergebracht werden kann. Sie muß aber mindestens betragen

- auf Mauerwerk und Beton B 5 oder B 10 ≥ 7 cm,
- auf Beton B 15 bis B 55 und Stahlbauteilen ≥ 5 cm,
- auf Stahlbeton- und Stahlträgern ≥ 3 cm, wenn seitliches Ausweichen der Träger verhindert ist und die Stützweite der Platte ≤ 2,50 m ist.

**Mindestdicke.** Sofern nicht mit Rücksicht auf die Tragfähigkeit und den Bautenschutz (vor allem Schall- und Brandschutz) dickere Decken erforderlich sind, betragen die Mindestdeckendicken 7 cm, bei den mit Lkw befahrenen Platten 10 cm, bei den mit schweren Fahrzeugen befahrenen 12 cm. Platten, die nur ausnahmsweise begangen werden, haben 5 cm Mindestdicke (**9**.7).

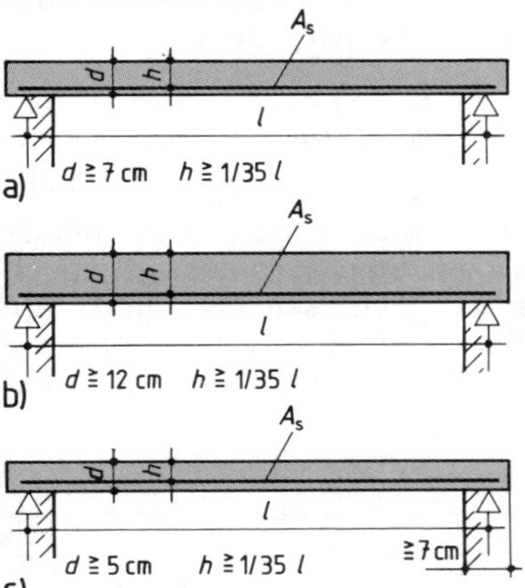


**9**.7 Mindestdicken $d$ und Nutzhöhen $h$ von a) Platten allgemein, b) befahrbaren Decken, c) Platten, die nur gelegentlich begangen werden

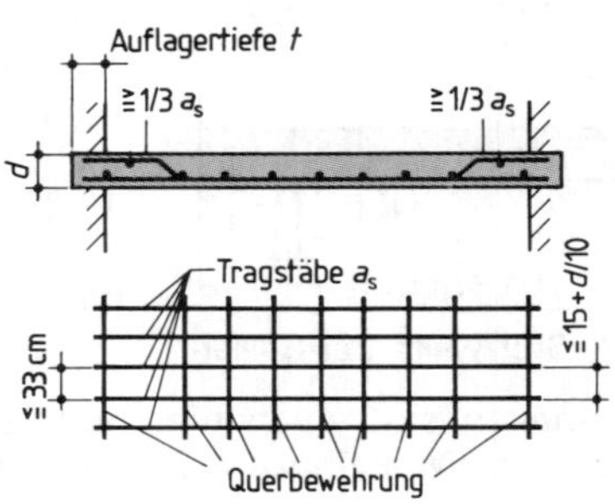


**9**.8 Bewehrung einer Platte

**Mindestmaß der statischen Höhe *h*.** Wegen der notwendigen Beschränkung der Durchbiegung ist stets darauf zu achten, daß die statische Höhe $h \geq l/35$ erreicht (**9**.7 auf S. 133). Bei Kragplatten ist dabei für die Kragarmstützweite $l$ der 2,4-fache Wert einzusetzen.

**Bewehrung.** Zu unterscheiden ist bei einachsig gespannten Platten zwischen Hauptbewehrung $a_s$ aus Tragstäben und Querbewehrung aus Verteilerstäben (**9**.8 auf S. 133). Die Querbewehrung ist erforderlich, um die Beanspruchung möglichst gleichmäßig auf eine größere Fläche und damit auf eine größere Anzahl Tragstäbe zu verteilen. Sie muß mit $\geqq {}^1/_5\, a_s$ je m bemessen werden, jedoch:

- bei BSt 420 S und 500 S mindestens 3 Ø 6 je m,
- bei BSt 500 M mindestens 3 Ø 4,5 je m.

**Tragstäbe.** Ihr Abstand darf in der Gegend der größten Biegemomente (also meist in Feldmitte) $\leqq 15 + d/10$ ($d$ in cm) betragen. Im Bereich des Endauflagers muß zur Deckung des Moments aus einer rechnerisch nicht berücksichtigten Einspannung eine obere Bewehrung von etwa ${}^1/_3$ der Feldbewehrung angeordnet werden.

Tragstäbe in Stahlbetonplatten erhalten Endhaken nur noch in Ausnahmefällen (z. B. bei knapper Auflagerhöhe). Die heute üblichen Betonstähle mit verformten Oberflächen (Nocken, Rippen u. ä.) bieten günstige Verankerungsbedingungen auch bei geraden Stabenden. Bei Plattenbewehrungen aus Stabstahl (Einzelstäbe) wird im allgemeinen bis zur Hälfte der Tragstäbe in einer Entfernung von ${}^1/_8\, l$ bis ${}^1/_{10}\, l$ vor dem Auflager aus der Zugzone in die Druckzone aufgebogen, und zwar meist unter 30°, bei dickeren Platten auch unter 45°. Die Aufbiegungen können Schubkräfte aufnehmen. Die nach oben aufgebogenen Stabteile gelten zugleich als Randbewehrung. Sie sichern die Platten gegen obere Zugkräfte aus ungewollter Randeinspannung (vgl. vorhergehender Absatz).

### Vorschriften für Balken

Für Stützweiten und Nutzhöhe gelten dieselben Vorschriften wie für Platten. Die Auflagertiefen müssen mindestens 10 cm betragen (**9**.9).

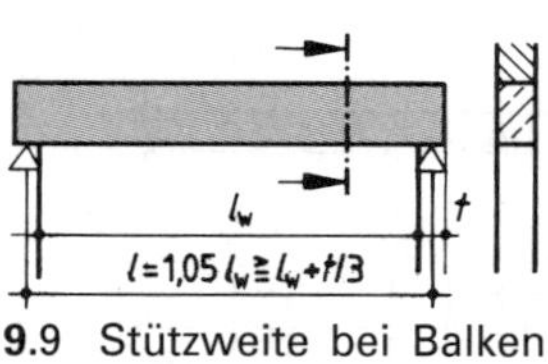


**9**.9 Stützweite bei Balken

**Tragstäbe.** Ihr lichter Abstand soll mindestens gleich dem Stabdurchmesser, jedoch nicht kleiner als 2 cm sein (**9**.5 und Tab. **10**.39, S. 178). Tragstäbe in der Zugzone sollen in nicht mehr als zwei Lagen angeordnet werden.

Endhaken sind auch hier nur bei knapper Auflagerlänge erforderlich, meist als Winkelhaken. Zur Aufnahme der Schubkräfte können innen liegende Tragstäbe in $\approx {}^1/_8\, l$ vor den Auflagern unter 45° aus der Zugzone in die Druckzone aufgebogen werden, bei hohen Balken auch unter 60°. Auch die Aufbiegungen sind nur noch in Ausnahmefällen anzutreffen. Wegen des zu hohen Arbeitsaufwands werden sie weitgehend durch enger liegende Bügelbewehrung in Auflagernähe ersetzt.

**Bügel** über die ganze Höhe des Balkens haben den Zusammenhang zwischen Zug- und Druckzone zu sichern und nehmen Schubspannungen auf (**9**.5). In Auflagernähe erhalten sie oft engere Abstände, so daß die früher üblichen Aufbiegungen der Tragstäbe entbehrlich werden.

**Montagestäbe** liegen in den oberen Bügelecken (**9**.5). Sie haben keine tragende Funktion, sondern erleichtern den Einbau und die Lagesicherung der Bewehrung.

## 9.5 Berechnen von Stahlbeton-Bauteilen

### 9.5.1 Stahlbeton-Deckenplatte

Holzbalken und Stahlträger werden nach der Größe des Biegemoments berechnet (s. Abschn. 5.6.3). Aus diesem ergeben sich über das Widerstandsmoment die Form und Größe des erforderlichen Querschnitts.

> Auch bei Stahlbeton-Bauteilen, die auf Biegung beansprucht werden, ist die Größe des Biegemoments für Größe und Form des Querschnitts maßgebend.

Die erforderliche N u t z h ö h e $h$ ist

$$\boldsymbol{h = k_h \sqrt{M/b} \geq \frac{l}{35}}$$ bei Platten in cm mit $b$ in m und $M$ in kNm,

der erforderliche Querschnitt $A_s$ der Stahleinlagen

$$\boldsymbol{A_s = k_s \cdot \frac{M}{h}}$$ in cm² mit $h$ in cm und $M$ in kNm.

Bei Deckenbewehrungen bezeichnen wir den Stahlquerschnitt mit $a_s$.

> Die Berechnung von $h$ und $A_s$ ist für das größte Biegemoment bzw. für den gefährdeten Querschnitt durchzuführen.

Die Indizes der Beiwerte $k$ in Tabelle **10**.35, S. 175, zeigen, zu welchen Werten sie gehören (**9**.4):

$k_h$ zur Nutzhöhe $h$
$k_s$ zur Stahleinlage $A_s$
$k_x$ zur Höhe $x$ der Druckzone
$k_z$ zum Abstand $z$ zwischen $D$ und $Z \triangleq$ Hebelarm der inneren Kräfte

Je größer der $k_h$-Wert ist (in der Tabelle die oberen Werte), um so geringer ist die dazu nötige Zugbewehrung und um so geringer daher auch der $k_s$-Wert. Umgekehrt wächst bei sehr kleinen $k_h$-Werten die Zugbewehrung so an, daß sie u. U. im Querschnitt nicht mehr untergebracht werden kann, d. h., der gewählte Querschnitt wird unwirtschaftlich bzw. unausführbar. In solchen Fällen muß der Querschnitt vergrößert werden, am vorteilhaftesten die Bauteilhöhe.

Als Betonfestigkeitsklasse gilt im Regelfall B 25. Die Festigkeitsklasse B 15 darf nur noch in Ausnahmefällen für Stahlbeton verwendet werden. Als Stahlsorte bevorzugen wir IV S und IV M; zulässig ist auch BSt III S.

**Beispiel 69** Die Stahlbetondecke in einem Wohnhaus ist zu berechnen (**9**.10 und **9**.11). Sie ist in Beton B 25 auszuführen und mit Betonstahlmatten BSt 500 M (IV M) zu bewehren.

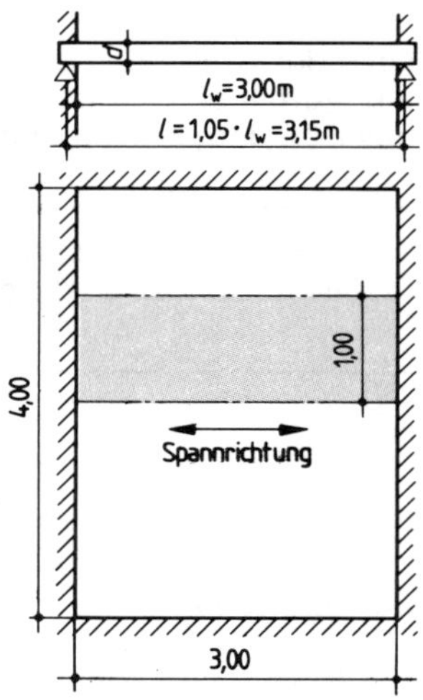


**9**.10 Stahlbetondecke in einem Wohnhaus

Die Eigenlast der Stahlbetonplatte macht einen wesentlichen Teil der Gesamtlasten aus. Die Mindestdicke der Platte entwickeln wir am sichersten aus der Vorschrift erf $h \geq l/35$. Für unser Beispiel ist

$$\text{erf } h \geq \frac{315 \text{ cm}}{35} = 9 \text{cm.}$$

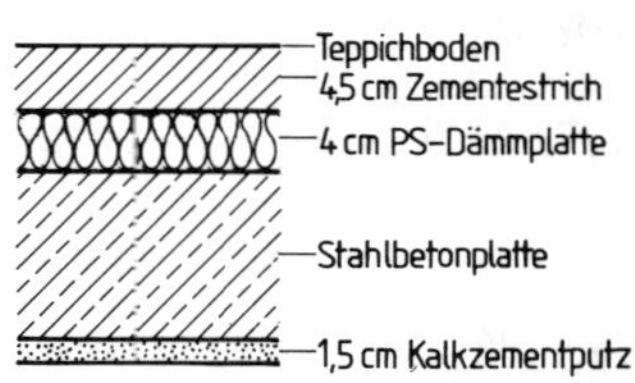


**9**.11 Aufbau der Wohnhausdecke von Bild **9**.10

Bei der Berechnung von Stahlbetonplatten wird stets ein Streifen von 1,00 m Breite untersucht.

Als Mindestdicke für $d$ ergibt sich bei Berücksichtigung von 2 cm Betondeckung und einer geschätzten Stabdurchmesserhälfte von

$$\frac{d_s}{2} = \frac{1{,}0 \text{ cm}}{2} = 0{,}5 \text{ cm eine Dicke von}$$

$d = 9 \text{ cm} + 2 \text{ cm} + 0{,}5 \text{ cm} = 11{,}5 \text{ cm}$.

Wir wählen $d = 12$ cm.

**Beispiel 69,** **Lastannahmen**
Fortsetzung

| | | |
|---|---|---|
| 4,5 cm Zementestrich | Tab. **10**.2 | $4{,}5\ \text{cm} \cdot 0{,}22\ \dfrac{\text{kN}}{\text{m}^2 \cdot \text{cm}} \cdot 1{,}00\ \text{m} = 0{,}99\ \text{kN/m}$ |
| 4 cm PS-Dämmplatten | | $4\ \text{cm} \cdot 0{,}025\ \dfrac{\text{kN}}{\text{m}^2 \cdot \text{cm}} \cdot 1{,}00\ \text{m} = 0{,}10\ \text{kN/m}$ |
| 12 cm Stahlbeton | | $12\ \text{cm} \cdot 0{,}25\ \dfrac{\text{kN}}{\text{m}^2 \cdot \text{cm}} \cdot 1{,}00\ \text{m} = 3{,}0\ \text{kN/m}$ |
| 1,5 cm Kalkzementputz | | $0{,}015 \cdot \dfrac{20\ \text{kN}}{\text{m}^3} \cdot 1{,}00\ \text{m} = 0{,}3\ \text{kN/m}$ |
| Eigenlast | | $g = 4{,}39\ \text{kN/m}$ |
| Verkehrslast (Tab. **10**.3, S. 152) | | $p = 1{,}5\ \dfrac{\text{kN}}{\text{m}^2} \cdot 1{,}00\ \text{m} = 1{,}5\ \text{kN/m}$ |
| | | $q = 5{,}89\ \text{kN/m}$ |

> Eine Deckenplatte wird stets über die kleinere Lichtweite des Raumes gespannt, in diesem Fall also über $l_w = 3{,}00$ m.

Spannweite $l = l_w \cdot 1{,}05 = 3{,}0\ \text{m} \cdot 1{,}05 = 3{,}15$ (**9**.12)

Nutzhöhe $h =\ d -$ Überdeckung – geschätztem $^1/_2$ Stabdurchmesser
$h = 12\ \text{cm} - 2\ \text{cm} - 0{,}5\ \text{cm} = 9{,}5\ \text{cm}$

Dieser Wert muß $\hat{=}\ ^1/_{35}\ l$ sein $\quad 9{,}5\ \text{cm} > \dfrac{315\ \text{cm}}{35} = 9{,}0\ \text{cm}.$

$$M = \frac{q \cdot l^2}{8} = \frac{5{,}89\ \text{kN/m}\ (3{,}15\ \text{m})^2}{8} = 7{,}31\ \text{kNm}$$

$$k_h = \frac{h}{\sqrt{M/b}} = \frac{9{,}5\ \text{cm}}{\sqrt{7{,}31/1{,}0}} = \frac{9{,}5\ \text{cm}}{2{,}70} = 3{,}51$$

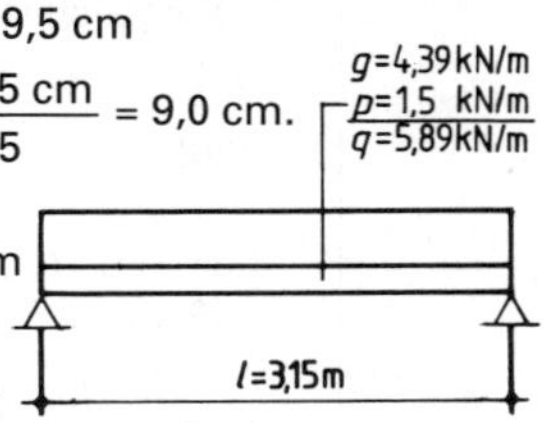

**9**.12

Als nächstkleineren Wert liefert Tab. **10**.35, S. 175, $k_h = 3{,}0$ für B 25.
Dem entspricht für BSt 500 M (Betonstahlmatten) $k_s = 3{,}8$.

Es ist dann $\quad a_s = k_s \cdot \dfrac{M}{h} = \dfrac{3{,}8 \cdot 7{,}31}{9{,}5\ \text{cm}} = \mathbf{2{,}92\ cm^2/m}.$

Gewählt wird aus der Tabelle **10**.38, S. 177 die Betonstahlmatte R 317 mit $a_s = \mathbf{3{,}17\ cm^2/m}$.

**Beispiel 70** Die Kellerdecke **9**.13 a unter einem Büroraum ist als Stahlbetondecke (**9**.13 b ) in B 25 und mit BSt 500 M zu berechnen.

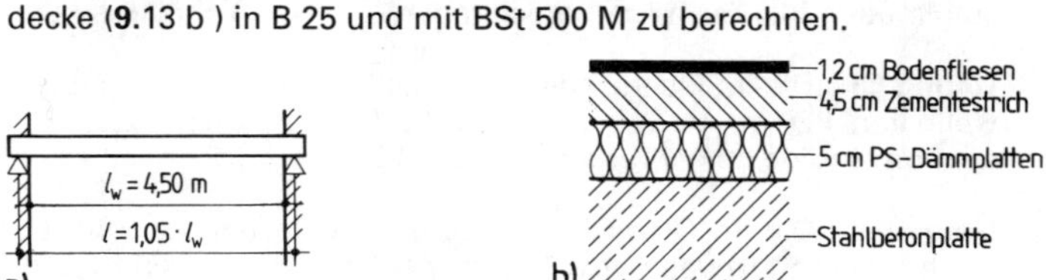

**9**.13 a) Kellerdecke unter einem Büroraum, b) Aufbau der Decke

**Beispiel 70,** Fortsetzung
Die Plattendicke wird auf 18 cm geschätzt. Damit ergibt sich bei einer Plattenbreite von 1,00 m folgende Belastung je lfd. m:

| | | |
|---|---|---|
| 1,2 cm Bodenfliesen | (Tab. **10.2**) | 0,22 kN/m |
| 4,5 cm Zementestrich | | 0,99 kN/m |
| 5 cm PS-Platten | | 0,02 kN/m |
| $d$ = 18 cm Stahlbeton | | 4,50 kN/m |
| Eigenlast | | $g$ = 5,73 kN/m |
| Verkehrlast (Tab. **10.3**) | | $p$ = 2,00 kN/m |
| | | $q$ = 7,73 kN/m |

Die Spannweite ist $l = 4{,}50\ \text{m} \cdot 1{,}05 = 4{,}73\ \text{m}$.

Das größte Biegemoment der Platte ist

$$M = \frac{q \cdot l^2}{8} = \frac{7{,}73\ \text{kN/m}\ (4{,}73\ \text{m})^2}{8} = 21{,}62\ \text{kNm}.$$

Aus der gewählten Plattendicke $d$ = 18 cm ergibt sich die

Nutzhöhe $h = 18\ \text{cm} - 2{,}0\ \text{cm} - 0{,}6\ \text{cm} = 15{,}4\ \text{cm} > \frac{l}{35} = 13{,}5\ \text{cm}$.

Wir erhalten $k_h = \frac{h}{\sqrt{M/b}} = \frac{15{,}4\ \text{cm}}{\sqrt{21{,}62\ \text{kNm}/1{,}0}} = 3{,}31.$

Als nächstkleineren Wert liefert Tabelle **10.35** für B 25 $k_h = 3{,}0$ mit $k_s = 3{,}8$.

Dann ist $a_s = \frac{3{,}8 \cdot 21{,}62}{15{,}4} = \mathbf{5{,}33\ cm^2/m}.$

Aus Tab. **10.38** wählen wir die Betonstahlmatte R 589 mit vorh $a_s$ = **5,89 cm²** > 5,33 cm².

Prüfen Sie, ob auch mit 17 cm Deckendicke die gleiche BStG-Matte verwendbar ist.

**Übung 83** Die Decke in einem Wohnhaus mit der Lichtweite $l_w$ = 3,50 m ist als Stahlbetondecke mit B 25 und Betonstahlmatten BSt 500 M zu berechnen (**9.14**). nom $c$ sei 2 cm.

**Übung 84** Die Stahlbetondecke in einem Krankenhaus nach Bild **1.10** ist für $l_w$ = 4,00 m bei B 25 und Betonstahlmatten BST 500 M zu berechnen.

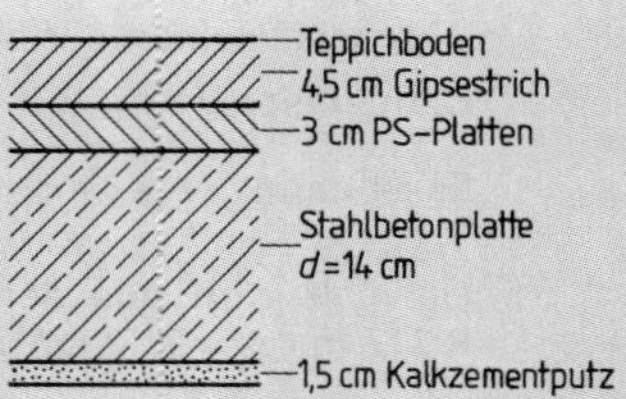


**9.14** Stahlbetondecke in einem Wohnhaus

**Übung 85** Die im Querschnitt dargestellte Dachdecke **9.15** hat eine Stützweite von 4,20 m. Als Schneelast sind 0,75 kN/m² anzusetzen. Ermitteln Sie die notwendige Bewehrung aus BSt IV M.

**Übung 86** Die im Querschnitt dargestellte Dachdecke **9.16** ist begehbar. Sie hat eine Stützweite von 3,80 m. Als Verkehrslast sind 3,5 kN/m² anzusetzen. Berechnen Sie die erforderliche Bewehrung.

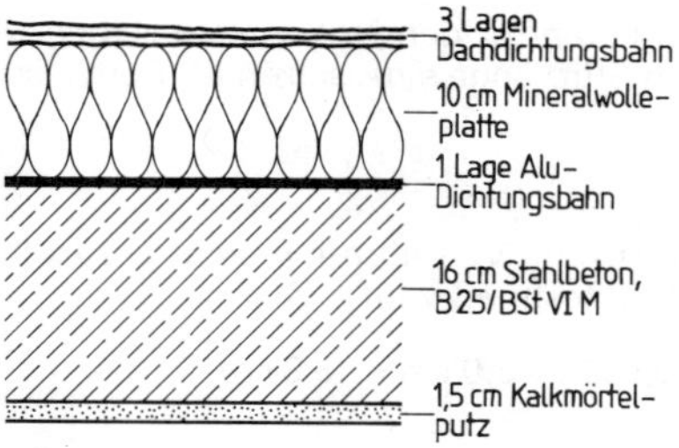


**9.**15 Dachdecke

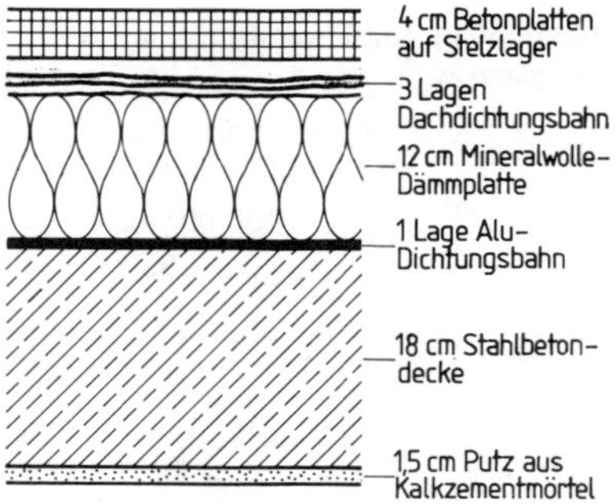


**9.**16 Dachdecke

## 9.5.2 Stahlbeton-Kragplatte

Die Bemessungsformeln des Abschnitts 9.5.1 gelten auch für Kragplatten.

> Kragplatten werden in der Oberseite auf Zug beansprucht. Die Stahlbewehrung ist also oben anzuordnen. Gleiches gilt für den Nachbarbereich des Feldes.

Dafür ist die ungünstigste Lage des Momenten-Nullpunkts zu berechnen (**9.**18). Sie ergibt sich aus dem ungünstigsten Belastungsfall, wenn nämlich der Kragarm voll belastet, das Deckenfeld aber nur mit seiner Eigenlast $g_2$ (also ohne Verkehrslast) gerechnet wird.

**Beispiel 71** An die Wohnhausdecke aus Bild **9.**10 schließt ein Balkon an. Seine Stahlbeton-Kragplatte (**9.**17) ist für B 25 und BST 500 M zu berechnen.

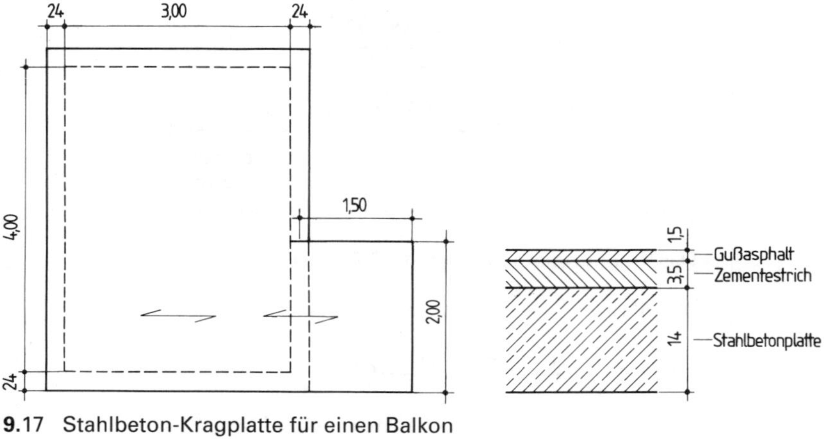


**9.**17 Stahlbeton-Kragplatte für einen Balkon

**Beispiel 71,** Fortsetzung

Stützweiten: $l_1 = 1{,}5$ m, $l_2 = 3{,}0\ \text{m} + \frac{0{,}24}{2}\ \text{m} + \frac{0{,}24}{3}\ \text{m} = 3{,}20$ m

Wir erinnern uns, daß bei Kragplatten für den Nachweis der Biegeschlankheit die 2,4-fache Kragarm-Stützlänge einzusetzen ist. Somit ist

$$\text{erf } h = \frac{150\ \text{cm} \cdot 2{,}4}{35} = 10{,}3\ \text{cm}.$$

Nach Tab. **10**.43 ist eine Betondeckung von nom $c$ = 3 cm anzusetzen. Somit ergibt sich für $d$ ein Mindestmaß von

$$d = h + \frac{d_s}{2} + \text{nom } c = 10{,}3\ \text{cm} + 0{,}5\ \text{cm} + 3{,}0\ \text{cm} = 13{,}8\ \text{cm}.$$

Die Plattendicke wird mit $d$ = 14 cm angenommen. Damit ist die Nutzhöhe (**9**.5) $h$ = 14 cm – 3,0 cm – 0,5 cm = 10,5 cm.

**a) Lasten**

Belastung für 1,00 m Kragplattenbreite nach Tab. **10**.2

| | | |
|---|---|---|
| 1,5 cm Gußasphalt | $1{,}5\ \text{cm} \cdot 0{,}22\ \frac{\text{kN}}{\text{m}^2 \cdot \text{cm}} \cdot 1{,}00\ \text{m}$ | = 0,33 kN/m |
| 3,5 cm Zementestrich | $3{,}5\ \text{cm} \cdot 0{,}22\ \frac{\text{kN}}{\text{m}^2 \cdot \text{cm}} \cdot 1{,}00\ \text{m}$ | = 0,77 kN/m |
| 14 cm Stahlbetonplatte | $14\ \text{cm} \cdot 0{,}25\ \frac{\text{kN}}{\text{m}^2 \cdot \text{cm}} \cdot 1{,}00\ \text{m}$ | = 3,50 kN/m |
| Eigenlast | | $g_1$ = 4,60 kN/m |
| Verkehrslast (Tab. **10**.3) | $p_1 = 5\ \text{kN/m}^2 \cdot 1{,}00\ \text{m}$ | = 5,00 kN/m |
| | | $q_1$ = 9,60 kN/m |

Horizontalkraft $H$ am Geländer je 1,00 m Plattenbreite (Tab. **10**.3)

0,5 kN/m · 1,00 m = 0,5 kN (**9**.18)

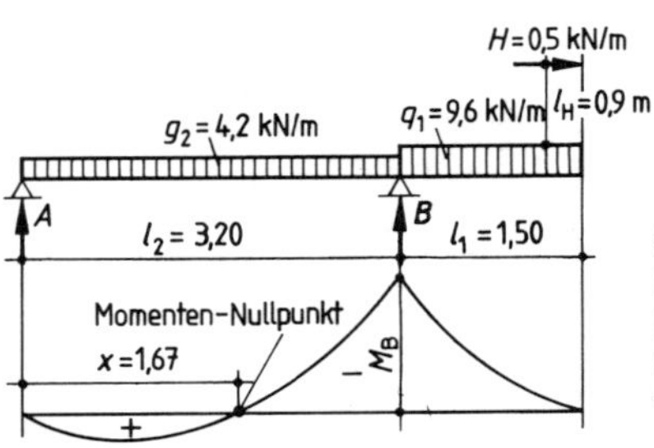


**9**.18 Belastungsschema und Momentenfläche zu Bild **9**.17, Geländermoment vernachlässigt

Das Kragarmmoment über der Stütze ist

$$\min M_B = -\frac{q_1 \cdot l_1^2}{2} - H \cdot l_H$$

$$\min M_B = -\frac{9{,}6\ \text{kN/m}\ (1{,}5\ \text{m})^2}{2} - 0{,}5\ \text{kN/m} \cdot 0{,}9\ \text{m}$$

$$\min M_B = -10{,}8\ \text{kNm} - 0{,}45\ \text{kNm} = -11{,}25\ \text{kNm}.$$

**Beispiel 71**, Fortsetzung

Für den Beiwert $k_h$ erhalten wir $k_h = \dfrac{h}{\sqrt{M/b}} = \dfrac{10{,}5}{\sqrt{11{,}25/1{,}0}} = 3{,}13$.

In Tabelle **10**.35 finden wir den $k_h$-Wert = 3,0 und dazu bei BSt 500 M $k_s = 3{,}8$.

Es ist erf $a_s = \dfrac{k_s \cdot M}{h} = \dfrac{3{,}8 \cdot 11{,}25}{10{,}5} = \mathbf{4{,}07\ m^2}$.

Aus Tab. **10**.38 wählen wir eine Betonstahlmatte R 443 mit vorh $a_s$ = 4,43 $cm^2/m > 4{,}07$.

> Die Bewehrung der Kragplatte ist stets mit einer bestimmten Verankerungslänge über den Momenten-Nullpunkt (**9**.18) hinwegzuführen.

In diesem Punkt wechselt das Biegemoment sein Vorzeichen bzw. wechseln die Zugspannungen von der Oberseite des Balkens auf die Unterseite im Bereich des Feldes. Der Momenten-Nullpunkt ist nach dem Hebelgesetz derjenige Drehpunkt, bei dem sich das Drehmoment aus der Auflagerkraft mit dem Drehmoment aus der Balkenbelastung das Gleichgewicht halten. Rechnerisch könnten an dieser Stelle die untere Bewehrung (Feldbewehrung) und die obere Bewehrung (Stützbewehrung) enden, weil keine Biegebeanspruchung vorliegt ($M = 0$). Dies ist jedoch wegen der nötigen Verankerungslängen und Querkraft nicht möglich.

> Für die Länge der oberen Bewehrung und die Anordnung von Aufbiegungen aus der unteren Bewehrung ist der Momenten-Nullpunkt eine wichtige Orientierungshilfe. Das gilt auch für die gestaffelte Bewehrung, wo ein Teil der Bewehrung vor dem Auflager endet.

**b) Lage des Momenten-Nullpunkts** (**9**.19)

Zunächst ist der Auflagerdruck $A$ zu berechnen (s. Übung S. 53).

Unsere Ausgangswerte sind:

$H$ = 0,5 kN am Hebelarm, $l_H = 0{,}90$ m (**9**.18)

$q_1$ = 9,6 kN/m mit $l_1 = 1{,}50$ m (**9**.18)

$g_2 \approx$ 4,6 kN/m (Last der 14 cm dicken Platte ohne Verkehrslast, aber mit etwaiger Belastung aus Bodenbelag mit $l_2 = 3{,}20$ m).

$$\text{Es ist } A = \frac{g_2 \cdot l_2 \cdot \frac{l_2}{2} - q_1 \cdot l_1 \cdot \frac{l_1}{2} - H \cdot l_H}{l_2}$$

$$A = \frac{4{,}6\ \text{kN/m} \cdot 3{,}2\ \text{m} \cdot \frac{3{,}2\ \text{m}}{2} - 9{,}6\ \text{kN/m} \cdot 1{,}50\ \text{m} \cdot \frac{1{,}50\ \text{m}}{2} - 0{,}5\ \text{kN} \cdot 0{,}9\ \text{m}}{3{,}2\ \text{m}}$$

**Beispiel 71**,
Fortsetzung

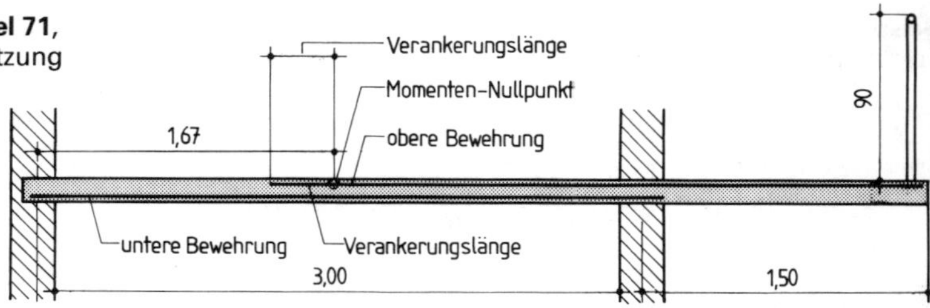


**9**.19 Lage des Momenten-Nullpunkts im Feld (konstruktive Bewehrung nicht eingetragen)

$$A = \frac{23{,}55\ \text{kNm} - 10{,}8\ \text{kNm} - 0{,}45\ \text{kNm}}{3{,}2\ \text{m}} = 3{,}84\ \text{kN}$$

Der Abstand $x$ des Momenten-Nullpunkts von $A$ ergibt sich dann aus

$A \cdot x - g_2 \cdot x \cdot \frac{x}{2} = 0$. Daraus folgt $A \cdot x = g_2 \cdot x \cdot \frac{x}{2}$.

Dividiert man beide Seiten durch $x$, bleibt $A = \frac{g_2 \cdot x}{2}$ und schließlich

$$x = \frac{A \cdot 2}{g_2} = \frac{3{,}84\ \text{kN} \cdot 2}{4{,}6\ \text{kNm}} \approx \mathbf{1{,}67\ m.}$$

Der Momenten-Nullpunkt kann schließlich auch zeichnerisch ermittelt werden.

Die Bewehrung muß stets mit der notwendigen Verankerungslänge über den Momenten-Nullpunkt hinausgeführt werden.

**Übung 87** Die Stahlbeton-Kragplatte aus B 25 mit Betonstahlmatten BST 500 M ist für eine Verkehrslast $p$ = 10 kN/m² zu berechnen (**9**.20).

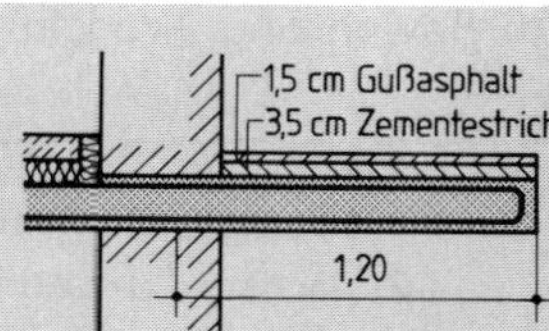


**9**.20 Balkonplatte

## 9.5.3 Stahlbeton-Rechteckbalken

Es gelten die gleichen Bemessungsformeln wie für die Berechnung von Deckenplatten.

Bei Rechteckbalken ist für $b$ die tatsächliche Breite des Balkens einzusetzen (nicht wie bei Platten $b$ = stets 1,0 m).

**Beispiel 72** Die Maueröffnung **9**.21 ist mit einem Stahlbetonbalken aus B 25 und BSt 500 S zu überdecken. Deckenstützweite $l$ = 4,00 m, $\gamma$ für Mauerwerk = 18 kN/m, für nom $c$ = 3,0 cm.

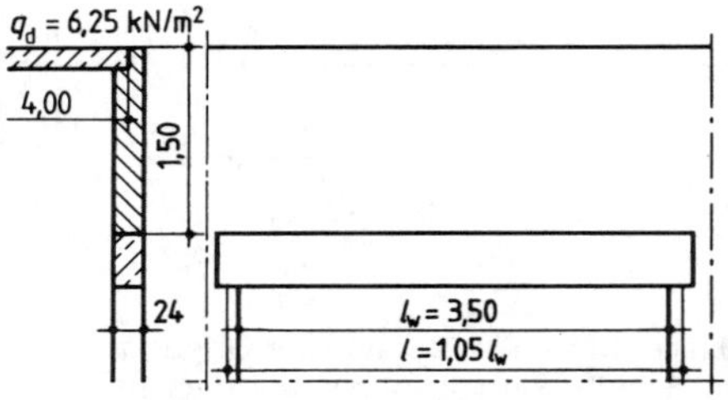


**9**.21 Stahlbetonbalken über einer Maueröffnung

Um die Gesamtbelastung des Balkens zu ermitteln, muß zunächst der Balkenquerschnitt geschätzt oder eine „vorläufige Berechnung" durchgeführt werden. Hier wird ein Querschnitt von $b/d$ = 24/42 cm angenommen.

Belastung je lfd. m Balken

| | | |
|---|---|---|
| Deckenlast | $6{,}25\,\frac{\text{kN}}{\text{m}^2}\cdot\frac{4{,}0\text{ m}}{2}$ | = 12,50 kN/m |
| Mauerlast | $1{,}50\text{ m}\cdot 0{,}24\text{ m}\cdot 18\,\frac{\text{kN}}{\text{m}^3}$ | = 6,48 kN/m |
| Balkeneigenlast | $0{,}24\text{ m}\cdot 0{,}42\text{ m}\cdot 25\,\frac{\text{kN}}{\text{m}^3}$ | = 2,52 kN/m |
| | | $q$ = 21,50 kN/m |

Bei Balken ist die zugrundezulegende Spannweite (**9**.9)

$l = 1{,}05\cdot l_w = 1{,}05\cdot 3{,}50 = 3{,}68\text{ m} > l_w + 2/3\cdot 0{,}24 = 3{,}65\text{ m}.$

Biegemoment $M = \frac{q\cdot l^2}{8} = \frac{21{,}5\text{ kN/m }(3{,}68\text{ m})^2}{8} = 36{,}4\text{ kNm}$

Die Nutzhöhe berechnet sich wie folgt:

$h$ = Balkendicke $d$ – Betonüberdeckung nom $c$ – Ø der Bügel – 1/2 Ø der Tragstäbe

Da der Balken im Freien liegt, ist die Überdeckung nom $c$ = 3,0 cm. Als Ø werden angenommen für die Bügel Ø 6, für die Tragstäbe Ø 16. Damit ergeben sich

$h$ = 42 cm – 3,0 cm – 0,6 cm – 0,8 cm = 37,6 cm

$k_h = \frac{h}{\sqrt{M/b}} = \frac{37{,}6}{\sqrt{36{,}4/0{,}24}} = \frac{37{,}6}{12{,}31} = 3{,}05.$

Berechnung der Stahleinlagen: Zu $k_h$ = 3,05 finden wir in Tabelle **10**.35, S. 174 als nächstkleineren Wert $k_h$ = 3,00; ferner in der gleichen Zeile $k_s$ = 3,8. Damit wird

$A_s = k_s\cdot\frac{M}{h} = \frac{3{,}8\cdot 36{,}4}{37{,}6} = 3{,}68\text{ cm}^2.$

Nach Tabelle **10**.37 werden gewählt 2 Ø 16 mit vorh $A_s$ = **4,02 cm²** > 3,68. Alternative: 4 Ø 12 mit vorh $A_s$ = 4,52 cm² > 3,68 oder 5 Ø 10 mit vorh $A_s$ = 3,93 cm² > 3,68.

**Übung 88** Die gleichmäßig verteilte Gesamtbelastung des Stahlbetonsturzes **9**.22 beträgt $q$ = 52 kN/m. Berechnen Sie die notwendige Bewehrung (B 25/BSt IV S).

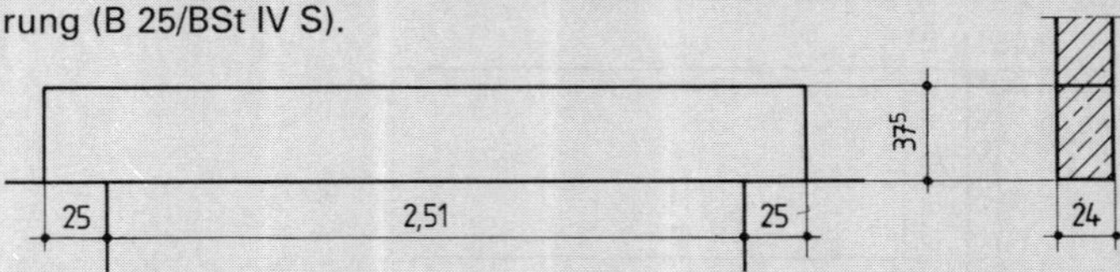


**9**.22 Stahlbetonsturz

**Übung 89** In einer 36,5 cm dicken Mauer ist eine Öffnung von 4,00 m lichter Weite durch einen Stahlbetonbalken zu überdecken. Die Belastung durch das Mauerwerk und die Geschoßdecken beträgt $q_1$ = 30 kN/m (B 25 und BSt IV S). Berechnen Sie den Balken, dessen Breite mit Rücksicht auf die Dämmschichtdicke mit $b$ = 31,5 cm anzunehmen ist. Bemessen Sie für eine Balkenhöhe $d$ = 50 cm.

**Übung 90** Die gleichmäßig verteilte Gesamtlast des Stahlbeton-Fenstersturzes **9**.23 beträgt 36 kN/m. Berechnen Sie die erforderliche Bewehrung (B 25/BSt IV S). Die Deckenhöhe gehört zum Balkenquerschnitt, so daß $b/d$ = 22/41 gilt.

**9**.23 Fenstersturz

## 9.5.4 Schubspannung bei Platten und Rechteckbalken

Bisher haben wir in vielen Beispielen Balken und Decken bemessen und dafür das der Belastung entsprechende maximale Moment zugrundegelegt. Stets war nachzuweisen, daß die vom Moment erzeugten vorhandenen Biegespannungen (vorh $\sigma$) die zulässigen Größen (zul $\sigma$) nicht überschreiten oder daß – wie im Stahlbeton – der gewählte Stahlquerschnitt mindestens gleich dem des berechneten Querschnitts ist. Aus Abschnitt 5.7.3 wissen wir, daß auch Querkräfte auftreten und gesetzmäßige Beziehungen zwischen Querkräften und Momenten bestehen. Die Bilder **9**.24 und **9**.25 zeigen deutlich, daß an belasteten Balken so-

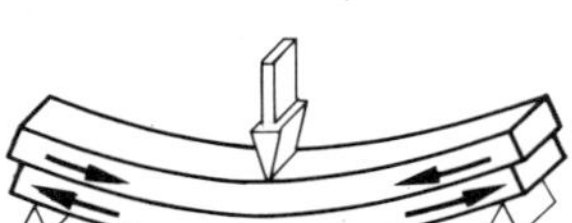

**9**.24 Schubspannungen in Längsrichtung des Balkens

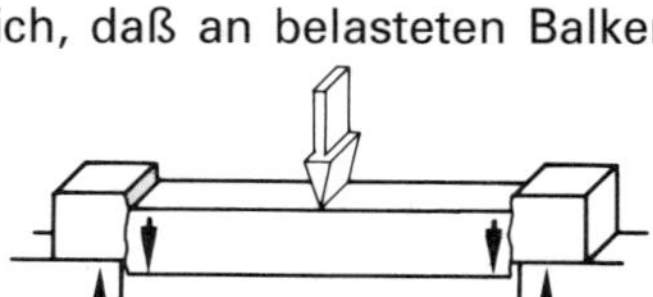

**9**.25 Schubspannungen in Querrichtung des Balkens

wohl Längs- als auch Querschubkräfte auftreten und dabei längs- und quergerichtete Spannungen mit abscherender Wirkung erzeugen. Wir merken uns:

Querkräfte bewirken Schubspannungen.

Im Zusammenwirken ergeben die Längs- und Querschubspannungen schräg gerichtete Zugkräfte (**9**.26). Bild **9**.27 zeigt typische schräge Schubrisse infolge solcher schräg wirkenden Zugspannungen. Weil im Stahlbeton die Zugkräfte allein der Bewehrung zugewiesen werden dürfen, sind die Schubspannungen durch entsprechende Schubbewehrungen aufzunehmen.

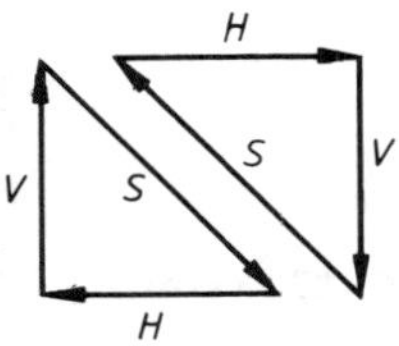


**9**.26 Schräge Schubspannungen (*s*) durch Zusammenwirken von Längs- und Querschubspannungen

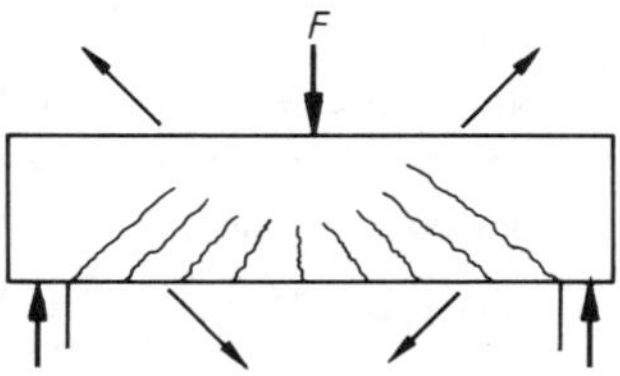


**9**.27 Schubrisse an einem überlasteten Stahlbetonbalken infolge schräg wirkender Zugkräfte *z* (Schubkräfte)

Als Schubbewehrung verwenden wir vorzugsweise senkrecht oder schräg liegende Bügel, ferner Aufbiegungen der Tragstäbe oder Schubzulagen.

Die in Platten und Balken auftretende Schubspannung $\tau_0$ ist die wesentliche Größe zur Beurteilung der Schubbeanspruchung (tau$_0$ = Abscherspannung). Sie wird berechnet zu

$$\boldsymbol{\tau_0} = \frac{\boldsymbol{Q}}{\boldsymbol{b \cdot z}} \quad \text{in MN/m}^2.$$

*Q* = die für den Schubnachweis maßgebende maximal vorhandene Querkraft in kN

*b* = der Rechnung zugrundegelegte Plattenbreite (meist 100 cm), bei Balken die Breite des Balkenquerschnitts in m

*z* = Hebelarm der inneren Kräfte (Abschn. 9.3 und Bild **9**.4) des Querschnitts in m

Nur unter sehr ungünstigen Bedingungen (Schubbereich 3) ist mit dem Größtwert max *Q* zu rechnen. Für mittlere und kleinere Schubspannungen im Schubbereich 2 und 1 darf man nach DIN 1045 reduzierte Werte ansetzen. Dazu sind vertiefte Kenntnisse der Zusammenhänge erforderlich. Unsere Beispiele sind daher nur als Einführung und vereinfachte Rechenhilfe zu verstehen.

Die Querkraft $Q$ ist bei Balken auf zwei Stützen mit gleichmäßig verteilter Last am Auflager am größten (**5**.46 ff., ab S. 69). Sie ist dort gleich dem Auflagerdruck.

Der Hebelarm $z$ der inneren Kräfte ist mit dem zugehörigen Wert $k_z$ aus der $k_h$-bzw. $k_s$-Ermittlung bestimmbar (Tab. **10**.35). Wir berechnen ihn zu

$\boldsymbol{z = k_z \cdot h}$.

**Beispiel 73** Für die Stahlbetonplatte des Beispiels 69 ist die größte Schubspannung nachzuweisen.

Es ist $\max Q = A = \dfrac{q \cdot l}{2} = \dfrac{5{,}89 \text{ kN/m} \cdot 3{,}15 \text{ m}}{2} = 9{,}27 \text{ kN}.$

Die der Berechnung der Platte zugrundegelegte Breite war $b = 1{,}00$ m.

Bei der Bemessung war $k_h = 3{,}0$.

Nach Tabelle **10**.35 ist hierfür $k_z = 0{,}92$,

also $z = k_z \cdot h = 0{,}92 \cdot 9{,}5 = 8{,}7$ cm.

Demnach ist die größte auftretende Schubspannung

$$\max \tau_o = \frac{\max Q}{b \cdot z} = \frac{9{,}27 \text{ kN}}{1{,}0 \text{ m} \cdot 0{,}087 \text{ m}} = 107 \text{ kN/m}^2 = \mathbf{0{,}107\ MN/m^2}.$$

$<$ zul $\tau_o = 0{,}35$ MN/m², somit Schubnachweis entbehrlich (s. Tab. **9**.29)

**Beispiel 74** Für den Stahlbetonbalken **9**.28 (B 25, BSt 500 S) sind die Bewehrung und die maximale Schubspannung zu berechnen.

$$\max M = \frac{q \cdot l^2}{8} = \frac{15{,}0 \text{ kN/m } (5{,}0 \text{ m})^2}{8} = 46{,}9 \text{ kNm}$$

$$\max Q = A = B = \frac{q \cdot l}{2} = \frac{15{,}0 \text{ kN/m} \cdot 5{,}0 \text{ m}^2}{2} = 37{,}5 \text{ kN}$$

$$k_h = \frac{h}{\sqrt{M/b}} = \frac{40{,}5}{\sqrt{46{,}9/0{,}24}} = 2{,}9.$$

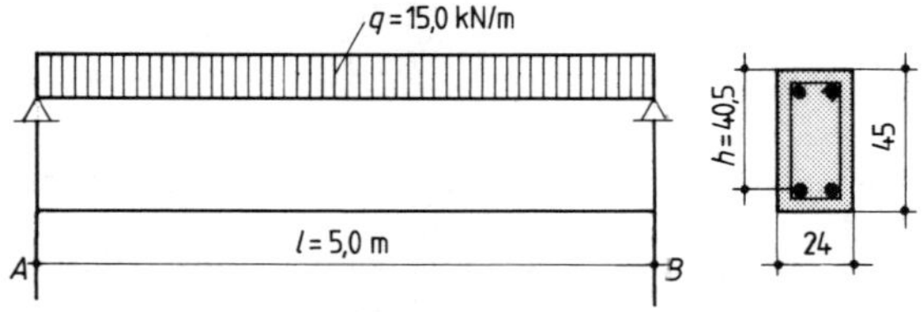


**9**.28 Stahlbetonbalken

Dafür aus Tabelle **10**.35

$k_z = 0{,}90$

$z = k_z \cdot h = 0{,}90 \cdot 40{,}5 = 36{,}5$ cm

Demnach ist die größte auftretende Schubspannung

$$\max \tau_o = \frac{0{,}0375 \text{ MN}}{0{,}24 \text{ m} \cdot 0{,}365 \text{ m}} = \mathbf{0{,}43\ MN/m^2}.$$

Nach Tabelle **9**.29 genügt eine konstruktive Schubdeckung.

Tabelle 9.29 **Grenzen der Schubspannung für Schubbereich 1**

| Bauteil | Grenzen der Schubspannung $\tau_o$ in MN/m² für Festigkeitsklasse des Betons B 15 | B 25 | B 35 | B 45 | B 55 | Schutzdeckung |
|---|---|---|---|---|---|---|
| Platten a)<br>b) | 0,25<br>0,35 | 0,35<br>0,50 | 0,40<br>0,60 | 0,50<br>0,70 | 0,55<br>0,80 | keine |
| Balken | 0,50 | 0,75 | 1,00 | 1,10 | 1,25 | konstruktiv |

Zeile b) gilt bei gestaffelter, d. h. teilweise im Zugbereich verankerter Bewehrung.

**Übungen 91** Ermitteln Sie die Schubspannungen $\tau_o$ für die Balken a) der Übung 88, b) der Übung 89, c) der Übung 90. Liegen die Spannungen noch im Schubbereich 1?

## 9.5.5 Bemessungsregeln für die Schubbewehrung

Auf den Nachweis der Schubdeckung darf verzichtet werden, wenn die Werte der Schubspannung in Tabelle **9**.29 nicht überschritten werden. Sie begrenzen den Schubbereich 1. Die Schubbereiche 2 und 3 begrenzen höhere Werte. Diese Bereiche unterliegen strengeren Berechnungs- und Konstruktionsvorschriften.

Für Platten, wie sie im Wohnungsbau vorkommen ($d \leqq 30$ cm), darf auf eine Schubbewehrung verzichtet werden, wenn der Tabellenwert der Schubspannung nicht überschritten wird. Im Balken muß immer eine Schubbewehrung angeordnet werden (ausgenommen Tür- und Fenserstürze mit $l \leqq 2{,}00$ m). Der Bemessungswert $\tau$ der Schubspannung im Schubbereich 1 darf jedoch um den Faktor 0,4 vermindert werden:

$$\tau = 0{,}4 \cdot \tau_o$$

Bei einer Schubdeckung allein durch Bügel berechnet man den erforderlichen Stahlquerschnitt je m mit dieser Formel:

$$a_{sbü} = \frac{b \cdot \tau}{\sigma_s} \cdot 100 \text{ [cm}^2\text{/m]}$$

$a_{sbü}$ = Gesamtquerschnitt der zweischnittig gerechneten Bügel auf 1 m Balkenlänge (es zählt also jeder Bügel mit dem doppelten Querschnitt)
$b$ = Balkenbreite in cm
$\tau$ = 0,4mal vorhandene Schubspannung $\tau_o$ in MN/m²
$\sigma_s$ = zulässige Stahlspannung in N/mm² bzw. MN/m² (für BSt 420 S = 240 N/mm², für BSt 500 S = 286 N/mm²)

Tabelle 9.30 **Bügelabstände von Balken**

| | Schubbereich 1 | Schubbereich 2 |
|---|---|---|
| bei BSt 420 S | $0{,}8 \cdot d$ bzw. 30 cm | $\geqq 0{,}6 \cdot d$<br>$\geqq 25$ cm |
| bei BSt 500 S | $0{,}8 \cdot d$ bzw. 25 cm | $0{,}6 \cdot d$ bzw. 20 cm |

($d$ = Balkendicke in cm)

Die Abstände $s_{bü}$ der Bügel von Balken in Richtung der Biegezugbewehrung dürfen im Schubbereich 1 und 2 die in Tabelle **9**.30 gegebenen Werte nicht übersteigen.

**Beispiel 75** Für den Stahlbetonbalken aus dem vorangegangenen Beispiel soll der erforderliche Bügelquerschnitt berechnet werden.

$\tau_o = 0{,}44\ \text{MN/m}^2$

$$\text{erf } a_{sbü} = \frac{b \cdot \tau}{\sigma_s} \cdot 100 = \frac{24\ \text{cm} \cdot 0{,}4 \cdot 0{,}44\ \text{MN/m}^2}{286\ \text{MN/m}^2} \cdot 100\ \text{cm} = 1{,}48\ \text{cm}^2\text{/m}$$

gewählt: 4 Bügel/m Ø 6 IV S, vorh $a_{sbü} = 2 \cdot 0{,}28\ \text{cm}^2 =$ **2,24 cm²/m**
Bügelabstand $s_{bü} = 100 : 4 = 25\ \text{cm} = \text{zul } s_{bü}$ cm (Tab. **9**.30)

**Beispiel 76** Im Keller des Wohnhauses nach Bild **2**.3 und Beispiel 7, S. 20 ist die Einfahrt für eine Garage, Höhe 2,40 m, lichte Weite 3,00 m, mit einem Stahlbetonbalken B 25/BSt IV S zu überdecken.

| | | |
|---|---|---|
| Die Belastung für 1 lfd. m ist nach Beispiel 7 | | 75,59 kN/m |
| Hiervon ist die Mauerlast des Durchbruchs für die Einfahrt abzuziehen: | $0{,}365\ \text{m} \cdot 2{,}75\ \text{m} \cdot 18\ \text{kN/m}^3 =$ | – 18,07 kN/m |
| | | 57,52 kN/m |
| Der Querschnitt des Balkens wird geschätzt auf $b/d$ = 30/45 cm mit | $g = 0{,}30\ \text{m} \cdot 0{,}45\ \text{m} \cdot 25\ \text{kN/m}^3 =$ | 3,38 kN/m |
| | | $q =$ 60,90 kN/m |

Spannweite $l = 1{,}05 \cdot l_w = 1{,}05 \cdot 3{,}0\ \text{m} = 3{,}15\ \text{m}$

Biegemoment $$M = \frac{q \cdot l^2}{8} = \frac{60{,}9\ \text{kN/m}\ (3{,}15\ \text{m})^2}{8} = 75{,}54\ \text{kNm}$$

Nutzhöhe $h = 45\ \text{cm} - 3\ \text{cm} - 0{,}7\ \text{cm} - 0{,}8\ \text{cm} = 40{,}5\ \text{cm}$
(Bügel Ø 7, Tragstäbe Ø 16, geschätzt)

$$k_h = \frac{h}{\sqrt{M/b}} = \frac{40{,}5}{\sqrt{75{,}54/0{,}3}} = 2{,}55$$

Nach Tabelle **10**.35 ist das nächstniedrigere $k_h = 2{,}5$, dafür ist $k_s = 3{,}9$.

$$A_s = \frac{3{,}9 \cdot 75{,}54}{40{,}5} = 7{,}27\ \text{cm}^2$$

Gewählt nach Tabelle **10**.37: 5 Stück Ø 14 mit $A_s = 7{,}70\ \text{cm}^2 > 7{,}27$.

Schubspannung $$\tau_o = \frac{Q}{b \cdot z}$$

$$\max Q = A = \frac{q \cdot l}{2} = \frac{60{,}9\ \text{kN/m} \cdot 3{,}15\ \text{m}}{2} = 95{,}92\ \text{kN}$$

Zum $k_h$-Wert von 2,5 gehört in Tabelle **10**.35 ein $k_z$-Wert von 0,9.
$z = k_z \cdot h = 0{,}9 \cdot 40{,}5\ \text{cm} = 36{,}5\ \text{cm}$.

$$\max \tau_o = \frac{95{,}92\ \text{kN}}{0{,}3\ \text{m} \cdot 0{,}365\ \text{m}} = 875{,}9\ \text{kN/m}^2 = \mathbf{0{,}876\ MN/m^2}$$

$> \text{zul } \tau_o =$ **0,75 MN/m²** (**9**.29)

Weil 0,876 > 0,75 MN/m², ist die Schubsicherung nachzuweisen.

## Nachweis der Schubsicherung

Für die Fälle Schubbereich 2 und 3 dürfen wir statt komplizierter Nachweisverfahren als Schubbewehrung (cm²/m) den Querschnitt der Feldbewehrung wählen und auf Schrägstäbe und/oder Bügel verteilen. An Innenstützen bzw. Stützen mit Kragarm ist dafür die Summe aus Feld- und Stützenbewehrung anzusetzen. Die genaue Lage der Schrägstäbe läßt sich nach diesem Verfahren nur schätzen, wobei die DIN-Vorschrift nach Bild **9**.31 einzuhalten ist. Für die Bügel ist eine Mindestbewehrung einzuhalten, die wir mit $\tau_{bü} = 0{,}25 \cdot \tau_o$ ermitteln. Daraus ergibt sich als Mindestbügelbewehrung

**9**.31 Zulässiger Abstand von Schrägstäben, die als Schubbewehrung dienen.

$$\text{erf } a_{sbü}\ (\text{cm}^2/\text{m}) = \frac{10^4 \cdot 0{,}25 \cdot \tau_o\ (\text{MN/m}^2) \cdot b\ (\text{m})}{286\ \text{MN/m}^2}\ .$$

$$\text{erf } a_{sbü}\ (\text{cm}^2/\text{m}) \geqq 8{,}74 \cdot \tau_o\ (\text{MN/m}^2) \cdot b\ (\text{m})$$

**Beispiel 76**, Forts. Erforderlich ist für unser Beispiel, wie oben berechnet, $a_{st} = 7{,}27$ cm²/m.

An jedem Balkenende werden 3 Tragstäbe unter 45° aufgebogen. Diese je 3 Ø 14 haben nach Tabelle **10**.40, S. 178 einen Querschnitt von 6,5 cm². Der Rest des erforderlichen Querschnitts von 7,27 cm² – 6,5 cm² = 0,77 cm² muß von den Bügeln aufgebracht werden. Wir wählen 4 Bügel Ø 6 je Meter, die nach Tabelle **10**.41 einen Querschnitt von 2,3 cm² haben. Es ergibt sich insgesamt ein Stahlquerschnitt von 6,5 cm² + 2,3 cm² = 8,8 cm² > 7,27.

Wir müssen noch Abstand und Stahlquerschnitt der Bügel prüfen. Der zulässige Höchstabstand der Bügel beträgt hier (Tab. **9**.30)

$s_{bü} \leqq 0{,}6 \cdot d \leqq 25$ cm; für unser Beispiel somit

$s_{bü} \leqq 0{,}6 \cdot 45\ \text{cm} = 27\ \text{cm} \rightarrow$ es gilt der Wert $\leqq 25$ cm

$$\text{vorh } s_{bü} = \frac{100\ \text{cm}}{4} = 25\ \text{cm} = \text{zul } s_{bü} = 25\ \text{cm}.$$

Der Mindestbügelquerschnitt beträgt

erf $a_{sbü} \geqq 8{,}74 \cdot \tau_o \cdot b$; für unser Beispiel somit

erf $a_{sbü} \geqq 8{,}74 \cdot 0{,}876 \cdot 0{,}3 = 2{,}3$ cm²/m = vorh $a_{sbü}$.

Bügelabstände und -querschnitte entsprechen also den Vorschriften. Damit ist die **Schubsicherung gewährleistet.**

**Übung 92** In einer 36,5 cm dicken Maueröffnung ist ein Stahlbetonbalken mit $l_w$ = 4,0 m und der Gesamtbelastung $q$ = 50 kN/m einzubauen. B 25, BSt 500 S.

**Übung 93** Für den Stahlbetonbalken der Übung 90 ist die Schubsicherung nachzuweisen.

# 10 Anhang

## Winkelfunktionen

In einem rechtwinkligen Dreieck ist das Verhältnis der Seiten ein Maß für die Größe der Winkel. Zu jedem Winkel gehören ganz bestimmte Seitenverhältnisse. Zum Beispiel gehören zu dem Winkel $\alpha$ im $\Delta ABC$ (**10**.1) die Seitenverhältnisse

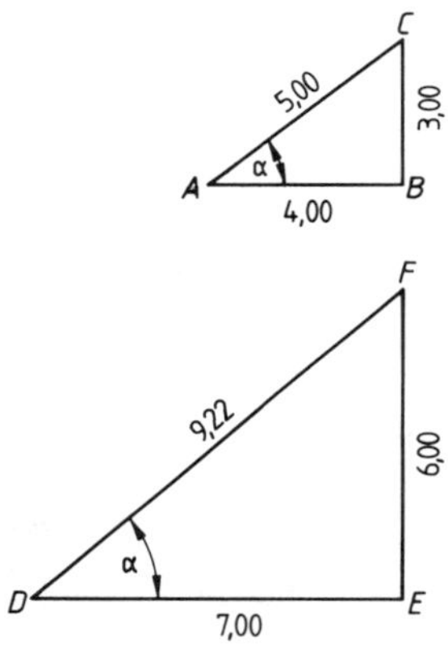


**10**.1
Dreiecke mit verschiedenen Seiten- und Winkelverhältnissen

$$CB : AB = 3 : 4 = 0{,}75$$
oder $$CB : AC = 3 : 5 = 0{,}6$$
oder $$AB : AC = 4 : 5 = 0{,}8$$

Dies sind ganz andere Werte als die Seitenverhältnisse, die in dem $\Delta DEF$ zu dem Winkel $\beta$ gehören:

$$FE : DE = 6 : 7 \quad = 0{,}857$$
oder $$FE : DF = 6 : 9{,}22 = 0{,}651$$
oder $$DE : DF = 7 : 9{,}22 = 0{,}759$$

Diese Seitenverhältnisse haben bestimmte Namen. Man nennt das Verhältnis

$CB : AC$ den Sinus des Winkels $\alpha$, sin $\alpha$
$AB : AC$ den Cosinus des Winkels $\alpha$, cos $\alpha$
$CB : AB$ den Tangens des Winkels $\alpha$, tan $\alpha$

Für die verschiedenen Winkelgrößen sind diese Winkelfunktionen berechnet und in Taschenrechnern bzw. Tabellen gespeichert.

Tabelle **10**.2 **Lastannahmen für Bauten; Berechnungsannahmen für Lagerstoffe Baustoffe und Bauteile nach DIN 1055 T 1** (Auszug)

| **Brennstoffe** | **kN/m³** | | **kN/m³** |
|---|---|---|---|
| Braunkohle, erdfeucht | 10 | Wolle, Baumwolle, gepreßt | 13 |
| als Brikett geschüttet | 8 | Flachs, gestapelt o. in Ballen gepreßt | 3 |
| dgl. gestapelt | 13 | Futterrüben | 7 |
| Brennholz | 4 | Getreidegarben bis 4 m Packhöhe | 0,9 |
| Steinkohle als Koks | 6,5 | bis 8 m Packhöhe | 1,2 |
| als Rohkohle, grubenfeucht | 10 | bis 12 m Packhöhe | 1,4 |
| **Nahrungsmittel** (einschl. Zwischenräume) | | Grünfutter, lose gelagert | 4 |
| Mehl in Säcken | 5 | Stroh, lose | 0,5 |
| lose geschüttet | 6 | in Hochdruckballen, drahtgebunden | 1,5 |
| Zucker in Säcken | 16 | Tabak, gebündelt oder in Ballen | 5 |
| lose geschüttet | 9,5 | Tor, lose, geschüttet | 1 |
| Obst in Kisten | 3,5 | lose, eingerüttelt (Füllstoff) | 1,5 |
| geschüttet | 4,5 | | |
| **Sonstige Schütt- und Stapelgüter** | | | |
| Aktengerüste, Schränke mit Inhalt | 6 | | |
| Bücher und Akten, geschichtet | 8,5 | | |

Tabelle **10.2**, Fortsetzung

| **Düngemittel** | **kN/m³** |
|---|---|
| Handelsdünger | 12 |
| Thomasphosphat in Säcken | 19 |
| lose | 22 |
| **Lagerstoffe** | |
| Bimskies, erdfeucht | 9 |
| als Füllstoff | 7 |
| Gips, gemahlen | 15 |
| Hochofenstückschlacke | 18 |
| granuliert | 11 |
| Hüttenbims (Hochofen-schaumschlacke | 9 |
| Kalk, gebrannt, in Stücken | 13 |
| hydraulisch erhärtender | 13 |
| Kesselschlacke und Flugasche | 11 |
| Kies, Sand, trocken, erdfeucht | 18 |
| naß | 20 |
| Koksasche | 7,5 |
| Zement, gemahlen und Zementklinker | 18 |
| Ziegel-Sand, -Splitt, -Schotter, erdfeucht | 15 |
| **Metalle** | |
| Aluminiumlegierungen | 28 |
| Blei | 114 |
| Bronze | 85 |
| Gußeisen | 72,5 |
| Kupfer | 89 |
| Messing | 85 |
| Stahl | 78,5 |
| Zink, gewalzt | 72 |
| **Bauholz** | |
| Nadelholz, allgemein | 6 |
| Laubholz | 8 |
| **Beton und Mörtel** | |
| Beton aus Bimskies und Hütten-kies mit ≦ 1/3 Sandzusatz | 14 |
| dgl., jedoch mit Stahleinlagen | 16 |
| aus Kies, Sand, Splitt, Stein-schlag oder Hochofenschlacke | 23 |
| dgl., jedoch mit Stahleinlagen | 25 |
| Gipsmörtel ohne Sand | 12 |
| Kalk-, Kalkgips-, Gipssandmört. | 18 |
| Kalkzement- und Kalktraßmörtel | 20 |
| Zement- und Zementtraßmörtel | 21 |
| **Mauerwerk aus natürlichen Steinen** | |
| Basalt, Diorit, Gabbro, Melaphyr | 30 |

| | **kN/m³** |
|---|---|
| Braunkohle, erdfeucht | 10 |
| Diabas | 29 |
| Granit, Porphyr, Syenit | 28 |
| Grauwacke, Nagelfluhe, Sandstein | 27 |
| Kalkstein, Dolomit, dichter | 28 |
| Kalkstein, sonstiger | 26 |
| Gneis, Granulit | 30 |
| Schiefer | 28 |
| **Mauerwerk aus künstlichen Steinen ohne Putz** | |
| Hochbauklinker KMz | 20 |
| Vormauer-VMz u. Vollziegel Mz | 18 |
| Kalksand-Vollsteine KSV i. M | 19[1)] |
| Kalksand-Lochsteine KSL i. M. | 15,5[1)] |
| Kalksand-Hochblocksteine KSHbl i. M. | 13[1)] |
| Leichtbeton-Hohlblocksteine i. M. | 13[1)] |
| Hüttensteine HS | 20 |
| Hüttenhartsteine HHS | 22 |
| **Decken** | **kN/m²** |
| Stahlbeton-Rippendecken nach DIN 1045 mit Hohlkörpern aus Leichtbeton und 5 cm dicker Betondruckplatte bei Gesamtdicke von 17 cm | 2,50 |
| 19 cm | 2,65 |
| 21 cm | 2,85 |
| 23 cm | 3,00 |
| 25 cm | 3,20 |
| Stahlbetonplatte aus Kies, Sand, Splitt, Steinschlag oder Hoch-ofenschlacke je cm Dicke | 0,25 |
| Kappengewölbe $l \leqq 2$ m einschl. Hintermauerung aus Vollstei-nen bei Gesamtdicke 11,5 cm | 2,75 |
| 24 cm | 5,40 |
| dgl. aus Lochziegeln bei Gesamt-dicke 11,5 cm | i. M. 2,00[1)] |
| 24 cm | i. M. 4,00[1)] |
| **Platten u. Plattenwände** je cm Dicke | |
| Naturbims | 0,08 |
| Hüttenbims, Gips | 0,10 |
| Schlacken | 0,12 |
| Leichtbeton mit gemischten Zuschlagstoffen | 0,14 |
| Holzfaser- und Holzspanplatten | 0,10 |

[1)] Berechnungsannahmen in Abhängigkeit von der Steinrohdichte s. DIN 1055 T1

Tabelle **10.2**, Fortsetzung

| **Putz auf Putzträgern** | **kN/m²** |
|---|---|
| in üblicher Dicke | |
| auf Streckmetall oder Ziegelgewebe | 0,40 |
| Drahtputz (Rabitz) mit Gipsmörtel ohne Sand | 0,50 |
| mit Kalk-, Kalkgips- oder Gipssandmörtel | 0,70 |
| mit Zementmörtel | 0,80 |
| **Fußboden- und Wandbeläge** | je cm Dicke |
| Guß- und Stampfasphalt, Zementestrich, Terrazzo | 0,22 |
| Gipsestrich | 0,21 |
| Korkestrich | 0,05 |
| Nadelholz | 0,06 |
| Laubholz | 0,08 |
| Spanplatten | 0,075 |
| keramische Fliesen | 0,20 |
| Kunststoff-Fußböden | 0,15 |
| Linoleum | 0,13 |
| Natursteinplatten | 0,30 |
| **Sperr-, Dämm- und Füllstoffe** | je cm Dicke |
| Bimskies, geschüttet, Koksasche, Hochofenschaumschlacke | 0,07 |
| Faserdämmstoffe (z. B. Glasfaser) | 0,01 |
| Hochofenschlackensand | 0,10 |
| Schaumkunststoffe | 0,005 |
| Faserdämmstoffe in Platten, Matten oder Bahnen | 0,02 |
| Kiesgurplatten | 0,025 |

| **Dachdeckungen** | **kN/m²** |
|---|---|
| Gewichte für 1 m² geneigte Dachfläche ohne Sparren, Pfetten und Dachbinder. Bei Vermörtelung 0,1 kN/m² Zuschlag! | |
| Biberschwanzziegel n. DIN 456 | 0,60 |
| bei Doppeldach, Kronendach | 0,80 |
| Falzziegel, Flachdachpfannen, Flachdachsteine | 0,55 |
| Deutsches Schieferdach auf Schalung einschl. Pappunterlage | |
| mit großen Platten | 0,50 |
| mit kleinen Platten | 0,60 |
| Stahlpfannendach einschl. Lattung, Schalung und Pappunterlage | 0,30 |
| Wellblechdach einschl. Befestigungsmaterial | 0,25 |
| Zinkdach einschl. Schalung | 0,30 |
| einfache Teer- oder Bitumenpappdeckung ohne Schalung | 0,10 |
| doppelte Teerpappdeckung mit Bekiesung ohne Schalung | 0,10 |
| Asbestzement-Plattendach einschl. Latten und Schalung | 0,35 |
| Glasdach ohne Sprossen und Verkittung aus | |
| Rohglas 4 · bis · 6 mm | 0,13 |
| 6 · bis · 7 mm | 0,17 |
| Drahtglas 4 · bis · 6 mm | 0,13 |
| 6 · bis · 8 mm | 0,18 |
| Mehrgewicht für jeden weiteren mm Roh- oder Drahtglas | 0,025 |
| Rohr- oder Strohdach mit Latten | 0,70 |

Tabelle **10.3** **Verkehrslasten für Hochbauten nach DIN 1055 Teil 3** (Auszug)

**Ständige Last** ist die Summe der unveränderlichen Lasten, also der tragenden oder stützenden Bauteile und die von den tragenden Bauteilen dauernd aufzunehmenden Lasten (z. B. Auffüllungen, Fußbodenbeläge, Putz).

**Verkehrslast** ist die veränderliche oder bewegliche Belastung des Bauteils (z. B. Personen, Einrichtungsstücke, Lagerstoffe, Riemenantriebe, Kranlasten, Wind, Schnee). Unbelastete leichte Trennwände können an Stelle eines genauen Nachweises durch einen gleichmäßig verteilten Zuschlag zur Verkehrslast berücksichtigt werden. Dieser muß sein:

$\geqq$ 0,75 kN/m² bei Wandgewichten einschl. Putz $\leqq$ 100 kg/m²
$\geqq$ 1,25 kN/m² bei Wandgewichten einschl. Putz 100 kg $\leqq$ 150 kg/m²

Ausgenommen sind Trennwände mit einem Gewicht $\geqq$ 100 kg/m², die II zu Balken der Decken ohne ausreichende Querverteilung der Lasten stehen. Bei Verkehrslasten = 5 kN/m² ist ein Zuschlag nicht nötig.

Tabelle **10**.3, Fortsetzung

| Art der Räume, Bauteile und Lasten | |
|---|---|
| **lotrechte Verkehrslasten** | **kN/m²** |
| Spitzböden, die auf Grund ihrer Querschnittsabmessungen nur beschränkt begehbar sind | 1 |
| Decken von Wohnräumen mit ausreichender Querverteilung der Lasten | 1,5 |
| waagerechte oder bis 1 : 20 geneigte Dächer bei zeitweiligem Aufenthalt von Personen; Winddruck und Schneelast brauchen nicht berücksichtigt zu werden, Windsog ist jedoch nachzuweisen | 2 |
| Wohnräume ohne ausreichende Querverteilung der Lasten nach DIN 1045 und Holzbalkendecken, Büroräume, Verkaufsräume bis 50 m² Grundfläche in Wohngebäuden, Flure und Dachbodenräume in Wohn- und Bürogebäuden, Krankenzimmer und Aufenthaltsräume in Krankenhäusern, Kleinviehställe | 2 |
| zugängliche Dächer von Terrassenhäusern, Dachgärten, wenn nicht höhere Belastungen in Frage kommen, Treppen, einschl. der Absätze und Zugänge in Wohngebäuden, Balkone und Laubengänge über 10 m² Grundfläche, Haushaltungskeller, Hörsäle, Klassenzimmer, Küchen und Flure in Krankenhäusern | 3,5 |
| Balkone, Laubengänge und offene, gegen Innenräume abgeschlossene Hauslauben bis zu 10 m² Grundfläche, Kohlenkeller, Versammlungsräume, Kirchen-, Theater- und Lichtspielsäle, Tanzsäle, Turnhallen, Tribünen mit festen Sitzplätzen, Flure zu Hörsälen und Klassenzimmern, Ausstellungs- und Verkaufsräume, Geschäfts- und Warenhäuser, Büchereien, Archive, Aktenräume, Gastwirtschaften, Fabriken mit leichtem Betrieb usw. | 5 |
| Tribünen ohne feste Sitzplätze | 7,5 |
| Fabriken mit schwerem Betrieb, z. B. durch Gabelstapler | 10 bis 30 |
| Bei Dächern ist in der Mitte der einzelnen Pfetten, Sparren oder Stahlsprossen, sofern die auf sie entfallende Wind- und Schneelast < 2 kN beträgt, unter Außerachtlassung dieses Schnee- und Winddruckes eine Einzellast von 1 kN anzunehmen für Personen, die das Dach bei Reinigungs- und Wiederherstellungsarbeiten betreten. Gleiches gilt für die Dachhaut, soweit sie begangen werden kann. | |
| **waagerechte Verkehrslasten** | |
| Seitenkraft an Brüstungen und Geländern in Holmhöhe: | **kN/m** |
| a) bei Treppen, mit Ausnahme der unter b) bezeichneten, sowie bei Balkonen und offenen Hauslauben | 0,5 |
| b) in Versammlungsräumen, Kirchen, Schulen, Theater- und Lichtspielsälen, Vergnügungsstätten, Sportbauten und Tribünen | 1 |

## Schneelast

Die Schneelast $s$ einer Dachfläche ergibt sich aus der Regelschneelast $s_0$ des Standorts und einem Abminderungswert $k_s$. Dieser hängt von der Dachneigung ab.

$$s = s_0 \cdot k_s$$

Tabelle **10.4** **Regelschneelast $s_0$ in kN/m²**

| Schnee-last-zone[1] | Geländehöhe[2] des Bauwerkstandorts über NN in m | | | | | | | | | |
|---|---|---|---|---|---|---|---|---|---|---|
| | ≦ 200 | 300 | 400 | 500 | 600 | 700 | 800 | 900 | 1000 | >1000 |
| I | 0,75 | 0,75 | 0,75 | 0,75 | 0,85 | 1,05 | 1,25 | | | |
| II | 0,75 | 0,75 | 0,75 | 0,90 | 1,15 | 1,50 | 1,85 | 2,30 | | [3] |
| III | 0,75 | 0,75 | 1,00 | 1,25 | 1,60 | 2,00 | 2,55 | 3,10 | 3,80 | |
| IV | 1,00 | 1,15 | 1,55 | 2,10 | 2,60 | 3,25 | 3,90 | 4,65 | 5,50 | |

[1] Für Bauwerkstandorte auf der Grenzlinie zweier Schneelastzonen darf als $s_0$ das arithmetische Mittel aus den beiden Schneelastzonen angenommen werden. Wird dieser Mittelwert nicht gebildet, ist der höhere $s_0$-Wert anzusetzen.

[2] Für Geländehöhen zwischen den angegebenen Geländehöhen darf der $s_0$-Wert geradlinig interpoliert werden. Wird nicht interpoliert, ist der $s_0$-Wert der nächsthöheren Geländehöhe anzusetzen.

[3] Wird im Einzelfall festgelegt durch die zuständige Baubehörde im Einvernehmen mit dem Zentralamt des Deutschen Wetterdienstes in Offenbach.

Tabelle **10.5** **Abminderungswerte $k_s$ in Abhängigkeit von der Dachneigung $\alpha$**

| $\alpha$ | 0° | 1° | 2° | 3° | 4° | 5° | 6° | 7° | 8° | 9° |
|---|---|---|---|---|---|---|---|---|---|---|
| 0 bis 30° | 1,0 | | | | | | | | | |
| 30° | 1,00 | 0,97 | 0,95 | 0,92 | 0,90 | 0,87 | 0,85 | 0,82 | 0,80 | 0,77 |
| 40° | 0,75 | 0,72 | 0,70 | 0,67 | 0,65 | 0,62 | 0,60 | 0,57 | 0,55 | 0,52 |
| 50° | 0,50 | 0,47 | 0,45 | 0,42 | 0,40 | 0,37 | 0,35 | 0,32 | 0,30 | 0,27 |
| 60° | 0,25 | 0,22 | 0,20 | 0,17 | 0,15 | 0,12 | 0,10 | 0,07 | 0,05 | 0,02 |
| 70 bis 90° | 0 | | | | | | | | | |

## Belastung durch Wind

Windkräfte sind stets senkrecht zur getroffenen Fläche anzunehmen. Wir unterscheiden zwischen Windlast und Winddruck.

**Winddruck *w*** ist die auf 1 $m^2$ Bauteilfläche wirkende Windkraft in kN und damit der für die Berechnung einzelner Bauteile (z. B. Dächer) maßgebende Wert. Die Berechnungsformel lautet:

$$w = c_p \cdot q \qquad \text{in kN/m}^2$$

$q$ = Staudruck des Windes in kN/$m^2$ nach Tabelle **10**.7; er richtet sich nach der Gebäudehöhe.

$c_p$ = Druckbeiwert (ohne Einheit); er richtet sich nach Gebäudeform und Anströmrichtung (**10**.6, Tab. **10**.8). Positive Werte gelten als Winddruck, negative als Windsog. Sie lassen sich für den Bereich 25° bis 50° sehr einfach nach der angegebenen Formel $c_p = \alpha/50 - 0{,}2$ berechnen. Doch können sie auch nach Diagramm **10**.6 oder Tab. **10**.8 ermittelt werden.

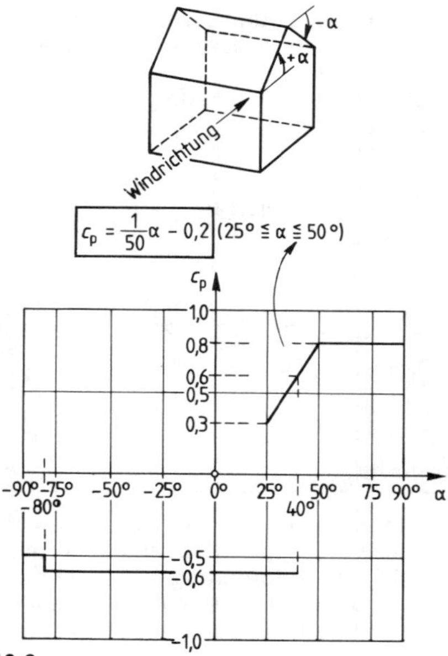


**10**.6

Für die einzelnen Tragglieder (z. B. Sparren, Pfetten, Wandstiele) sind in diesem Fall die Werte für Druck um 25 % zu erhöhen. Wände, Dächer und Bauteile müssen u. U. gegen Sog gesichert werden. Besonders an den Schnittkanten zweier Wand- oder Wand- und Dachflächen sind zusätzlich höhere Soglasten in Rechnung zu stellen. Auch bei Flachdächern mit $\alpha$ >35° sind entlang aller Dachränder höhere Soglasten zu berücksichtigen, ferner bei Dachüberständen.

Tabelle **10**.7 **Windlast *w* in kN/m² bei geschlossenen Baukörpern nach DIN 1055 Teil 4**

| Höhe über Gelände in m | ≦ 8 | > 8 bis 20 | > 20 bis 100 | > 100 | Beiwert *c* |
|---|---|---|---|---|---|
| Staudruck *q* in kN/m² | 0,5 | 0,8 | 1,1 | 1,3 | |

Tabelle **10**.8 **Druckbeiwerte**

| Dachneigung $\alpha$ | $\alpha < -80°$ | $-80° \leqq \alpha \leqq +25°$ | +25° | +30° | +35° | +40° | +45° | +50° | $\alpha \leqq 50°$ |
|---|---|---|---|---|---|---|---|---|---|
| Druckbeiwert $c_p$ | −0,5 | −0,6 | +0,3 | +0,4 | +0,5 | +0,6 | +0,7 | +0,8 | +0,8 |
| | | | −0,6 | | | | | | |

Dächer bis 45° Dachneigung sind für Schnee und Wind gleichzeitig zu untersuchen, Dächer über 45° nur wenn Schneeansammlungen möglich sind. Bei Ansatz der vollen Schnee- und Windlast dürfen die höheren zulässigen Spannungen für den Lastfall HZ ausgenutzt werden. Zulässig ist es, die Lastfälle $s + w/2$ und $s/2 + w$ zu verwenden. Der ungünstigere Wert ist maßgebend. Für die zulässigen Spannungen gilt dann der Lastfall H.

Tabelle **10.9** **Grundwerte $\sigma_0$ der zulässigen Druckspannungen für Mauerwerk mit Normalmörtel in MN/m²**

| Steinfestigkeitsklasse | Mörtelgruppe[1] I | II | IIa | III | IIIa |
|---|---|---|---|---|---|
| 2 | 0,3 | 0,5 | 0,5[2] | – | – |
| 4 | 0,4 | 0,7 | 0,8 | 0,9 | – |
| 6 | 0,5 | 0,9 | 1,0 | 1,2 | – |
| 8 | 0,6 | 1,0 | 1,2 | 1,4 | – |
| 12 | 0,8 | 1,2 | 1,6 | 1,8 | 1,9 |
| 20 | 1,0 | 1,6 | 1,9 | 2,4 | 3,0 |
| 28 | – | 1,8 | 2,3 | 3,0 | 3,5 |
| 36 | – | – | – | 3,5 | 4,0 |
| 48 | – | – | – | 4,0 | 4,5 |
| 60 | – | – | – | 4,5 | 5,0 |

[1] Mörtelgruppe I = Kalkmörtel, II = Kalkzementmörtel oder hochhydraulischer Kalkmörtel, IIa = Kalkzementmörtel, III Zementmörtel, IIIa Zementmörtel mit erhöhten Anforderungen an die Kornzusammensetzung des Zuschlags

[2] $\sigma_0$ = 0,6 MN/m² bei Außenwänden mit Dicken ≥ 300 mm. Diese Erhöhung gilt jedoch nicht für den Nachweis der Auflagerpressung unter Einzellasten.

Tabelle **10.10** **Grundwerte $\sigma_0$ der zulässigen Druckspannungen für Mauerwerk mit Dünnbett- und Leichtmörtel in MN/m²**

| Steinfestigkeitsklasse | Dünnbettmörtel[1] | Leichtmörtel LM 21 | LM 36 |
|---|---|---|---|
| 2 | 0,6 | 0,5[2] | 0,5[2][3] |
| 4 | 1,0 | 0,7[4] | 0,8[5] |
| 6 | 1,4 | 0,7 | 0,9 |
| 8 | 1,8 | 0,8 | 1,0 |
| 12 | 2,0 | 0,9 | 1,1 |
| 20 | 2,9 | 0,9 | 1,1 |
| 28 | 3,4 | 0,9 | 1,1 |

[1] Nur bei Gasbeton-Plansteinen nach DIN 4165 und bei Kalksand-Plansteinen. Die Werte gelten für Vollsteine. Für Kalksand-Lochsteine und -Hohlblocksteine nach DIN 106 Teil 1 gelten die entsprechenden Werte der Tab. **10.9** a bei MGr. III bis Steinfestigkeitsklasse 20.

[2] Für Mauerwerk mit Mauerziegeln nach DIN 105 Teil 1 bis Teil 4 gilt $\sigma_0$ = 0,4 MN/m².

[3] $\sigma_0$ = 0,6 MN/m² bei Außenwänden mit Dicken ≥ 300 mm. Diese Erhöhung gilt jedoch nicht für den Nachweis der Auflagerpressung unter Einzellasten.

[4] Für Kalksandsteine nach DIN 106 Teil 1 der Rohdichteklasse ≥ 0,9 und für Mauerziegel nach DIN 105 Teil 1 bis 4 gilt $\sigma_0$ = 0,5 MN/m².

[5] Für Mauerwerk mit den in Fußnote 4) genannten Mauersteinen gilt $\sigma_0$ = 0,7 MN/m².

Tabelle **10**.11 **Mindestdruckfestigkeit der Gesteinsarten in MN/m²**

| | |
|---|---|
| Kalkstein, Travertin, vulkanischer Tuffstein | 20 |
| weicher Sandstein (mit tonigem Bindemittel) u. dgl. | 30 |
| dichter (fester) Kalkstein, Dolomit (einschl. Marmor), Basaltlava u. dgl. | 50 |
| quarzitischer Sandstein (mit kieseligem Bindemittel), Grauwacke u. dgl. | 80 |
| Granit, Syenit, Diorit, Quarzporphyr, Melaphyr, Diabas u. dgl. | 120 |

Tabelle **10**.12 **Mittelwerte zur Güteeinstufung von Natursteinmauerwerk**

| Güteklasse | Grundeinstufung | Fugenhöhe/ Steinlänge $h/l$ | Lagerfugenneigung $\tan \alpha$ | Übertragungsfaktor $h$ |
|---|---|---|---|---|
| N1 | Bruchsteinmauerwerk | $\leq 0{,}25$ | $\leq 0{,}30$ | $\geq 0{,}50$ |
| N2 | hammerechtes Schichtenmauerwerk | $\leq 0{,}20$ | $\leq 0{,}15$ | $\geq 0{,}65$ |
| N3 | Schichtenmauerwerk | $\leq 0{,}13$ | $\leq 0{,}10$ | $\geq 0{,}75$ |
| N4 | Quadermauerwerk | $\leq 0{,}07$ | $\leq 0{,}05$ | $\geq 0{,}85$ |

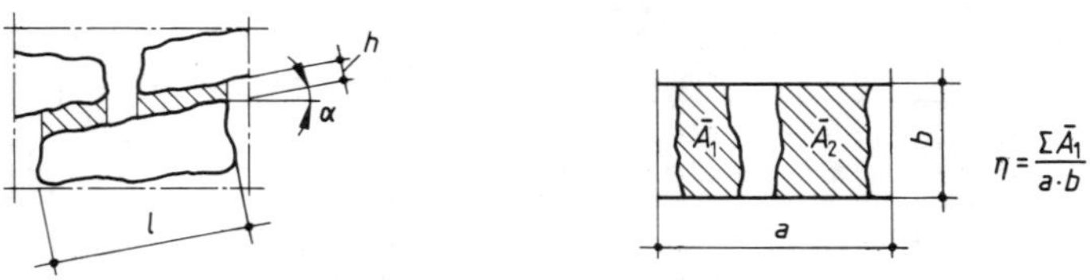


Ansicht und Grundriß des Wandquerschnitts

Wände der Schlankheit $h_k/d > 10$ sind nur in N3 und N4 zulässig, $h_k/d > 14$ nur bei mittiger Belastung zulässig, $h_k/d > 20$ unzulässig.

Bei Schlankheiten $h_k/d \leq 10$ sind die Grundwerte $\sigma_0$ nach Tab. **10**.13 anzusetzen, bei $h_k/d > 10$ die Grundwerte $\sigma_0$ nach Tab. **10**.13 mit dem Faktor $\frac{25 - h_k/d}{15}$ abzumindern.

Tabelle **10**.13 **Grundwerte $\sigma_0$ der zulässigen Druckspannungen für Natursteinmauerwerk mit Normalmörtel in MN/m²**

| Güteklasse | Steinfestigkeit | Mörtelgruppe I | II | IIa | III |
|---|---|---|---|---|---|
| N1 | $\geq 20$ | 0,2 | 0,5 | 0,8 | 1,2 |
| | $\geq 50$ | 0,3 | 0,6 | 0,9 | 1,4 |
| N2 | $\geq 20$ | 0,4 | 0,9 | 1,4 | 1,8 |
| | $\geq 50$ | 0,6 | 1,1 | 1,6 | 2,0 |
| N3 | $\geq 20$ | 0,5 | 1,5 | 2,0 | 2,5 |
| | $\geq 50$ | 0,7 | 2,0 | 2,5 | 3,0 |
| | $\geq 100$ | 1,0 | 2,5 | 3,0 | 4,0 |
| N4 | $\geq 20$ | 1,2 | 2,0 | 2,5 | 3,0 |
| | $\geq 50$ | 2,0 | 3,5 | 4,0 | 5,0 |
| | $\geq 100$ | 3,0 | 4,5 | 5,5 | 7,0 |

Bei Fugendicken über 40 mm ist $\sigma_o$ um 20 % zu vermindern.

Tabelle **10.14** **Festigkeitsklassen, Rechenwerte und zulässige Betondruckspannungen nach DIN 1045**

| Festigkeitsklasse | B 5 | B 10 | B 15 | B 25 | B 35 | B 45 | B 55 |
|---|---|---|---|---|---|---|---|
| Nennfestigkeit $\beta_{\omega N}$ in N/mm² | 5 | 10 | 15 | 25 | 35 | 45 | 55 |
| Rechenwert $\beta_R$ in N/mm² | 3,5 | 7 | 10,5 | 17,5 | 23 | 27 | 30 |
| Sicherheitsfaktor | 3 | 3 | 2,5 | 2,5 | 2,5 | 2,5 | 2,5 |
| zul. Betondruckspannung zul $\sigma_o$ in N/mm² | **1,17** | **2,33** | **4,2** | **7,0** | **9,2** | **9,2** | **9,2** |

Bei unbewehrtem Beton darf rechnerisch keine höhere Festigkeitsklasse als B 35 ausgenutzt werden.

Beachten Sie: $\beta_R$ ist nicht zu verwechseln mit der zulässigen Druckspannung zul $\sigma_D$! Diese ergibt sich erst aus zul $\sigma_D = \beta_R / \gamma$. Der Sicherheitsbeiwert beträgt 3 für Beton ≦ B 10 und 2,5 für Beton ≧ B 15.

Tabelle **10.15** **Mindestwerte für $n = d/b_ü$ (≙ tan $\alpha$) bei unbewehrten Betonfundamenten**

| Betonfestigkeitsklasse | Bodenpressung $\sigma_o$ in kN/m² 100 | 200 | 300 | 400 | 500 |
|---|---|---|---|---|---|
| B 5 | 1,6 | 2,0 | 2,0 | unzulässig | |
| B 10 | 1,1 | 1,6 | 2,0 | 2,0 | 2,0 |
| B 15 | 1,0 | 1,3 | 1,6 | 1,8 | 2,0 |
| B 25 | 1,0 | 1,0 | 1,2 | 1,4 | 1,6 |
| B 35 bis B 55 | 1,0 | 1,0 | 1,0 | 1,2 | 1,3 |

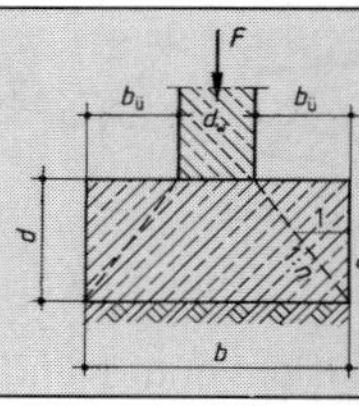


Tabelle **10.16** **Zulässige Spannungen für Voll- und Brettschichtholz in MN/m², Lastfall H**

| Beanspruchung | | Vollholz, Nadelholz Güteklasse III | II | I | Brettschichtholz Güteklasse II | I | Vollholz, Laubholz[1] A (mittlere Güte) | B | C ≧GkII |
|---|---|---|---|---|---|---|---|---|---|
| Biegung | zul $\sigma_B$ | 7 | 10 | 13 | 11 | 14 | 11 | 17 | 25 |
| Zug | zul $\sigma_{Z\parallel}$ | 0 | 8,5 | 10,5 | 8,5 | 10,5 | 10 | 10 | 15 |
| Zug | zul $\sigma_{Z\perp}$ | | 0,05 | | 0,2 | | 0,005 | | |
| Druck | zul $\sigma_{D\parallel}$ | 6 | 8,5 | 11 | 8,5 | 11 | 10 | 13 | 20 |
| Druck[2] | zul $\sigma_{D\perp}$ | 2 [2,5] | | | 2,5 [3] | | 3 [4] | 4 – | 8– |
| Abscheren | zul $\tau_a$ | 0,9 | | | 0,9 | | 1 | 1,4 | 2 |
| Schub | zul $\tau_o$ | | | | 1,2 | | | | |
| Torsion | zul $\tau_T$[3] | 0 | 1 | | 1,6 | | 1,6 | | 2 |

[1] A = Eiche, Buche, Teak, Keruing / B = Afzelia, Merbau / Angelique / C = Azobé (Bongossi), Greenheart

[2] Bei [Werten] ist mit größeren Eindrücken zu rechnen; nicht zulässig bei Anschlüssen mit verschiedenen Verbindungsmitteln

[3] Für Kastenquerschnitte gelten die Werte nach Schubbeanspruchung.

Tabelle **10.17** **Zul. Erhöhung und erf. Ermäßigung von zul. Spannungen**

| Brettschichtholz (BSH) | zul. Spannung Voll- und Breittschichtholz | |
|---|---|---|
| **Erhöhung** | um | Spannungsart |
| Lastfall HZ | 25 % | alle |
| Transportzustand, Montagezustand | 50 % | |
| waagerechte Stoßlasten, Erdbebenlasten | 100 % | |
| Durchlaufträger ohne Gelenke über Innenstützen | 10 %[1] | zul $\sigma_B$ |
| Rundhölzer in Bereichen ohne Randzonenschwächung | 20 % | zul $\sigma_B$, zul |
| durchlaufende oder auskragende Biegebalken Nadelholz und Laubholz A, mindestens 1,5 m vom Stirnende entfernt | auf 1,2 MN/m² | zul $\tau_o$ |
| Druckflächen ⊥ Faserrichtung mit $l$ in Faserrichtung | $k_{D\perp}$ | zul $\sigma_{D\perp}$ ohne [ ] |
| **Ermäßigung** | | |
| genagelte Zugstöße oder -anschlüsse für Teile, die nicht für die 1,5fache anteilige Zugkraft bemessen sind | 20 % | zul $\sigma_{Z\parallel}$ |
| Druckflächen ⊥ Faserrichtung, wenn Überstand unterschritten werden | $k_{D\perp}$ = 0,8 | zul $\sigma_{D\perp}$ |
| Bauteile, die allseitig der Witterung ausgesetzt sind oder bei denen mit 18 % Gleichgewichtsfeuchte zu rechnen ist (nicht bei Gerüsten) | 1/6 | alle |
| Bauteile und Gerüste, die dauernd in Wasser stehen | 1/3 | |

[1] Gilt nicht bei Sparren von Kehlbalkenbindern mit verschieblichen Kehlbalken

Tabelle **10.18** **Zulässige Spannungen für Bauteile in N/mm² nach DIN 18 800 T 1**

| Spannungsart | Werkstoff und Lastfall[1] | | | |
|---|---|---|---|---|
| | St 37 | | St 52 | |
| | H | HZ | H | HZ |
| Druck und Biegedruck (zul $\sigma_D$) für Stabilitätsnachweis nach DIN 4114 T1 und 2 | 140 | 160 | 210 | 240 |
| Zug und Biegezug; Druck und Biegedruck (zul $\sigma$) | 160 | 180 | 240 | 270 |
| Schub (zul $\tau$) | 92 | 104 | 139 | 156 |

[1] Lastfall H = Hauptlasten, Lastfall HZ = Haupt- und Zusatzlasten

Tabelle **10.19** **Zulässige Bodenpressungen in kN/m² nach DIN 1054**
Mittelwerte für die Bodenpressung bei Streifenfundament 0,5 bis 2,0 m breit

| Bodenart | Fundament-breite | Einbindetiefe in m 0,50 | 1,00 | 1,50 | 2,00 |
|---|---|---|---|---|---|
| 1. nichtbindiger Baugrund: Sand, Kies, Stein und Mischungen | 0,50 | 200 | 270 | 340 | 400 |
| | 1,00 | 300 | 370 | 440 | 500 |
| | 1,50 | 330 | 360 | 390 | 520 |
| Werte für setzungs-unempfindliche Bauwerke | 0,5 | 200 | 270 | 340 | 400 |
| | 1,0 | 300 | 370 | 440 | 500 |
| | 1,5 | 400 | 470 | 540 | 600 |
| bei kleineren Bauwerken mit Breiten ≥ 0,3 m und Gründungstiefen ≥ 0,3 m | | 150 | | | |
| 2. bindige Bodenarten: reiner Schluff, gemischtkörniger Boden Mergel, Lehm | halbfest | 130 | 180 | 220 | 250 |
| | steif[1] | 150 | 180 | 220 | 250 |
| | halbfest | 220 | 280 | 330 | 370 |
| | fest | 330 | 380 | 440 | 500 |
| toniger Schluff | steif | 120 | 140 | 160 | 180 |
| | halbfest | 170 | 210 | 250 | 280 |
| | fest | 280 | 320 | 360 | 400 |
| Ton | steif | 90 | 110 | 130 | 150 |
| | halbfest | 140 | 180 | 210 | 230 |
| | fest | 200 | 240 | 270 | 300 |
| 3. Fels, je nach Mächtigkeit und ob brüchig, verwittert | | 1000 bis 1500 | | | |
| oder nicht brüchig, wenig angewittert | | 2000 bis 4000 | | | |

[1] Steifer Boden ist nur schwer knetbar, läßt sich aber in der Hand zu 3 mm dicken Walzen ausrollen, ohne zu reißen oder zu bröckeln.
Halbfester Boden bröckelt und reißt zwar beim Versuch, ihn zu 3 mm dicken Walzen auszurollen, sieht aber doch noch feucht und dunkel aus.
Fester Boden ist ausgetrocknet und sieht deshalb hell aus; seine Schollen zerbrechen in Scherben.

Diese Tafelwerte gelten für die Regelwerte, wenn z. B.

- die Baugrundverhältnisse mindestens bis in eine Tiefe unter der Gründungssohle annähernd gleich sind, die der zweifachen Fundamentbreite entspricht;
- das Fundament nicht überwiegend oder regelmäßig dynamisch beansprucht wird;
- der höchste Wasserspiegel in einer Tiefe unter der Gründungssohle liegt, die bei nichtbindigen Baugrund mindestens gleich der einfachen Fundamentbreite und bei bindigem Baugrund gleich der doppelten Fundamentbreite ist.

Tabelle **10.20** **Knickzahlen $\omega$ für Vollholz aus Nadelbäumen nach DIN 1052**

Es wird die Knickzahl für Holz beim Schlankheitsgrad $\lambda = 65$ gesucht. Man geht in der ersten Spalte auf $\lambda = 60$, von dort nach rechts bis zur Spalte 5, wo man nun für $\lambda = 60 + 5 = 65$ die Knickzahl $\omega = 1{,}74$ findet. Für Schlankheitsgrade mit den Endzahlen 6 bis 9 empfiehlt es sich, von rechts in die Tabelle zu gehen.

| Schlank-heitsgrad λ | 0 | 1 | 2 | 3 | 4 | 5 | 6 | 7 | 8 | 9 | Schlank-heitsgrad λ |
|---|---|---|---|---|---|---|---|---|---|---|---|
| 0 | 1,00 | 1,00 | 1,01 | 1,01 | 1,02 | 1,02 | 1,02 | 1,03 | 1,03 | 1,04 | 0 |
| 10 | 1,04 | 1,04 | 1,05 | 1,05 | 1,06 | 1,06 | 1,06 | 1,07 | 1,07 | 1,08 | 10 |
| 20 | 1,08 | 1,09 | 1,09 | 1,10 | 1,11 | 1,11 | 1,12 | 1,13 | 1,13 | 1,14 | 20 |
| 30 | 1,15 | 1,16 | 1,17 | 1,18 | 1,19 | 1,20 | 1,21 | 1,22 | 1,24 | 1,25 | 30 |
| 40 | 1,26 | 1,27 | 1,29 | 1,30 | 1,32 | 1,33 | 1,35 | 1,36 | 1,38 | 1,40 | 40 |
| 50 | 1,42 | 1,44 | 1,46 | 1,48 | 1,50 | 1,52 | 1,54 | 1,56 | 1,58 | 1,60 | 50 |
| 60 | 1,62 | 1,64 | 1,67 | 1,69 | 1,72 | 1,74 | 1,77 | 1,80 | 1,82 | 1,85 | 60 |
| 70 | 1,88 | 1,91 | 1,94 | 1,97 | 2,00 | 2,03 | 2,06 | 2,10 | 2,13 | 2,16 | 70 |
| 80 | 2,20 | 2,23 | 2,27 | 2,31 | 2,35 | 2,38 | 2,42 | 2,46 | 2,50 | 2,54 | 80 |
| 90 | 2,58 | 2,62 | 2,66 | 2,70 | 2,74 | 2,78 | 2,82 | 2,87 | 2,91 | 2,95 | 90 |
| 100 | 3,00 | 3,06 | 3,12 | 3,18 | 3,24 | 3,31 | 3,37 | 3,44 | 3,50 | 3,57 | 100 |
| 110 | 3,63 | 3,70 | 3,76 | 3,83 | 3,90 | 3,97 | 4,04 | 4,11 | 4,18 | 4,25 | 110 |
| 120 | 4,32 | 4,39 | 4,46 | 4,54 | 5,61 | 4,68 | 4,76 | 4,84 | 4,92 | 4,99 | 120 |
| 130 | 5,07 | 5,15 | 5,23 | 5,31 | 5,39 | 5,47 | 5,55 | 5,63 | 5,71 | 5,80 | 130 |
| 140 | 5,88 | 5,96 | 6,05 | 6,13 | 6,22 | 6,31 | 6,39 | 6,48 | 6,57 | 6,66 | 140 |
| 150 | 6,75 | 6,84 | 6,93 | 7,02 | 7,11 | 7,21 | 7,30 | 7,39 | 7,49 | 7,85 | 150 |

Stäbe mit einer Schlankheit > 150 sind für einteilige Druckstäbe in festen Bauten nicht zulässig

Tabelle **10.21** **Knickzahlen $\omega$ für Baustahl St 37**

| Schlank-heitsgrad λ | 0 | 1 | 2 | 3 | 4 | 5 | 6 | 7 | 8 | 9 | Schlank-heitsgrad λ |
|---|---|---|---|---|---|---|---|---|---|---|---|
| 20 | 1,04 | 1,04 | 1,04 | 1,05 | 1,05 | 1,06 | 1,06 | 1,07 | 1,07 | 1,08 | 20 |
| 30 | 1,08 | 1,09 | 1,09 | 1,10 | 1,10 | 1,11 | 1,11 | 1,12 | 1,13 | 1,13 | 30 |
| 40 | 1,14 | 1,14 | 1,15 | 1,16 | 1,16 | 1,17 | 1,18 | 1,19 | 1,19 | 1,20 | 40 |
| 50 | 1,21 | 1,22 | 1,23 | 1,23 | 1,24 | 1,25 | 1,26 | 1,27 | 1,28 | 1,29 | 50 |
| 60 | 1,30 | 1,31 | 1,32 | 1,33 | 1,34 | 1,35 | 1,36 | 1,37 | 1,39 | 1,40 | 60 |
| 70 | 1,41 | 1,42 | 1,44 | 1,45 | 1,46 | 1,48 | 1,49 | 1,50 | 1,52 | 1,53 | 70 |
| 80 | 1,55 | 1,56 | 1,58 | 1,59 | 1,61 | 1,62 | 1,64 | 1,66 | 1,68 | 1,69 | 80 |
| 90 | 1,71 | 1,73 | 1,74 | 1,76 | 1,78 | 1,80 | 1,82 | 1,84 | 1,86 | 1,88 | 90 |
| 100 | 1,90 | 1,92 | 1,94 | 1,96 | 1,98 | 2,00 | 2,02 | 2,05 | 2,07 | 2,09 | 100 |
| 110 | 2,11 | 2,14 | 2,16 | 2,18 | 2,21 | 2,23 | 2,27 | 2,31 | 2,35 | 2,39 | 110 |
| 120 | 2,43 | 2,47 | 2,51 | 2,55 | 2,60 | 2,64 | 2,68 | 2,72 | 2,77 | 2,81 | 120 |
| 130 | 2,85 | 2,90 | 2,94 | 2,99 | 3,03 | 3,08 | 3,12 | 3,17 | 3,22 | 3,26 | 130 |
| 140 | 3,31 | 3,36 | 3,41 | 3,45 | 3,50 | 3,55 | 3,60 | 3,65 | 3,70 | 3,75 | 140 |
| 150 | 3,80 | 3,85 | 3,90 | 3,95 | 4,00 | 4,06 | 4,11 | 4,16 | 4,22 | 4,27 | 150 |
| 160 | 4,32 | 4,38 | 4,43 | 4,49 | 4,54 | 4,60 | 4,65 | 4,71 | 4,77 | 4,82 | 160 |
| 170 | 4,88 | 4,94 | 5,00 | 5,05 | 5,11 | 5,17 | 5,23 | 5,29 | 5,35 | 5,41 | 170 |
| 180 | 5,47 | 5,53 | 5,59 | 5,66 | 5,72 | 5,78 | 5,84 | 5,91 | 5,97 | 6,03 | 180 |
| 190 | 6,10 | 6,16 | 6,23 | 6,29 | 6,36 | 6,42 | 6,49 | 6,55 | 6,62 | 6,69 | 190 |
| 200 | 6,75 | 6,82 | 6,89 | 6,96 | 7,03 | 7,10 | 7,17 | 7,24 | 7,31 | 7,38 | 200 |
| 210 | 7,45 | 7,52 | 7,59 | 7,66 | 7,73 | 7,81 | 7,88 | 7,95 | 8,03 | 8,10 | 210 |
| 220 | 8,17 | 8,25 | 8,32 | 8,40 | 8,47 | 8,55 | 8,63 | 8,70 | 8,87 | 8,86 | 220 |
| 230 | 8,93 | 9,01 | 9,09 | 9,17 | 9,25 | 9,33 | 9,41 | 9,49 | 9,57 | 9,65 | 230 |
| 240 | 9,73 | 9,81 | 9,89 | 9,97 | 10,05 | 10,14 | 10,22 | 10,30 | 10,39 | 10,47 | 240 |
| 250 | 10,55 | | | | | | | | | | |

Tabelle **10.22** **Rundhölzer, Querschnittsmaße und statische Werte**

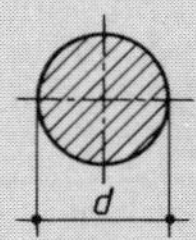


*d* ist in Stammitte bei entrindetem Holz gemessen. Die Eigenlast *G* gilt für halbtrockenes Kiefernholz ($\gamma$ = 6,5 kN/$m^3$). Es ist bei Tanne und Fichte mit 0,85, bei Buche mit 1,15, bei Eiche mit 1,3 zu vervielfachen.

max $s_k$ für max $\lambda$ = 150

| *d* in cm | *U* in cm | *A* in $cm^2$ | *G* in N/m | *I* in $cm^4$ | *W* in $cm^3$ | *i* in cm | max $s_k$ in m |
|---|---|---|---|---|---|---|---|
| 10 | 31,4 | 78,5 | 51,1 | 491 | 98,2 | 2,50 | 3,75 |
| 12 | 37,7 | 113 | 73,5 | 1020 | 170 | 3,00 | 4,50 |
| 14 | 44,0 | 154 | 100 | 1890 | 269 | 3,50 | 5,25 |
| 16 | 50,3 | 201 | 131 | 3220 | 402 | 4,00 | 6,00 |
| 18 | 56,5 | 254 | 165 | 5150 | 573 | 4,50 | 6,75 |
| 20 | 62,8 | 314 | 204 | 7850 | 758 | 5,00 | 7,50 |
| 22 | 69,1 | 380 | 247 | 11500 | 1050 | 5,50 | 8,25 |
| 24 | 75,4 | 452 | 294 | 16290 | 1360 | 6,00 | 9,00 |
| 26 | 81,7 | 531 | 345 | 22430 | 1730 | 6,50 | 9,75 |
| 28 | 88,0 | 616 | 400 | 30170 | 2160 | 7,00 | 10,50 |
| 30 | 94,2 | 707 | 459 | 39760 | 2650 | 7,50 | 11,25 |

Tabelle **10.23** **Kanthölzer und Dachlatten** (Nadelschnittholz nach DIN 4070)

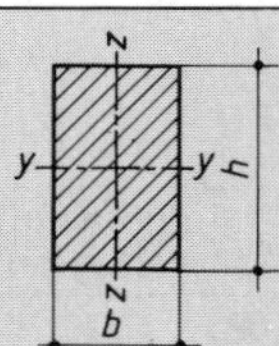


Auf Vorrat eingeschnittene Kanthölzer und Dachlatten nach DIN 4070 Teil 1 sind durch Fettdruck gekennzeichnet und bevorzugt zu verwenden.

**Kanthölzer**

| *b/h* in cm/cm | *A* in $cm^2$ | *G* in N/m | $W_y$ in $cm^3$ | $J_y$ in $cm^4$ | $W_z$ in $cm^3$ | $J_z$ in $cm^4$ | $i_y$ in cm | $i_z$ in cm |
|---|---|---|---|---|---|---|---|---|
| **6/6** | 36 | 21,6 | 36 | 108 | 36 | 108 | 1,73 | 1,73 |
| **6/8** | 48 | 28,8 | 64 | 256 | 48 | 144 | 2,31 | 1,73 |
| 6/10 | 60 | 36,0 | 100 | 500 | 60 | 180 | 2,89 | 1,73 |
| **6/12** | 72 | 43,2 | 144 | 864 | 216 | 3,46 | 1,73 | |
| 6/14 | 84 | 50,4 | 196 | 1372 | 84 | 252 | 4,04 | 1,73 |
| **8/8** | 64 | 38,4 | 85 | 341 | 85 | 341 | 2,31 | 2,31 |
| **8/10** | 80 | 48,0 | 133 | 667 | 107 | 427 | 2,89 | 2,31 |
| **8/12** | 96 | 57,6 | 192 | 1152 | 128 | 512 | 3,46 | 2,31 |
| 8/14 | 112 | 7,2 | 261 | 1829 | 149 | 597 | 4,04 | 2,31 |
| **8/16** | 128 | 76,8 | 341 | 2731 | 171 | 683 | 4,62 | 2,31 |
| 8/18 | 144 | 86,4 | 432 | 3888 | 192 | 768 | 5,20 | 2,31 |
| **10/10** | 100 | 60,0 | 167 | 833 | 167 | 833 | 2,89 | 2,89 |
| **10/12** | 120 | 72,0 | 240 | 1440 | 200 | 1000 | 3,46 | 2,89 |
| 10/14 | 140 | 84,0 | 327 | 2287 | 233 | 1167 | 4,04 | 2,89 |
| 10/16 | 160 | 96,0 | 427 | 3413 | 267 | 1333 | 4,62 | 2,89 |
| 10/18 | 180 | 108,0 | 540 | 4860 | 300 | 1500 | 5,20 | 2,89 |

Tabelle **10**.23, Fortsetzung

| *b/h* in cm/cm | *A* in cm² | *G* in N/m | $W_y$ in cm³ | $J_y$ in cm⁴ | $W_z$ in cm³ | $J_z$ in cm⁴ | $i_y$ in cm | $i_z$ in cm |
|---|---|---|---|---|---|---|---|---|
| **10/20** | 200 | 120,0 | 667 | 6667 | 333 | 1667 | 5,77 | 2,89 |
| **10/22** | 220 | 132,0 | 807 | 8873 | 367 | 1833 | 6,35 | 2,89 |
| **12/12** | 144 | 86,4 | 288 | 1728 | 288 | 1728 | 3,46 | 3,46 |
| **12/14** | 168 | 100,8 | 392 | 2744 | 336 | 2016 | 4,04 | 3,46 |
| **12/16** | 192 | 115,2 | 512 | 4096 | 384 | 2304 | 4,62 | 3,46 |
| **12/20** | 240 | 144,0 | 800 | 8000 | 480 | 2880 | 5,77 | 3,46 |
| 12/24 | 288 | 172,8 | 1152 | 13824 | 576 | 3456 | 6,93 | 3,46 |
| 12/26 | 312 | 187,2 | 1352 | 17576 | 624 | 3744 | 7,51 | 3,46 |
| **14/14** | 196 | 117,6 | 457 | 3201 | 457 | 3201 | 4,04 | 4,04 |
| **14/16** | 224 | 134,4 | 597 | 4779 | 523 | 3659 | 4,62 | 4,04 |
| 14/18 | 252 | 151,2 | 756 | 6804 | 588 | 4116 | 5,20 | 4,04 |
| 14/20 | 280 | 168,0 | 933 | 9333 | 652 | 4573 | 5,77 | 4,04 |
| **16/16** | 256 | 153,6 | 683 | 5461 | 683 | 5461 | 4,62 | 4,62 |
| **16/18** | 288 | 172,8 | 864 | 7776 | 786 | 6144 | 5,20 | 4,62 |
| **16/20** | 320 | 192,0 | 1067 | 10667 | 853 | 6827 | 5,77 | 4,62 |
| 16/22 | 352 | 122,2 | 1291 | 14197 | 939 | 7509 | 6,35 | 4,62 |
| 16/24 | 384 | 230,4 | 1536 | 18432 | 1024 | 8192 | 6,93 | 4,62 |
| 18/18 | 324 | 194,4 | 972 | 8748 | 972 | 8748 | 5,20 | 5,20 |
| **18/22** | 396 | 237,6 | 1452 | 15972 | 1188 | 10692 | 6,35 | 5,20 |
| 18/24 | 432 | 259,2 | 1728 | 20736 | 1296 | 11664 | 6,93 | 5,20 |
| **20/20** | 400 | 240,0 | 1333 | 13333 | 1333 | 13333 | 5,77 | 5,77 |
| **20/24** | 480 | 288,0 | 1920 | 23040 | 1600 | 16000 | 6,93 | 5,77 |
| 20/26 | 520 | 312,0 | 2253 | 29293 | 1733 | 17333 | 7,51 | 5,77 |
| 22/22 | 484 | 290,4 | 1775 | 19520 | 1775 | 19520 | 6,35 | 6,35 |
| 22/24 | 528 | 316,8 | 2110 | 25340 | 1936 | 21296 | 6,93 | 6,35 |
| 22/26 | 572 | 343,2 | 2480 | 32223 | 2097 | 23071 | 7,51 | 6,35 |
| 22/28 | 616 | 399,6 | 2875 | 40245 | 2259 | 24845 | 8,08 | 6,35 |
| 24/24 | 576 | 345,6 | 2304 | 27648 | 2304 | 27648 | 6,93 | 6,93 |
| 24/26 | 624 | 374,4 | 2704 | 35152 | 2496 | 29952 | 7,51 | 6,93 |
| 24/28 | 672 | 403,2 | 3136 | 43904 | 2688 | 32256 | 8,08 | 6,93 |
| 24/30 | 720 | 432,0 | 3600 | 54000 | 2880 | 34560 | 8,66 | 6,93 |
| 26/26 | 676 | 405,6 | 2929 | 38081 | 2929 | 38081 | 7,51 | 7,51 |
| 26/28 | 728 | 436,7 | 3397 | 47563 | 3155 | 41011 | 8,08 | 7,51 |
| 26/30 | 780 | 468,0 | 3900 | 58500 | 4480 | 43940 | 8,66 | 7,51 |
| 28/28 | 784 | 470,4 | 3659 | 51221 | 3659 | 51221 | 8,08 | 8,08 |
| 28/30 | 840 | 504,0 | 4200 | 63000 | 3920 | 54880 | 8,66 | 8,08 |
| 30/30 | 900 | 540,0 | 5400 | 67500 | 4500 | 67500 | 8,66 | 8,66 |
| **Dachlatten** | | | | | | | | |
| in mm/mm | | | | | | | | |
| 24/48 | 11,5 | 06,90 | 9,2 | 22,1 | 4,57 | 5,5 | 1,39 | 0,69 |
| 30/50 | 15,0 | 09,00 | 12,5 | 31,3 | 7,5 | 11,3 | 1,45 | 0,87 |
| 40/60 | 24,0 | 14,40 | 24,0 | 72,0 | 16,0 | 32,0 | 1,73 | 1,16 |

Tabelle **10.24 Warmgewalzte schmale I-Träger nach DIN 1025**

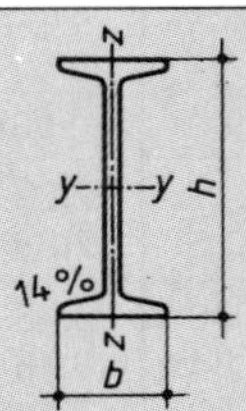


Bezeichnung eines schmalen I-Trägers mit Höhe $h$ = 360 mm aus St 37-2:

I 360 DIN 1025-St 37-2

| Kurzzeichen I | $h$ in mm | $b$ in mm | $A$ in cm² | $G$ in kg/m | für die Biegeachse y-y: $J_y$ in cm⁴ | $W_y$ in cm³ | $i_y$ in cm | z-z: $J_z$ in cm⁴ | $W_z$ in cm³ | $i_z$ in cm |
|---|---|---|---|---|---|---|---|---|---|---|
| 80 | 80 | 42 | 7,57 | 5,94 | 77,8 | 19,5 | 3,20 | 6,29 | 3,00 | 0,91 |
| 100 | 100 | 50 | 10,6 | 8,34 | 171 | 34,2 | 4,01 | 12,2 | 4,88 | 1.07 |
| 120 | 120 | 58 | 14,2 | 11,10 | 328 | 54,7 | 4,81 | 21,5 | 7,41 | 1,23 |
| 140 | 140 | 66 | 18,2 | 14,30 | 573 | 81,9 | 5,61 | 35,2 | 10,7 | 1,40 |
| 160 | 160 | 74 | 22,8 | 17,90 | 935 | 117 | 6,40 | 54,7 | 14,8 | 1,55 |
| 180 | 180 | 82 | 27,9 | 21,90 | 1450 | 161 | 7,20 | 81,3 | 19,8 | 1,71 |
| 200 | 200 | 90 | 33,4 | 26,20 | 2140 | 214 | 8,00 | 117 | 26,0 | 1,87 |
| 220 | 220 | 98 | 39,5 | 31,10 | 3060 | 278 | 8,80 | 162 | 33 | 2,02 |
| 240 | 240 | 106 | 46,1 | 36,20 | 4250 | 354 | 9,59 | 221 | 41,7 | 2,20 |
| 260 | 260 | 113 | 53,3 | 41,90 | 5740 | 442 | 10,4 | 288 | 51,0 | 2,32 |
| 280 | 280 | 119 | 61,0 | 47,90 | 7590 | 542 | 11,1 | 364 | 61,2 | 2,45 |
| 300 | 300 | 125 | 69,0 | 54,20 | 9800 | 653 | 11,90 | 451 | 72,2 | 2,56 |
| 320 | 320 | 131 | 77,7 | 61,00 | 12510 | 782 | 12,7 | 555 | 84,7 | 2,67 |
| 340 | 340 | 137 | 86,7 | 68,00 | 15700 | 923 | 13,5 | 674 | 98,4 | 2,80 |
| 360 | 360 | 143 | 97,0 | 76,10 | 19610 | 1090 | 14,2 | 818 | 114 | 2,90 |
| 380 | 380 | 149 | 107 | 84,00 | 24010 | 1260 | 15,0 | 975 | 131 | 3,02 |
| 400 | 400 | 155 | 118 | 92,40 | 29210 | 1460 | 15,7 | 1160 | 149 | 3,13 |
| 450 | 450 | 170 | 147 | 115,00 | 45850 | 2040 | 17,7 | 1730 | 203 | 3,43 |
| 475 | 475 | 178 | 163 | 128,00 | 56480 | 2389 | 18,6 | 2090 | 235 | 3,60 |
| 500 | 500 | 185 | 179 | 141,00 | 68740 | 2750 | 19,6 | 2480 | 268 | 3,72 |

Tabelle **10.25** **Warmgewalzte breite I-Träger (I-Breitflanschträger) IPBl-Reihe, leichte Ausführung nach DIN 1025 Teil 3**

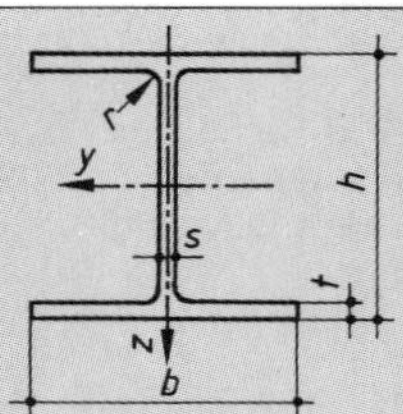


Träger mit parallelen Flanschflächen, deren Stege und Flansche d ü n n e r und deren Höhen *h* damit kleiner als die der IPB-Reihe nach DIN 1025 Teil 2 sind.
Bezeichnung eines Trägers dieser Reihe mit
*h* = 350 mm aus St 37-2 nach DIN 17100:
IPBl 360 DIN 1025 – St 37-2

| Kurzzeichen | | | | | für die Biegeachse | | | | | |
|---|---|---|---|---|---|---|---|---|---|---|
| | | | | | y-y | | | z-z | | |
| **IPBl HE-A** | $h$ in mm | $b$ in mm | $A$ in $cm^2$ | $G$ in kg/m | $J_y$ in $cm^4$ | $W_y$ in $cm^3$ | $i_y$ in cm | $J_z$ in $cm^4$ | $W_z$ in $cm^3$ | $i_z$ in cm |
| **100** | 96 | 100 | **21,2** | 16,7 | 349 | **72,8** | 4,06 | 134 | 26,8 | **2,51** |
| **120** | 114 | 120 | **25,3** | 19,9 | 606 | **106** | 4,89 | 231 | 38,5 | **3,02** |
| **140** | 133 | 140 | **31,4** | 24,7 | 1030 | **155** | 5,73 | 389 | 55,6 | **3,52** |
| **160** | 152 | 160 | **38,8** | 30,4 | 1670 | **220** | 6,57 | 616 | 76,9 | **3,98** |
| **180** | 171 | 180 | **45,3** | 35,5 | 2510 | **294** | 7,45 | 925 | 103 | **4,52** |
| **200** | 190 | 200 | **53,8** | 42,3 | 3690 | **389** | 8,28 | 1340 | 134 | **4,98** |
| 220 | 210 | 220 | 64,3 | 50,5 | 5410 | 515 | 9,17 | 1950 | 178 | 5,51 |
| **240** | 230 | 240 | **76,8** | 60,3 | 7760 | **675** | 10,1 | 2770 | 231 | **6,00** |
| **260** | 250 | 260 | **86,8** | 68,2 | 10450 | **836** | 11,0 | 3670 | 282 | **6,50** |
| 280 | 270 | 280 | 97,3 | 76,4 | 13670 | 1010 | 11,9 | 4760 | 340 | 7,00 |
| **300** | 290 | 300 | **112** | 88,3 | 18260 | **1260** | 12,7 | 6310 | 421 | **7,49** |
| 320 | 310 | 300 | 124 | 97,6 | 22930 | 1480 | 13,6 | 6990 | 466 | 7,49 |
| **340** | 330 | 300 | **133** | 105 | 27690 | **1680** | 14,4 | 7440 | 496 | **7,46** |
| **360** | 350 | 300 | **143** | 112 | 33090 | **1890** | 15,2 | 7890 | 526 | **7,43** |
| **400** | 390 | 300 | **159** | 125 | 45070 | **2310** | 16,8 | 8560 | 571 | **7,34** |
| **450** | 440 | 300 | **178** | 140 | 63720 | **2900** | 18,9 | 9470 | 631 | **7,29** |
| **500** | 490 | 300 | **198** | 155 | 86970 | **3550** | 21,0 | 10370 | 691 | **7,24** |
| 550 | 540 | 300 | 212 | 166 | 111900 | 4150 | 23,0 | 10820 | 721 | 7,15 |
| **600** | 590 | 300 | **226** | 178 | 141200 | **4790** | 25,0 | 11270 | 751 | **7,05** |
| 650 | 640 | 300 | 242 | 190 | 175200 | 5470 | 26,9 | 11720 | 782 | 6,97 |
| **700** | 690 | 300 | **260** | 204 | 215300 | **6240** | 28,8 | 12180 | 812 | **6,84** |
| **800** | 790 | 300 | **286** | 224 | 303400 | **7680** | 32,6 | 12640 | 843 | **6,65** |
| 900 | 890 | 300 | 320 | 252 | 422100 | 9480 | 36,3 | 13550 | 903 | 6,50 |
| **1000** | 990 | 300 | **347** | 272 | 553800 | **11190** | 40,0 | 14000 | 934 | **6,35** |

**Fett** gedruckte Profile sind zur bevorzugten Anwendung empfohlen (DStV-Profilliste).

Tabelle **10.26** **Warmgewalzte breite I-Träger (I-Breitflanschträger)**
**IPB-Reihe, mit parallelen Flanschflächen nach EN 53–62 (HE-B)**

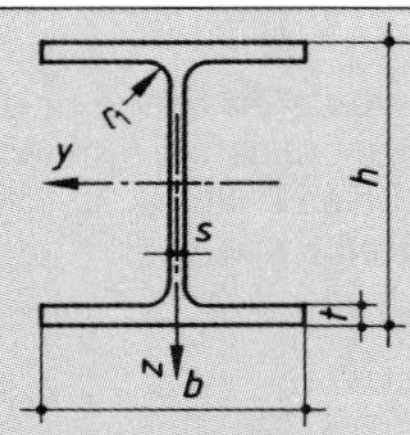


Bezeichnung eines Trägers der IPB-Reihe mit $h$ = 360 mm aus einem Stahl mit dem Kurznamen St 37-2 bzw. der Werkstoffnummer 1.0037 nach DIN 17100:

IPB 360 DIN 1025 – St 37-2
oder IPB 360 DIN 1025 – 1.0037

| Kurzzeichen | | | | | für die Biegeachse | | | | | |
|---|---|---|---|---|---|---|---|---|---|---|
| | | | | | y-y | | | z-z | | |
| **IPB HE-B** | $h$ in mm | $b$ in mm | $A$ in cm² | $G$ in kg/m | $J_y$ in cm⁴ | $W_y$ in cm³ | $i_y$ in cm | $J_z$ in cm⁴ | $W_z$ in cm³ | $i_z$ in cm |
| **100** | 100 | 100 | **26,0** | 20,4 | 450 | **89,9** | 4,16 | 167 | 33,5 | **2,53** |
| **120** | 120 | 120 | **34,0** | 26,7 | 864 | **144** | 5,04 | 318 | 52,9 | **3,06** |
| **140** | 140 | 140 | **43,0** | 33,7 | 1510 | **216** | 5,93 | 550 | 78,5 | **3,58** |
| **160** | 160 | 160 | **54,3** | 42,6 | 2490 | **311** | 6,78 | 889 | 111 | **4,05** |
| **180** | 180 | 180 | **65,3** | 51,2 | 3830 | **426** | 7,66 | 1360 | 151 | **4,57** |
| **200** | 200 | 200 | **78,1** | 61,3 | 5700 | **570** | 8,54 | 2000 | 200 | **5,07** |
| 220 | 220 | 220 | 91,0 | 71,5 | 8090 | 736 | 9,43 | 2840 | 258 | 5,59 |
| **240** | 240 | 240 | **106** | 83,2 | 11260 | **938** | 10,3 | 3920 | 327 | **6,08** |
| **260** | 260 | 260 | **118** | 93,0 | 14920 | **1150** | 11,2 | 5130 | 395 | **6,58** |
| 280 | 280 | 280 | 131 | 103 | 19270 | 1380 | 12,1 | 6590 | 471 | 7,09 |
| **300** | 300 | 300 | **149** | 117 | 25170 | **1680** | 13,0 | 8560 | 571 | **7,58** |
| 320 | 320 | 300 | 161 | 127 | 30820 | 1930 | 13,8 | 9240 | 616 | 7,57 |
| **340** | 340 | 300 | **171** | 134 | 36660 | **2160** | 14,6 | 9690 | 646 | **7,53** |
| **360** | 360 | 300 | **181** | 142 | 43190 | **2400** | 15,5 | 10140 | 676 | **7,49** |
| **400** | 400 | 300 | **198** | 155 | 57680 | **2880** | 17,1 | 10820 | 721 | **7,40** |
| **450** | 450 | 300 | **218** | 171 | 79890 | **3550** | 19,1 | 11720 | 781 | **7,33** |
| **500** | 500 | 300 | **239** | 187 | 107200 | **4290** | 21,2 | 12620 | 842 | **7,27** |
| 550 | 550 | 300 | 254 | 199 | 136700 | 4970 | 23,2 | 13080 | 872 | 7,17 |
| **600** | 600 | 300 | **270** | 212 | 171000 | **5700** | 25,2 | 13530 | 902 | **7,08** |
| 650 | 650 | 300 | 286 | 225 | 210600 | 6480 | 27,1 | 13980 | 932 | 6,99 |
| **700** | 700 | 300 | **306** | 241 | 256900 | **7340** | 29,0 | 14440 | 963 | **6,87** |
| **800** | 800 | 300 | **334** | 262 | 359100 | **8980** | 32,8 | 14900 | 994 | **6,68** |
| 900 | 900 | 300 | 371 | 291 | 494100 | 10980 | 36,5 | 15820 | 1050 | 6,53 |
| **1000** | 1000 | 300 | **400** | 314 | 644700 | **12890** | 40,1 | 16280 | 1090 | **6,38** |

**Fett** gedruckte Profile sind zur bevorzugten Anwendung empfohlen (DStV-Profilliste).

Tabelle **10.27** **Warmgewalzte breite I-Träger (I-Breitflanschträger)**
**IPBv-Reihe, verstärkte Ausführung nach DIN 1025 T 4**

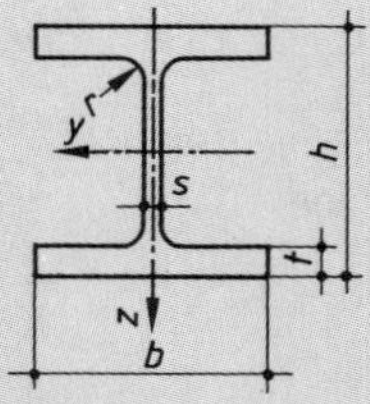


Träger mit parallelen Flanschflächen, deren Stege und Flansche d i c k e r und deren Höhen $h$ damit g r ö ß e r als die der IPB-Reihe nach DIN 1025 T 2 sind.
Bezeichnung eines Trägers dieser Reihe mit $h$ = 395 mm aus St 37-2 nach DIN 17100:

IPBv 360 DIN 1025 – St 37-2

| Kurzzeichen | | | | | für die Biegeachse | | | | | |
|---|---|---|---|---|---|---|---|---|---|---|
| | | | | | y-y | | | z-z | | |
| **IPBv** **HE-M** | $h$ in mm | $b$ | $A$ in $cm^2$ | $G$ in kg/m | $J_y$ in $cm^4$ | $W_y$ in $cm^3$ | $i_y$ in cm | $J_z$ in $cm^4$ | $W_z$ in $cm^3$ | $i_z$ in cm |
| **100** | 120 | 106 | **53,2** | 41,8 | 1140 | **190** | 4,63 | 399 | 75,3 | **2,74** |
| **120** | 140 | 126 | **66,4** | 52,1 | 2020 | **288** | 5,51 | 703 | 112 | **3,25** |
| **140** | 160 | 146 | **80,6** | 63,2 | 3290 | **411** | 6,39 | 1140 | 157 | **3,77** |
| **160** | 180 | 166 | **97,1** | 76,2 | 5100 | **566** | 7,25 | 1760 | 212 | **4,26** |
| **180** | 200 | 186 | **113** | 88,9 | 7480 | **748** | 8,13 | 2580 | 277 | **4,77** |
| **200** | 220 | 206 | **131** | 103 | 10640 | **967** | 9,00 | 3650 | 354 | **5,27** |
| 220 | 240 | 226 | 149 | 117 | 14600 | 1220 | 9,89 | 5010 | 444 | 5,79 |
| **240** | 270 | 248 | **200** | 157 | 24290 | **1800** | 11,0 | 8150 | 657 | **6,39** |
| **260** | 290 | 268 | **220** | 172 | 31310 | **2160** | 11,9 | 10450 | 780 | **6,90** |
| 280 | 310 | 288 | 240 | 189 | 39550 | 2550 | 12,8 | 13160 | 914 | 7,40 |
| **300** | 340 | 310 | **303** | 238 | 59200 | **3480** | 14,0 | 19400 | 1250 | **8,00** |
| 320/305 | 320 | 305 | 225 | 177 | 40950 | 2560 | 13,5 | 13740 | 901 | 7,81 |
| 320 | 359 | 309 | 312 | 245 | 68130 | 3800 | 14,8 | 19710 | 1280 | 7,95 |
| **340** | 377 | 309 | **316** | 248 | 76370 | **4050** | 15,6 | 19710 | 1280 | **7,90** |
| **360** | 395 | 308 | **319** | 250 | 84870 | **4300** | 16,3 | 19520 | 1270 | **7,83** |
| **400** | 432 | 307 | **326** | 256 | 104100 | **4820** | 17,9 | 19330 | 1260 | **7,70** |
| **450** | 478 | 307 | **335** | 263 | 131500 | **5500** | 19,8 | 19340 | 1260 | **7,59** |
| **500** | 524 | 306 | **344** | 270 | 161900 | **6180** | 21,7 | 19150 | 1250 | **7,46** |
| 550 | 572 | 306 | 354 | 278 | 198000 | 6920 | 23,6 | 19160 | 1250 | 7,35 |
| **600** | 620 | 305 | **364** | 285 | 237400 | **7660** | 25,6 | 18970 | 1240 | **7,22** |
| 650 | 668 | 305 | 374 | 293 | 281700 | 8430 | 27,5 | 18980 | 1240 | 7,13 |
| **700** | 716 | 304 | **383** | 301 | 329300 | **9200** | 29,3 | 18800 | 1240 | **7,01** |
| **800** | 814 | 303 | **404** | 317 | 442600 | **10870** | 33,1 | 18630 | 1230 | **6,79** |
| 900 | 910 | 302 | 424 | 333 | 570400 | 12540 | 36,7 | 18450 | 1220 | 6,60 |
| **1000** | 1008 | 302 | **444** | 349 | 722300 | **14330** | 40,3 | 18460 | 1220 | **6,45** |

**Fett** gedruckte Profile sind zur bevorzugten Anwendung empfohlen (DStV-Profilliste).

Tabelle **10**.28 **Warmgewalzte mittelbreite I-Träger**
**IPE-Reihe nach DIN 1025 Teil 5**

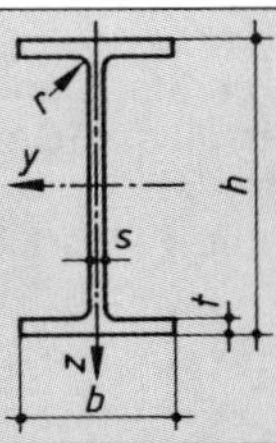


Bezeichnung eines mittelbreiten I-Trägers (IPE) mit
$h$ = 360 mm aus St 37-2 nach DIN 17100:
IPE 360 DIN 1025 – St 37-2

| Kurzzeichen | | | | | für die Biegeachse | | | | | |
|---|---|---|---|---|---|---|---|---|---|---|
| | | | | | y-y | | | z-z | | |
| IPE | $h$ in mm | $b$ in mm | $A$ in cm² | $G$ in kg/m | $J_y$ in cm⁴ | $W_y$ in cm³ | $i_y$ in cm | $J_z$ in cm⁴ | $W_z$ in cm³ | $i_z$ in cm |
| 80 | 80 | 46 | 7,64 | 6,00 | 80,1 | 20,0 | 3,24 | 8,49 | 3,69 | 1,05 |
| 100 | 100 | 55 | 10,3 | 8,10 | 171 | 34,2 | 4,07 | 15,9 | 5,79 | 1,24 |
| **120** | 120 | 64 | **13,2** | 10,4 | 318 | **53,0** | 4,90 | 27,7 | 8,65 | **1,45** |
| **140** | 140 | 73 | **16,4** | 12,9 | 541 | **77,3** | 5,74 | 44,9 | 12,3 | **1,65** |
| **160** | 160 | 82 | **20,1** | 15,8 | 869 | **109** | 6,58 | 68,3 | 16,7 | **1,84** |
| **180** | 180 | 91 | **23,9** | 18,8 | 1320 | **146** | 7,42 | 101 | 22,2 | **2,05** |
| **200** | 200 | 100 | **28,5** | 22,4 | 1940 | **194** | 8,26 | 142 | 28,5 | **2,24** |
| 220 | 220 | 110 | 33,4 | 26,2 | 2770 | 252 | 9,11 | 205 | 37,3 | 2,48 |
| **240** | 240 | 120 | **39,1** | 30,7 | 3890 | **324** | 9,97 | 284 | 47,3 | **2,69** |
| **270** | 270 | 135 | **45,9** | 36,1 | 5790 | **429** | 11,2 | 420 | 62,2 | **3,02** |
| **300** | 300 | 150 | **53,8** | 42,2 | 8360 | **557** | 12,5 | 604 | 80,5 | **3,35** |
| **330** | 330 | 160 | **62,6** | 49,1 | 11770 | **713** | 13,7 | 788 | 98,5 | **3,55** |
| **360** | 360 | 170 | **72,7** | 57,1 | 16270 | **904** | 15,0 | 1040 | 123 | **3,79** |
| **400** | 400 | 180 | **84,5** | 66,3 | 23130 | **1160** | 16,5 | 1320 | 146 | **3,95** |
| **450** | 450 | 190 | **98,8** | 77,6 | 33740 | **1500** | 18,5 | 1680 | 176 | **4,12** |
| **500** | 500 | 200 | **116** | 90,7 | 48200 | **1930** | 20,4 | 2140 | 214 | **4,31** |
| 550 | 550 | 210 | 134 | 106 | 67120 | 2440 | 22,3 | 2670 | 254 | 4,45 |
| **600** | 600 | 220 | **156** | 122 | 92080 | **3070** | 24,3 | 3390 | 308 | **4,66** |

**Fett** gedruckte Profile sind zur bevorzugten Anwendung empfohlen (DStV-Profilliste).

Tabelle **10.29** **Warmgewalzter rundkantiger U-Stahl nach DIN 1026**

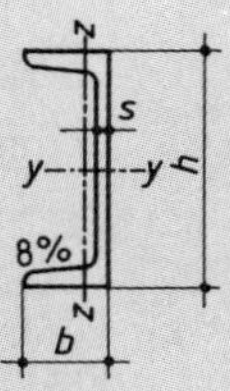


Bezeichnung eines U-Stahls mit Höhe $h$ = 300 mm aus St 37-2:
U 300 DIN 1026 – St 37-2
oder U 300 DIN 1026 – 1.0037

| Kurzzeichen | | | | | | für die Biegeachse | | | | | |
|---|---|---|---|---|---|---|---|---|---|---|---|
| | | | | | | y-y | | | z-z | | |
| | $h$ | $b$ | $s$ | $A$ | $G$ | $J_y$ | $W_y$ | $i_y$ | $J_z$ | $W_z$ | $i_z$ |
| U | in mm | | | in cm² | in kg/m | in cm⁴ | in cm³ | in cm | in cm⁴ | in cm³ | in cm |
| 30x15 | 30 | 15 | 4 | 2,21 | 1,74 | 2,53 | 1,69 | 1,07 | 0,38 | 0,39 | 0,42 |
| 30 | 30 | 33 | 5 | 5,44 | 4,27 | 6,39 | 4,26 | 1,08 | 5,33 | 2,68 | 0,99 |
| 40x20 | 40 | 20 | 5 | 3,66 | 2,87 | 7,58 | 3,79 | 1,44 | 1,14 | 0,86 | 0,56 |
| 40 | 40 | 35 | 5 | 6,21 | 4,87 | 1,41 | 7,05 | 1,50 | 6,68 | 3,08 | 1,04 |
| 50x25 | 50 | 25 | 5 | 4,92 | 3,86 | 16,8 | 6,73 | 1,85 | 2,49 | 1,48 | 0,71 |
| 50 | 50 | 38 | 5 | 7,12 | 5,59 | 26,4 | 10,6 | 1,92 | 9,12 | 3,75 | 1,13 |
| 60 | 60 | 30 | 6 | 6,46 | 5,07 | 31,6 | 10,5 | 2,21 | 4,51 | 2,16 | 0,84 |
| 65 | 65 | 42 | 5,5 | 9,03 | 7,09 | 57,5 | 17,7 | 2,52 | 14,1 | 5,07 | 1,25 |
| **80** | 80 | 45 | 6 | **11,0** | 8,64 | 106 | **26,5** | 3,10 | 19,4 | 6,36 | **1,33** |
| **100** | 100 | 50 | 6 | **13,5** | 10,60 | 206 | **41,2** | 3,91 | 29,3 | 8,49 | **1,47** |
| **120** | 120 | 55 | 7 | **17,0** | 13,40 | 364 | **60,7** | 4,62 | 43,2 | 11,1 | **1,59** |
| **140** | 140 | 60 | 7 | **20,4** | 16,00 | 605 | **86,4** | 5,45 | 62,7 | 14,8 | **1,75** |
| **160** | 160 | 65 | 7,5 | **24,0** | 18,80 | 925 | **116** | 6,21 | 85,3 | 18,3 | **1,89** |
| **180** | 180 | 70 | 8 | **28,0** | 22,00 | 1350 | **150** | 6,95 | 114 | 22,4 | **2,02** |
| **200** | 200 | 75 | 8,5 | **32,2** | 25,30 | 1910 | **191** | 7,70 | 148 | 27,0 | **2,14** |
| 220 | 220 | 80 | 9 | 37,4 | 29,40 | 2690 | 245 | 8,48 | 197 | 33,6 | 2,30 |
| **240** | 240 | 85 | 9,5 | **42,3** | 33,20 | 3600 | **300** | 9,22 | 248 | 39,6 | **2,42** |
| **260** | 260 | 90 | 10 | **48,3** | 37,90 | 4820 | **371** | 9,99 | 317 | 47,7 | **2,56** |
| 280 | 280 | 95 | 10 | 53,3 | 41,80 | 6280 | 448 | 10,9 | 399 | 57,2 | 2,74 |
| **300** | 300 | 100 | 10 | **58,8** | 46,20 | 8030 | **535** | 11,7 | 495 | 67,8 | **2,90** |
| 320 | 320 | 100 | 11 | 75,8 | 59,50 | 10870 | 679 | 12,1 | 597 | 80,6 | 2,81 |
| **350** | 350 | 100 | 14 | **77,3** | 60,60 | 12840 | **734** | 12,9 | 570 | 75 | **2,72** |
| 380 | 380 | 102 | 13,5 | 80,4 | 63,10 | 15760 | 829 | 14,0 | 615 | 78,7 | 2,77 |
| **400** | 400 | 110 | 14 | **91,5** | 71,80 | 20350 | **1020** | 14,9 | 846 | 102 | **3,04** |

**Fett** gedruckte Profile sind zur bevorzugten Anwendung empfohlen (DStV-Profilliste).

Tabelle **10.30** **Warmgewalzter gleichschenkliger rundkantiger L-Stahl nach DIN 1028**

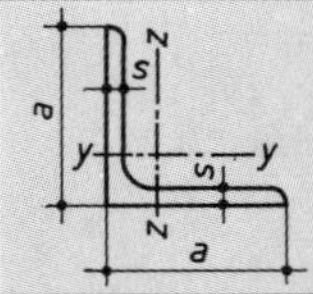


Bezeichnung eines Winkelstahls aus St 37-2
mit Schenkelbreite $a$ = 80 mm und Schenkeldicke $s$ = 110 mm:
L 80 x 10 DIN 1028 – USt 37-2

| Kurzzeichen L $a \times s$ | $a$ in mm | $s$ in mm | $A$ in cm² | $G$ in kg/m | $J_y = J_z$ in cm⁴ | $W_y = W_z$ in cm³ | $i_y = i_z$ in cm |
|---|---|---|---|---|---|---|---|
| **20** × **3** | 20 | 3 | **1,12** | 0,88 | 0,39 | 0,28 | 0,59 |
| **25** × **3** | 25 | 3 | **1,42** | 1,12 | 0,79 | 0,45 | 0,75 |
| 4 | | 4 | 1,85 | 1,45 | 1,01 | 0,58 | 0,74 |
| **3** | | 3 | **1,74** | 1,36 | 1,41 | 0,65 | 0,90 |
| **30** × 4 | 30 | 4 | 2,27 | 1,78 | 1,81 | 0,86 | 0,89 |
| 5 | | 5 | 2,78 | 2,18 | 2,16 | 1,04 | 0,88 |
| **35** × **4** | 35 | 4 | **2,67** | 2,10 | 2,96 | 1,18 | 1,05 |
| 5 | | 5 | 3,28 | 2,57 | 3,56 | 1,45 | 1,04 |
| **40** × **4** | 40 | 4 | **3,08** | 2,42 | 4,48 | 1,56 | 1,21 |
| 5 | | 5 | 3,79 | 2,97 | 5,43 | 1,91 | 1,20 |
| **45** × 4 | 45 | 4 | 3,49 | 2,74 | 6,43 | 1,97 | 1,36 |
| **5** | | 5 | **4,30** | 3,38 | 7,83 | 2,43 | 1,35 |
| **5** | | 5 | **4,80** | 3,77 | 11,0 | 3,05 | 1,51 |
| **50** × 6 | 50 | 6 | 5,69 | 4,47 | 12,8 | 3,61 | 1,50 |
| 7 | | 7 | 6,56 | 5,15 | 14,6 | 4,15 | 1,49 |
| 55 × 6 | 55 | 6 | 6,31 | 4,95 | 17,3 | 4,40 | 1,66 |
| 5 | | 5 | 5,82 | 4,57 | 19,4 | 4,45 | 1,82 |
| **60** × **6** | 60 | 6 | **6,91** | 5,42 | 22,8 | 5,29 | 1,82 |
| 8 | | 8 | 9,03 | 7,09 | 2,91 | 6,88 | 1,80 |
| 65 × 7 | 65 | 7 | 8,70 | 6,83 | 33,4 | 7,18 | 1,96 |
| 6 | | 6 | 8,13 | 6,38 | 36,9 | 7,27 | 2,13 |
| **70** × **7** | 70 | 7 | **9,40** | 7,38 | 42,2 | 8,43 | 2,12 |
| 9 | | 9 | 11,9 | 9,34 | 52,6 | 10,6 | 2,10 |
| 75 × 7 | 75 | 7 | 10,1 | 7,94 | 52,4 | 9,67 | 2,28 |
| 8 | | 8 | 11,5 | 9,03 | 58,9 | 11,0 | 2,26 |
| 6 | | 6 | 9,35 | 7,34 | 55,8 | 9,57 | 2,44 |
| **80** × **8** | 80 | 8 | **12,3** | 9,66 | 72,3 | 12,6 | 2,42 |
| 10 | | 10 | 15,1 | 11,9 | 87,5 | 15,5 | 2,41 |
| **90** × 7 | 90 | 7 | 12,2 | 9,61 | 12,6 | 14,1 | 2,75 |
| **9** | | 9 | **15,5** | 12,2 | 116 | 18,0 | 2,74 |
| 8 | | 8 | 15,5 | 12,2 | 145 | 19,9 | 3,06 |
| **100** × **10** | 100 | 10 | **19,2** | 15,1 | 177 | 24,7 | 3,04 |
| 12 | | 12 | 22,7 | 17,8 | 207 | 29,2 | 3,02 |

Tabelle **10**.30, Fortsetzung

| Kurzzeichen L $a \times s$ | $a$ in mm | $s$ in mm | $A$ in cm2 | $G$ in kg/m | $J_y = J_z$ in cm4 | $W_y = W_z$ in cm3 | $i_y = i_z$ in cm |
|---|---|---|---|---|---|---|---|
| **110 × 10** | 110 | 10 | **21,2** | 239, | 30,1 | 3,36 | |
| **120 ×** 10 | 120 | 10 | 23,2 | 313, | 36,0 | 3,67 | |
| **120 × 12** | | 12 | **27,5** | 21,6 | 368 | 42,7 | 3,65 |
| 130 × 12 | 130 | 12 | 30,0 | 23,6 | 472 | 50,4 | 3,97 |
| 140 × 13 | 140 | 13 | 35,0 | 27,5 | 638 | 63,3 | 4,27 |
| **150 ×** 12 | 150 | 12 | 34,8 | 27,3 | 737 | 67,7 | 4,60 |
| **150 ×** 14 | | 14 | 40,3 | 31,6 | 845 | 78,2 | 4,58 |
| **150 × 15** | | 15 | **43,0** | 33,8 | 898 | 83,5 | 4,57 |
| 160 × 15 | 160 | 15 | 46,1 | 36,2 | 1100 | 95,6 | 4,88 |
| 160 × 17 | | 17 | 51,8 | 40,7 | 1230 | 108 | 4,86 |
| **180 ×** 16 | 180 | 16 | 55,4 | 43,5 | 1680 | 130 | 5,51 |
| **180 × 18** | | 18 | **61,9** | 48,6 | 1870 | 145 | 5,49 |
| **200 × 20** | 200 | 20 | **76,4** | 59,9 | 2850 | 199 | 6,11 |

Tabelle **10**.31 **Warmgewalzter ungleichschenkliger rundkantiger L-Stahl nach DIN 1029**

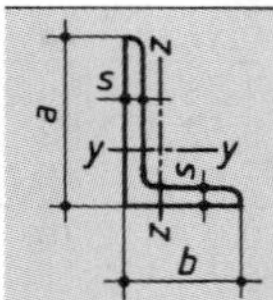


Bezeichnung eines Winkelstahls mit Schenkelbreiten $a$ = 100 mm und $b$ = 50 m und Schenkeldicke $s$ = 10 mm St 37-2:

DIN 1029 – USt 37-2 100 x 50 x 8

| Kurzzeichen | | | für die Biegung um die | | | | | |
|---|---|---|---|---|---|---|---|---|
| | | | $y$-Achse | | | $z$-Achse | | |
| L $a \times b \times s$ | $A$ in cm² | $G$ in kg/m | $J_y$ in cm⁴ | $W_y$ in cm³ | $i_y$ in cm | $J_z$ in cm⁴ | $W_z$ in cm³ | $i_z$ in cm |
| **30 × 20 × 3** | **1,42** | 1,11 | 1,25 | 0,62 | 0,94 | 0,44 | 0,29 | 0,56 |
| **30 × 20 × 4** | **1,85** | 1,45 | 1,59 | 0,81 | 0,93 | 0,55 | 0,38 | 0,55 |
| **40 × 20 × 3** | **1,72** | 1,35 | 2,79 | 1,08 | 1,27 | 0,47 | 0,30 | 0,52 |
| **40 × 20 × 4** | **2,25** | 1,77 | 3,59 | 1,42 | 1,26 | 0,60 | 0,39 | 0,52 |
| **45 × 30 ×** 3 | 2,19 | 1,72 | 4,47 | 1,46 | 1,43 | 1,60 | 0,70 | 0,86 |
| **45 × 30 × 4** | **2,87** | 2,25 | 5,78 | 1,91 | 1,42 | 2,05 | 0,91 | 0,85 |
| **45 × 30 × 5** | **3,53** | 2,77 | 6,99 | 2,35 | 1,41 | 2,47 | 1,11 | 0,84 |
| **50 × 30 × 4** | **3,07** | 2,41 | 2,33 | 1,59 | 2,09 | 0,91 | 1,12 | 0,82 |
| **50 × 30 × 5** | **3,78** | 2,96 | 9,41 | 2,88 | 1,58 | 2,54 | 1,12 | 0,82 |
| **50 × 40 ×** 4 | 3,46 | 2,71 | 8,54 | 2,47 | 1,57 | 4,86 | 1,64 | 1,19 |
| **50 × 40 × 5** | **4,27** | 3,35 | 10,4 | 3,02 | 1,56 | 5,89 | 2,01 | 1,18 |
| **60 × 30 × 5** | **4,29** | 3,37 | 15,6 | 4,04 | 1,90 | 2,60 | 1,12 | 0,78 |
| **60 × 40 × 5** | **4,79** | 3,76 | 17,2 | 4,25 | 1,89 | 6,11 | 2,02 | 1,13 |
| **60 × 40 × 6** | **5,68** | 4,46 | 20,1 | 5,03 | 1,88 | 7,12 | 2,38 | 1,12 |
| **60 × 40 ×** 7 | 6,55 | 5,14 | 23,0 | 5,79 | 1,87 | 8,07 | 2,74 | 1,11 |

Tabelle **10**.31, Fortsetzung

| Kurzzeichen L $a \times b \times s$ | $A$ in $cm^2$ | $G$ in kg/m | für die Biegung um die *y*-Achse $J_y$ in $cm^4$ | $W_y$ in $cm^3$ | $i_y$ in cm | *z*-Achse $J_z$ in $cm^4$ | $W_z$ in $cm^3$ | $i_z$ in cm |
|---|---|---|---|---|---|---|---|---|
| **65 × 50 × 5** | **5,54** | 4,35 | 23,1 | 5,11 | 2,04 | 11,9 | 3,18 | 1,47 |
| 65 × 50 × 7 | 7,60 | 5,97 | 31,0 | 6,99 | 2,02 | 15,8 | 4,31 | 1,44 |
| 65 × 50 × 9 | 9,58 | 7,52 | 38,2 | 8,77 | 2,00 | 19,4 | 5,39 | 1,42 |
| **70 × 50 × 6** | **6,88** | 5,40 | 33,5 | 7,04 | 2,21 | 14,3 | 3,81 | 1,44 |
| **75 × 50 × 7** | **8,30** | 6,51 | 46,4 | 9,24 | 2,36 | 16,5 | 4,39 | 1,41 |
| 75 × 50 × 9 | 10,5 | 8,23 | 57,4 | 11,6 | 2,34 | 20,2 | 5,49 | 1,59 |
| **75 × 55 × 5** | **6,30** | 4,95 | 35,5 | 6,84 | 2,37 | 16,2 | 3,89 | 1,60 |
| **75 × 55 × 7** | **8,66** | 6,80 | 47,9 | 9,39 | 2,35 | 21,8 | 5,32 | 1,69 |
| 75 × 55 × 9 | 10,9 | 8,59 | 59,4 | 11,8 | 2,33 | 26,8 | 6,66 | 1,57 |
| **80 × 40 × 6** | **6,89** | 5,41 | 44,9 | 8,73 | 2,55 | 7,59 | 2,44 | 1,05 |
| **80 × 40 × 8** | **9,01** | 7,07 | 57,6 | 11,4 | 2,53 | 9,68 | 3,18 | 1,04 |
| **80 × 60 × 7** | **9,38** | 7,36 | 59,0 | 10,7 | 2,51 | 28,4 | 6,34 | 1,74 |
| **80 × 65 × 8** | **11,0** | 8,66 | 68,1 | 12,3 | 2,49 | 40,1 | 8,41 | 1,91 |
| 80 × 65 × 10 | 13,6 | 10,7 | 82,2 | 15,1 | 2,46 | 48,3 | 10,3 | 1,89 |
| **90 × 60 × 6** | **8,69** | 6,82 | 71,7 | 11,7 | 2,87 | 25,8 | 5,61 | 1,72 |
| **90 × 60 × 8** | **11,4** | 8,96 | 92,5 | 15,4 | 2,85 | 33,0 | 7,31 | 1,70 |
| **100 × 50 × 6** | **8,73** | 6,85 | 89,7 | 13,8 | 3,20 | 15,3 | 3,86 | 1,32 |
| **100 × 50 × 8** | **11,5** | 8,99 | 116 | 18,0 | 3,18 | 19,5 | 5,04 | 1,31 |
| **100 × 50 × 10** | **14,1** | 11,1 | 141 | 22,2 | 3,16 | 23,4 | 6,17 | 1,29 |
| **100 × 65 × 7** | **11,2** | 7,87 | 113 | 16,6 | 3,17 | 37,6 | 7,54 | 1,84 |
| **100 × 65 × 9** | **14,2** | 11,1 | 141 | 21,0 | 3,15 | 46,7 | 9,52 | 1,82 |
| 100 × 65 × 11 | 17,1 | 13,4 | 167 | 25,3 | 3,13 | 55,1 | 11,4 | 1,80 |
| 100 × 75 × 7 | 11,9 | 9,32 | 118 | 17,0 | 3,15 | 56,9 | 10,0 | 2,19 |
| **100 × 75 × 9** | **15,1** | 11,8 | 148 | 21,5 | 3,13 | 71,0 | 12,7 | 2,17 |
| 100 × 75 × 11 | 18,2 | 14,3 | 176 | 25,9 | 3,11 | 84,0 | 15,3 | 2,15 |
| **120 × 80 × 8** | **15,5** | 12,2 | 226 | 27,6 | 3,82 | 80,8 | 13,2 | 2,29 |
| **120 × 80 × 10** | **19,1** | 15,0 | 276 | 34,1 | 3,80 | 98,1 | 16,2 | 2,27 |
| **120 × 80 × 12** | **22,7** | 17,8 | 323 | 40,4 | 3,77 | 114, | 19,1 | 2,25 |
| **130 × 65 × 8** | **15,1** | 11,9 | 263 | 31,1 | 4,17 | 44,8 | 8,72 | 1,72 |
| **130 × 65 × 10** | **18,6** | 14,6 | 321 | 38,4 | 4,15 | 54,2 | 10,7 | 1,71 |
| 130 × 65 × 12 | 22,1 | 17,3 | 376 | 45,5 | 4,12 | 63,0 | 12,7 | 1,69 |
| 130 × 90 × 12 | 25,1 | 19,7 | 420 | 48,0 | 4,09 | 165 | 24,4 | 2,56 |
| **150 × 75 × 9** | **19,5** | 15,3 | 455 | 46,8 | 4,83 | 78,3 | 13,2 | 2,00 |
| **150 × 75 × 11** | **23,6** | 18,6 | 545 | 56,6 | 4,80 | 93,0 | 15,9 | 1,98 |
| **150 × 100 × 10** | **24,2** | 19,0 | 552 | 54,1 | 4,78 | 198 | 25,8 | 2,86 |
| **150 × 100 × 12** | **28,7** | 22,6 | 650 | 64,2 | 4,76 | 232 | 30,6 | 2,84 |
| 150 × 100 × 14 | 33,2 | 26,1 | 744 | 74,1 | 4,73 | 264 | 35,2 | 2,82 |
| 160 × 80 × 12 | 27,5 | 21,6 | 720 | 70,0 | 5,11 | 122 | 19,6 | 2,10 |
| **180 × 90 × 10** | **26,2** | 20,6 | 880 | 75,1 | 5,80 | 151 | 21,2 | 2,40 |
| 180 × 90 × 12 | 31,2 | 24,5 | 1040 | 89,3 | 5,77 | 177 | 25,1 | 2,38 |
| **200 × 100 × 10** | **29,2** | 23,0 | 1220 | 93,2 | 6,46 | 210, | 26,3 | 2,68 |
| **200 × 100 × 12** | **34,8** | 27,3 | 1440 | 111 | 6,43 | 247 | 31,3 | 2,67 |
| **200 × 100 × 14** | **40,3** | 31,6 | 1650 | 128 | 6,41 | 282 | 36,1 | 2,65 |

**Fett** gedruckte Winkel sind zu bevorzugen, andere sollten für Neukonstruktionen nicht mehr verwendet werden.

Tabelle **10.32 Auflagerkräfte und Biegemomente für häufige Belastungsfälle**

| | Belastung | Auflagerkräfte | Größtmoment |
|---|---|---|---|
| 1 | 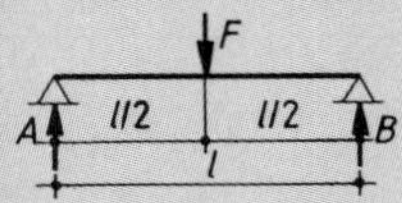 | $A = B = \frac{F}{2}$ | $M = \frac{F \cdot l}{4}$ |
| 2 | 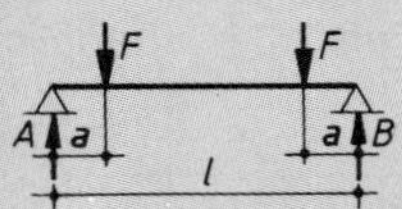 | $A = B = F$ | $M = F \cdot a$ |
| 3 | 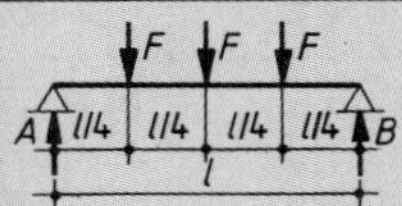 | $A = B = 1{,}5\ F$ | $M = \frac{F \cdot l}{2}$ |
| 4 | 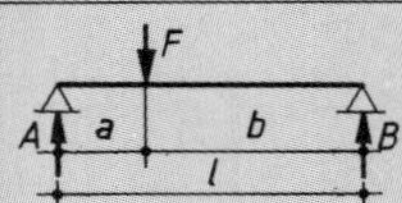 | $A = \frac{F \cdot b}{l}$ $B = \frac{F \cdot a}{l}$ | $M = \frac{F \cdot a \cdot b}{l}$ |
| 5 | 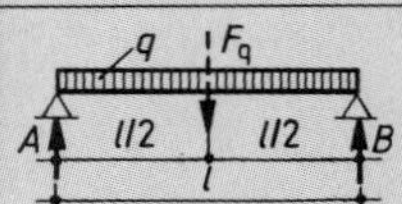 | $A = B = \frac{q \cdot l}{2} = \frac{F_q}{2}$ | $M = \frac{q \cdot l^2}{8} = \frac{F_q \cdot l}{8}$ |
| 6 | 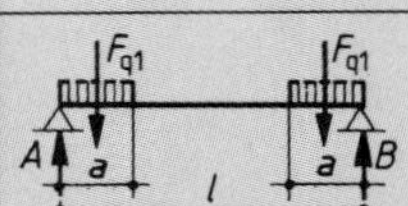 | $A = B = q_1 \cdot a = F_{q1}$ | $M = \frac{q_1 \cdot a^2}{2} = \frac{F_{q1} \cdot a}{2}$ |
| 7 | 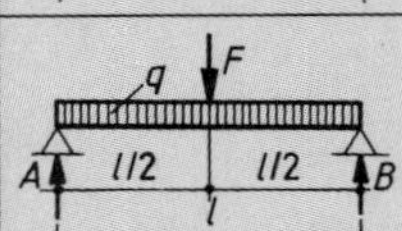 | $A = B = \frac{F}{2} + \frac{q \cdot l}{2}$ $= \frac{F}{2} + \frac{F_q}{2} = \frac{F + F_q}{2}$ | $M = \frac{F \cdot l}{4} + \frac{q \cdot l^2}{8} = \frac{F \cdot l}{4}$ $+ \frac{F_q \cdot l}{8} = \frac{l}{4}\left(F + \frac{F_q}{2}\right)$ |
| 8 | 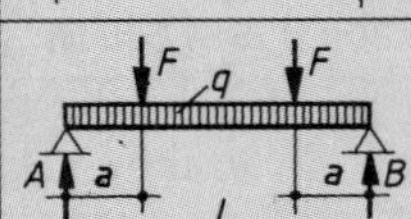 | $A = B = F + \frac{q \cdot l}{2}$ $= F + \frac{F_q}{2}$ | $M = F \cdot a + \frac{q \cdot l^2}{8}$ $= F \cdot a + \frac{F_q \cdot l}{8}$ |
| 9 | 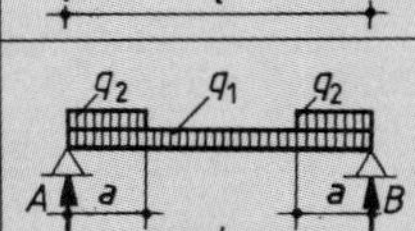 | $A = B = \frac{q_1 \cdot l}{2} + q_2 \cdot a$ $\doteq \frac{F_{q1}}{2} + F_{q2}$ | $M = \frac{q_1 \cdot l^2}{8} + \frac{q_2 \cdot a^2}{2}$ $= \frac{F_{q1} \cdot l}{8} + \frac{F_{q2} \cdot a}{2}$ |
| 10 | 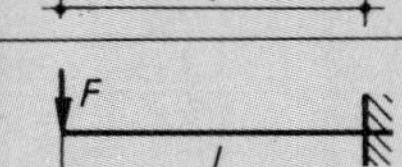 | – | $M = -F \cdot l$ |
| 11 | 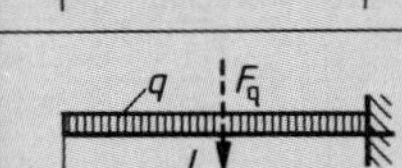 | – | $M = -\frac{q \cdot l^2}{2} = -\frac{F_q \cdot l}{2}$ |

Tabelle **10.33** **Betonstähle nach DIN 488**

| Lieferform | Betonstabstahl (S) | | Betonstahlmatte (M) | Bewehrungsdraht | |
|---|---|---|---|---|---|
| Herstellung | unbehandelt, wärmebehandelt oder kaltverformt | | kaltverformt | | |
| Oberfläche | gerippt in 2 Reihen mit oder ohne Längsrippen | | gerippt in 3 Reihen | glatt (G) | profiliert (P) |
| Kurzname | BSt 420 S | BSt 500 S | BSt 500 M | BSt 500 G | BSt 500 P |
| Kurzzeichen | III S | IV S | IV M | IV G | IV P |
| Streckgrenze $R_e$ in N/mm² | 420 | 500 | 500 | | |
| Zugfestigkeit $R_m$ in N/mm² | 500 | 550 | 550 | | |

Tabelle **10.34** **Nennwerte von Betonstahl BSt 420 S; BSt 500 S; BSt 500 M**

| Nenndurchmesser $d_s$ | Nennquerschnitt $A_s$ in cm² | Nenngewicht $G$ in kg/m | $d_s$ | $A_s$ in cm² | $G$ in kg/m |
|---|---|---|---|---|---|
| 4,0 | 0,126 | 0,099 | 9,5 | 0,709 | 0,556 |
| 4,5 | 0,159 | 0,125 | 10,0 | 0,785 | 0,617 |
| 5,0 | 0,196 | 0,154 | 10,5 | 0,866 | 0,680 |
| 5,5 | 0,238 | 0,187 | 11,0 | 0,950 | 0,746 |
| 6,0 | 0,283 | 0,222 | 11,5 | 1,039 | 0,815 |
| 6,5 | 0,332 | 0,260 | 12,0 | 1,131 | 0,888 |
| 7,0 | 0,385 | 0,302 | 14,0 | 1,54 | 1,21 |
| 7,5 | 0,442 | 0,347 | 16,0 | 2,01 | 1,58 |
| 8,0 | 0,503 | 0,395 | 20,0 | 3,14 | 2,47 |
| 8,5 | 0,567 | 0,445 | 25,0 | 4,91 | 3,85 |
| 9,0 | 0,636 | 0,499 | 28,0 | 6,16 | 4,83 |

Tabelle **10.35** **Stahlbeton-Bauteile: Bemessungstabelle für Biegung mit Längskraft ohne Druckbewertung**

$h = k_h \cdot \sqrt{M/b}$ $A_s = k_s \cdot \frac{M}{h}$ $z = k_z \cdot h$ $x = k_x \cdot h$

mit $M$ in KNm $b$ in m $A_s$ in cm² $h$ in cm $z$ in cm $x$ in cm

| $k_h$ | | | | | | | |
|---|---|---|---|---|---|---|---|
| B 15 | B 25 | B 35 | B 45 | B 55 | $k_s$ | $k_x$ | $k_z$ |
| **für Betonstahl BSt 420 S** (ohne Druckbewehrung) | | | | | | | |
| 9,09 | 7,04 | 6,14 | 5,67 | 5,38 | 4,3 | 0,09 | 0,97 |
| 5,49 | 4,26 | 3,71 | 3,43 | 3,25 | 4,4 | 0,15 | 0,95 |
| 4,12 | 3,19 | 2,78 | 2,57 | 2,43 | 4,5 | 0,21 | 0,93 |
| 3,41 | 2,64 | 2,30 | 2,13 | 2,02 | 4,6 | 0,26 | 0,91 |
| 3,03 | 2,34 | 2,04 | 1,89 | 1,79 | 4,7 | 0,30 | 0,89 |
| 2,78 | 2,15 | 1,88 | 1,73 | 1,64 | 4,8 | 0,34 | 0,87 |
| 2,61 | 2,02 | 1,77 | 1,63 | 1,55 | 4,9 | 0,37 | 0,85 |
| 2,49 | 1,93 | 1,68 | 1,55 | 1,47 | 5,0 | 0,40 | 0,83 |
| 2,39 | 1,85 | 1,62 | 1,49 | 1,42 | 5,1 | 0,44 | 0,82 |
| 2,32 | 1,80 | 1,57 | 1,45 | 1,37 | 5,2 | 0,48 | 0,80 |
| 2,26 | 1,75 | 1,53 | 1,41 | 1,34 | 5,3 | 0,51 | 0,79 |
| 2,22 | 1,72 | 1,50 | 1,38 | 1,31 | 5,4 | 0,54 | 0,78 |
| **für Betonstahl BSt 500 S und 500 M** (ohne Druckbewehrung | | | | | | | |
| 10,2 | 7,9 | 6,9 | 6,4 | 6,0 | 3,6 | 0,08 | 0,97 |
| 5,4 | 4,2 | 3,6 | 3,4 | 3,2 | 3,7 | 0,16 | 0,95 |
| 3,9 | 3,0 | 2,6 | 2,4 | 2,3 | 3,8 | 0,22 | 0,92 |
| 3,2 | 2,5 | 2,2 | 2,0 | 1,9 | 3,9 | 0,28 | 0,90 |
| 2,86 | 2,22 | 1,94 | 1,79 | 1,69 | 4,0 | 0,32 | 0,87 |
| 2,64 | 2,05 | 1,78 | 1,65 | 1,56 | 4,1 | 0,36 | 0,85 |
| 2,49 | 1,93 | 1,68 | 1,55 | 1,47 | 4,2 | 0,40 | 0,83 |
| 2,37 | 1,84 | 1,61 | 1,48 | 1,41 | 4,3 | 0,45 | 0,81 |
| 2,29 | 1,79 | 1,55 | 1,43 | 1,36 | 4,4 | 0,49 | 0,80 |
| 2,22 | 1,72 | 1,50 | 1,38 | 1,31 | 4,5 | 0,54 | 0,78 |

Tabelle **10.**36 **Querschnitte von Plattenbewehrungen $a_s$ in $cm^2/m$**
$s$ = Stababstand, $n$ = Stabzahl

| $s$ in cm | Stabdurchmesser $d_s$ in mm: 6 | 8 | 10 | 12 | 14 | 16 | 20 | 25 | 28 | Stabzahl je m |
|---|---|---|---|---|---|---|---|---|---|---|
| 7,5 | 3,77 | 6,70 | 10,47 | 15,08 | 20,52 | 26,81 | 41,9 | 65,4 | 82,1 | 13,3 |
| 8,0 | 3,53 | 6,28 | 9,82 | 14,14 | 19,24 | 25,1 | 39,3 | 61,4 | 77,0 | 12,5 |
| 8,5 | 3,33 | 5,91 | 9,24 | 13,31 | 18,11 | 23,7 | 37,0 | 57,9 | 72,5 | 11,8 |
| 9,0 | 3,14 | 5,59 | 8,73 | 12,57 | 17,10 | 22,34 | 34,9 | 54,4 | 68,4 | 11,1 |
| 9,5 | 2,98 | 5,29 | 8,27 | 11,90 | 16,20 | 21,2 | 33,1 | 51,6 | 64,8 | 10,5 |
| 10,0 | 2,83 | 5,03 | 7,85 | 11,31 | 15,39 | 20,1 | 31,4 | 49,1 | 61,6 | 10,0 |
| 10,5 | 2,69 | 4,79 | 7,48 | 10,77 | 14,66 | 19,15 | 29,9 | 46,6 | 58,7 | 9,5 |
| 11,0 | 2,57 | 4,57 | 7,14 | 10,28 | 13,99 | 18,28 | 28,6 | 44,7 | 56,0 | 9,1 |
| 11,5 | 2,46 | 4,37 | 6,83 | 9,84 | 13,39 | 17,49 | 27,3 | 42,7 | 53,6 | 8,7 |
| 12,0 | 2,36 | 4,19 | 6,54 | 9,42 | 12,83 | 16,76 | 26,2 | 40,8 | 51,3 | 8,3 |
| 12,5 | 2,26 | 4,02 | 6,28 | 9,05 | 12,32 | 16,09 | 25,1 | 39,3 | 49,3 | 8,0 |
| 13,0 | 2,17 | 3,87 | 6,04 | 8,70 | 11,84 | 15,47 | 24,2 | 37,8 | 47,4 | 7,7 |
| 13,5 | 2,09 | 3,72 | 5,82 | 8,38 | 11,40 | 14,90 | 23,3 | 36,3 | 45,6 | 7,4 |
| 14,0 | 2,02 | 3,59 | 5,61 | 8,08 | 11,00 | 14,36 | 22,4 | 34,9 | 44,0 | 7,1 |
| 14,5 | 1,95 | 3,47 | 5,42 | 7,80 | 10,62 | 13,87 | 21,7 | 33,9 | 42,5 | 6,9 |
| 15,0 | 1,89 | 3,35 | 5,24 | 7,54 | 10,26 | 13,41 | 20,9 | 32,9 | 41,1 | 6,7 |
| 15,5 | 1,82 | 3,24 | 5,07 | 7,30 | 9,93 | 12,97 | 20,3 | 31,9 | 39,7 | 6,5 |
| 16,0 | 1,77 | 3,14 | 4,91 | 7,07 | 9,62 | 12,57 | 19,64 | 30,9 | 38,5 | 6,3 |
| 16,5 | 1,71 | 3,05 | 4,76 | 6,85 | 9,23 | 12,19 | 19,04 | 30,0 | 37,3 | 6,1 |
| 17,0 | 1,66 | 2,96 | 4,62 | 6,65 | 9,05 | 11,83 | 18,48 | 29,0 | 36,2 | 5,9 |
| 17,5 | 1,62 | 2,87 | 4,49 | 6,46 | 8,79 | 11,49 | 17,95 | 27,0 | 35,2 | 5,7 |
| 18,0 | 1,57 | 2,79 | 4,36 | 6,28 | 8,55 | 11,17 | 17,46 | 27,5 | 34,2 | 5,6 |
| 18,5 | 1,53 | 2,72 | 4,25 | 6,11 | 8,32 | 10,87 | 16,94 | 26,5 | 33,3 | 5,4 |
| 19,0 | 1,49 | 2,65 | 4,13 | 5,95 | 8,10 | 10,58 | 16,54 | 26,0 | 32,4 | 5,3 |
| 19,5 | 1,45 | 2,58 | 4,03 | 5,80 | 7,89 | 10,31 | 16,11 | 25,0 | 31,6 | 5,1 |
| 20,0 | 1,41 | 2,51 | 3,93 | 5,65 | 7,69 | 10,05 | 15,72 | 24,6 | 30,8 | 5,0 |
| 20,5 | 1,38 | 2,45 | 3,83 | 5,52 | 7,50 | 9,80 | 15,32 | 23,9 | 30,0 | 4,9 |
| 21 | 1,35 | 2,39 | 3,74 | 5,39 | 7,33 | 9,57 | 14,96 | 23,4 | 29,3 | 4,8 |
| 21,5 | 1,32 | 2,34 | 3,65 | 5,26 | 7,16 | 9,35 | 14,61 | 22,8 | 28,6 | 4,6 |
| 22 | 1,29 | 2,28 | 3,57 | 5,14 | 7,00 | 9,14 | 14,28 | 22,3 | 28,0 | 4,5 |
| 22,5 | 1,26 | 2,23 | 3,49 | 5,03 | 6,84 | 8,94 | 13,96 | 21,6 | 27,4 | 4,4 |
| 23 | 1,23 | 2,19 | 3,41 | 4,92 | 6,69 | 8,74 | 13,66 | 21,3 | 26,8 | 4,3 |
| 23,5 | 1,20 | 2,14 | 3,34 | 4,81 | 6,55 | 8,56 | 13,37 | 20,9 | 26,2 | 4,2 |
| 24 | 1,18 | 2,09 | 3,27 | 4,71 | 6,41 | 8,38 | 13,09 | 20,4 | 25,7 | 4,2 |
| 24,5 | 1,15 | 2,05 | 3,21 | 4,61 | 6,28 | 8,21 | 12,82 | 20,0 | 25,1 | 4,1 |
| 25 | 1,13 | 2,01 | 3,14 | 4,52 | 6,16 | 8,04 | 12,57 | 19,6 | 24,6 | 4,0 |

max $s$ = 15 + $d$/10 ($d$ = Plattendicke in cm) Querbewehrung: $a_{sq} = a_s/5$
min $a_{sa}$: 3Ø6/m bei Betonstabstahl III S u. IV S, 3Ø4,5/m bei Betonstahlmatten IV M

Tabelle **10.**37 **Balkenbewehrung: Stahlquerschnitt $A_s$ in $cm^2$**

| $d_s$ in mm | Stabanzahl: 1 | 2 | 3 | 4 | 5 | 6 | 7 | 8 | 9 | 10 |
|---|---|---|---|---|---|---|---|---|---|---|
| 6 | 0,28 | 0,57 | 0,85 | 1,13 | 1,42 | 1,70 | 1,98 | 2,26 | 2,55 | 2,83 |
| 8 | 0,50 | 1,01 | 1,51 | 2,01 | 2,52 | 3,02 | 3,52 | 4,02 | 4,53 | 5,03 |
| 10 | 0,79 | 1,57 | 2,36 | 3,14 | 3,93 | 4,71 | 5,50 | 6,28 | 7,07 | 7,85 |
| 12 | 1,13 | 2,26 | 3,39 | 4,52 | 5,65 | 6,78 | 7,91 | 9,04 | 10,17 | 11,30 |
| 14 | 1,54 | 3,08 | 4,62 | 6,16 | 7,70 | 9,24 | 10,78 | 12,32 | 13,86 | 15,40 |
| 16 | 2,01 | 4,02 | 6,03 | 8,04 | 10,05 | 12,06 | 14,07 | 16,08 | 18,09 | 20,10 |
| 20 | 3,14 | 6,28 | 9,42 | 12,56 | 15,70 | 18,84 | 21,98 | 25,12 | 28,26 | 31,40 |
| 25 | 4,91 | 9,82 | 14,73 | 19,64 | 24,55 | 29,46 | 34,37 | 39,28 | 44,19 | 49,10 |
| 28 | 6,16 | 12,32 | 18,48 | 24,26 | 30,80 | 36,96 | 43,12 | 49,28 | 55,44 | 61,60 |

Tabelle **10**.38 **Baustahlgewebe®-Lagermatten**

| Länge/ Breite in m | Randeinsparung | Mattenbezeichnung | Mattenaufbau in Längsrichtung / Querrichtung: Stababstände in mm | Stabdurchmesser in mm: Innenbereich | Stabdurchmesser in mm: Randbereich | Anzahl der Längsrandstäbe: links | Anzahl der Längsrandstäbe: rechts | Querschnitte längs/quer $cm^2/m$ | Gewichte je Matte in kg | Gewichte je $m^2$ in kg |
|---|---|---|---|---|---|---|---|---|---|---|
| 5,00<br>2,15 | ohne | Q 131 | 150<br>150 | 5,0<br>5,0 | | | | 1,31<br>1,31 | 22,5 | 2,09 |
| | ohne | Q 188 | 150<br>150 | 6,0<br>6,0 | | | | 1,88<br>1,88 | 32,4 | 3,01 |
| | mit | Q 221 | 150<br>150 | 6,5 /<br>6,5 | 5,0 – | 4 | 4 | 2,21<br>2,21 | 33,7 | 3,14 |
| | mit | Q 257 | 150<br>150 | 7,0 /<br>7,0 | 5,0 – | 4 | 4 | 2,57<br>2,57 | 38,2 | 3,55 |
| | mit | Q 377 | 150<br>150 | 6,0d /<br>8,5 | 6,0 – | 4 | 4 | 3,77<br>3,78 | 56,0 | 5,21 |
| 6,00<br>2,15 | mit | Q 513 | 150<br>100 | 7,0d /<br>8,0 | 7,0 – | 4 | 4 | 5,13<br>5,03 | 90,0 | 6,97 |
| 5,00<br>2,15 | ohne | R 131 | 150<br>250 | 5,0<br>4,0 | | | | 1,31<br>0,50 | 15,8 | 1,47 |
| | ohne | R 188 | 150<br>250 | 6,0<br>4,0 | | | | 1,88<br>0,50 | 20,9 | 1,95 |
| | mit | R 221 | 150<br>250 | 6,5 /<br>4,0 | 5,0 – | 2 | 2 | 2,21<br>0,50 | 21,6 | 2,01 |
| | mit | R 257 | 150<br>250 | 7,0 /<br>4,5 | 5,0 – | 2 | 2 | 2,57<br>0,64 | 25,1 | 2,33 |
| | mit | R 317 | 150<br>250 | 5,5d /<br>4,5 | 5,5 – | 2 | 2 | 3,17<br>0,64 | 29,7 | 2,76 |
| | mit | R 377 | 150<br>250 | 6,0d /<br>5,0 | 6,0 – | 2 | 2 | 3,77<br>0,78 | 35,5 | 3,30 |
| | mit | R 443 | 150<br>250 | 6,5d /<br>5,5 | 6,5 – | 2 | 2 | 4,43<br>0,95 | 41,8 | 3,89 |
| 6,00<br>2,15 | mit | R 513 | 150<br>250 | 7,0d /<br>6,0 | 7,0 – | 2 | 2 | 5,13<br>1,13 | 58,6 | 4,54 |
| | mit | R 589 | 150<br>250 | 7,5d /<br>6,5 | 7,5 – | 2 | 2 | 5,89<br>1,33 | 67,5 | 5,24 |
| | mit | K 664 | 100<br>250 | 6,5d /<br>6,5 | 6,5 – | 4 | 4 | 6,64<br>1,33 | 69,6 | 5,39 |
| | mit | K 770 | 100<br>250 | 7,0d /<br>7,0 | 7,0 – | 4 | 4 | 7,70<br>1,54 | 80,0 | 6,27 |
| | mit | K 884 | 100<br>250 | 7,5d /<br>7,5 | 7,5 – | 4 | 4 | 8,84<br>1,77 | 92,9 | 7,20 |
| 5,00 | ohne | N 94 | 75<br>75 | 3,0<br>3,0 | | | | 0,94<br>0,94 | 15,9 | 1,48 |
| | ohne | N 141 | 50<br>50 | 3,0<br>3,0 | | | | 1,41<br>1,41 | 23,7 | 2,20 |

Der Gewichtsermittlung der Lagermatten liegen folgende Überstände zugrunde:
Q-Matte: Überstände längs: 100/100 mm Überstände quer: 25/25 mm
R-Matte: Überstände längs: 125/125 mm Überstände quer: 25/25 mm
K-Matte: Überstände längs: 125/125 mm Überstände quer: 25/25 mm

**Baustahlgewebe-Lagermatten.** Ausführung mit Mattenabmessungen, Querschnitten und Mattenaufbau nach Tab. **10**.38. In Sonderausführung wie vor, jedoch mit einer Mattenlänge bis zu 12 m. Lagermatten werden als Randsparmatten ausgebildet.
Ausnahme: Q 131, Q 188, R 131, R 188

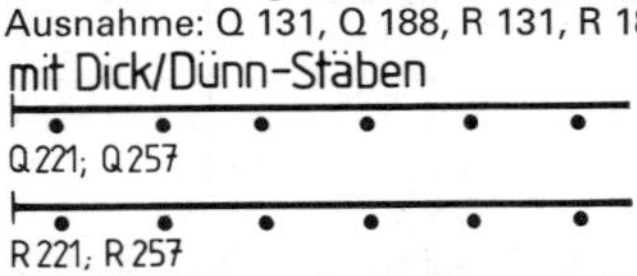


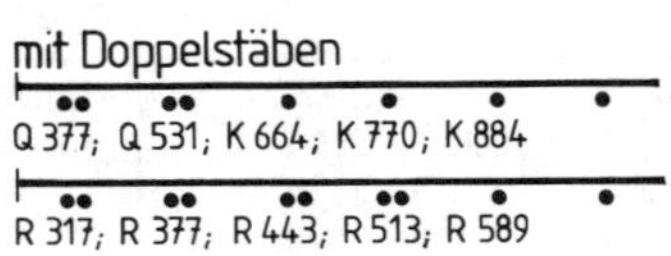


**Randausbildung der Randsparmatten**

Tabelle **10**.39 **Größte Anzahl von Stahleinlagen in einer Lage** ($b_o$ = Balkenbreite)

| $b_o$ in cm | Durchmesser der Stahleinlagen $d_s$ in mm | | | | | | |
|---|---|---|---|---|---|---|---|
| | 10 | 12 | 14 | 16 | 20 | 25 | 28 |
| 10 | 1 | 1 | 1 | 1 | 1 | 1 | 1 |
| 15 | 3 | 3 | 2 | 2 | 2 | 1 | 1 |
| 20 | (5) | 4 | 4 | 4 | 3 | 2 | 2 |
| 25 | 6 | 6 | 5 | 5 | 4 | 3 | 3 |
| 30 | 8 | 7 | 7 | (7) | 6 | 5 | 4 |
| 35 | (10) | 9 | 8 | 8 | 7 | 5 | 5 |
| 40 | 11 | (11) | 10 | 9 | 8 | 6 | 6 |
| 45 | 13 | 12 | 11 | 11 | (10) | 7 | 7 |
| 50 | (15) | 14 | 13 | 12 | 11 | 8 | 8 |
| 60 | 18 | 17 | 16 | 15 | 13 | 10 | 9 |
| Ø Bügel | 6 mm | | | | 8 mm | 10 mm | |

Betondeckung der Bügel $c_{bü}$ = 3,0 cm. Bei den Werten in Klammern werden die geforderte Abstände geringfügig unterschritten.

Tabelle **10**.40 **Rundstahlquerschnitte $A_s\sqrt{2}$ in cm² für Schrägstäbe unter 45°**

| Ø in mm | Anzahl der Schrägstäbe | | | | | | | | | |
|---|---|---|---|---|---|---|---|---|---|---|
| | 1 | 2 | 3 | 4 | 5 | 6 | 7 | 8 | 9 | 10 |
| 10 | 1,1 | 2,2 | 3,3 | 4,4 | 5,6 | 6,7 | 7,8 | 8,9 | 10,0 | 11,1 |
| 12 | 1,6 | 3,2 | 4,8 | 6,4 | 8,0 | 9,6 | 11,2 | 12,8 | 14,4 | 16,0 |
| 14 | 2,2 | 4,4 | 6,5 | 8,7 | 10,9 | 13,1 | 15,2 | 17,4 | 19,6 | 21,8 |
| 16 | 2,8 | 5,7 | 8,5 | 11,4 | 14,2 | 17,1 | 19,9 | 22,8 | 25,6 | 28,4 |
| 20 | 4,4 | 8,9 | 13,3 | 17,8 | 22,2 | 26,7 | 31,1 | 35,5 | 40,0 | 44,4 |
| 25 | 6,9 | 13,9 | 20,8 | 27,8 | 34,7 | 41,7 | 48,6 | 55,5 | 62,5 | 69,4 |
| 28 | 8,7 | 17,4 | 26,1 | 34,8 | 43,5 | 52,3 | 61,0 | 69,7 | 78,4 | 87,1 |

Für Aufbiegungen unter 60° sind die Tafelwerte mit cos 15° = 0,966 zu vervielfachen.

Tabelle **10**.41 **Rundstahlquerschnitte $a_{sbü}$ in cm² für zweischnittige Bügel**

| Ø in mm | Anzahl der Bügel | | | | | | | | | | | | | | |
|---|---|---|---|---|---|---|---|---|---|---|---|---|---|---|---|
| | 1 | 2 | 3 | 4 | 5 | 6 | 7 | 8 | 9 | 10 | 11 | 12 | 13 | 14 | 15 |
| 5 | 0,4 | 0,8 | 1,2 | 1,6 | 2,0 | 2,4 | 2,7 | 3,1 | 3,5 | 3,9 | 4,3 | 4,7 | 5,1 | 5,5 | 5,9 |
| 6 | 0,6 | 1,1 | 1,7 | 2,3 | 2,8 | 3,4 | 4,0 | 4,5 | 5,1 | 5,7 | 6,2 | 6,8 | 7,4 | 7,9 | 8,5 |
| 8 | 1,0 | 2,0 | 3,0 | 4,0 | 5,0 | 6,0 | 7,0 | 8,0 | 9,0 | 10,1 | 11,1 | 12,1 | 13,1 | 14,1 | 15,1 |
| 10 | 1,6 | 3,1 | 4,7 | 6,3 | 7,9 | 9,4 | 11,0 | 12,6 | 14,1 | 15,7 | 17,3 | 18,8 | 20,4 | 22,0 | 23,6 |
| 12 | 2,3 | 4,5 | 6,8 | 9,0 | 11,3 | 13,6 | 15,8 | 18,1 | 20,4 | 22,6 | 24,9 | 27,1 | 29,4 | 31,7 | 33,9 |
| 14 | 3,1 | 6,2 | 9,28 | 12,3 | 15,4 | 18,5 | 21,6 | 24,6 | 27,7 | 30,8 | 33,9 | 36,9 | 40,0 | 43,1 | 46,2 |
| 16 | 4,0 | 8,0 | 12,1 | 16,1 | 20,1 | 24,1 | 28,1 | 32,2 | 36,2 | 40,2 | 44,2 | 48,3 | 52,3 | 56,3 | 60,3 |

Tabelle **10.42** **Abminderungsbeiwert $\varkappa$ für rechteckige Querschnitte**

| $\frac{e_V}{\text{mind.}}$ | für Schlankheitsgrad $\lambda$ 20 | 25 | 30 | 35 | 40 | 45 | 50 | 55 | 60 | 65 | 70 |
|---|---|---|---|---|---|---|---|---|---|---|---|
| 0,30 | 0,77 | 0,71 | 0,65 | 0,60 | 0,54 | 0,48 | 0,43 | 0,37 | 0,31 | 0,26 | 0,20 |
| 0,25 | 0,78 | 0,73 | 0,68 | 0,62 | 0,57 | 0,52 | 0,46 | 0,41 | 0,36 | 0,30 | 0,25 |
| 0,20 | 0,80 | 0,75 | 0,70 | 0,65 | 0,60 | 0,55 | 0,50 | 0,45 | 0,40 | 0,35 | 0,30 |
| 0,15 | 0,81 | 0,76 | 0,72 | 0,67 | 0,63 | 0,58 | 0,53 | 0,49 | 0,44 | 0,40 | 0,35 |
| 0,10 | 0,83 | 0,78 | 0,74 | 0,70 | 0,66 | 0,61 | 0,57 | 0,53 | 0,49 | 0,44 | 0,40 |
| 0,05 | 0,84 | 0,80 | 0,76 | 0,72 | 0,69 | 0,65 | 0,61 | 0,57 | 0,53 | 0,50 | 0,45 |
| 0 | 0,86 | 0,82 | 0,79 | 0,75 | 0,71 | 0,68 | 0,64 | 0,61 | 0,57 | 0,54 | 0,50 |

Tabelle **10.43** **Maße für die Betondeckung, bezogen auf die Umweltbedingungen (Korrosionsschutz) und die Sicherung des Verbunds**

| Umweltbedingungen | Stabdurchmesser $d_s$ in mm | Mindestmaße für ≧ B 25 min *c* in cm | Nennmaße für ≧ B 25 nom *c* in cm |
|---|---|---|---|
| 1. Bauteile in geschlossenen Räumen (s. auch Zeile 3), z. B. in Wohnungen (einschließlich Küche, Bad und Waschküche, (Büroräumen, Schulen, Krankenhäusern, Verkaufsstätten<br>Bauteile, die ständig trocken sind | bis 12<br>14, 16<br>20<br>25<br>28 | 1,0<br>1,5<br>2,0<br>2,5<br>3,0 | 2,0<br>2,5<br>3,0<br>3,5<br>4,0 |
| 2. Bauteile, zu denen die Außenluft häufig oder ständig Zugang hat, z. B. offene Hallen und Garagen<br>Bauteile, die ständig unter Wasser oder im Boden verbleiben, so weit nicht Zeile 3 oder Zeile 4 oder andere Gründe maßgebend sind<br>Dächer mit einer wasserdichten Dachhaut für die Seite, auf der die Dachhaut liegt | bis 20<br>25<br>28 | 2,0<br>2,5<br>3,0 | 3,0<br>3,5<br>4,0 |
| 3. Bauteile im Freien<br>Bauteile in geschlossenen Räumen mit oft auftetender, sehr hoher Luftfeuchte bei üblicher Raumtemperatur, z. B. in gewerblichen Küchen, Bädern, Wäschereien, in Feuchträumen von Hallenbädern und in Viehställen<br>Bauteile, die wechselnder Durchfeuchtung ausgesetzt sind, z. B. durch häufige starke Tauwasserbildung oder in der Wasserwechselzone<br>Bauteile, die „schwachem" chemischen Angriff nach DIN 4030 ausgesetzt sind | bis 25<br>28 | 2,5<br>3,0 | 3,5<br>4,0 |
| 4. Bauteile, die besonders kossorionsfördernden Einflüssen auf Stahl oder Beton ausgesetzt sind, z. B. durch häufige Einwirkung angreifender Gase oder Tausalze (Sprühnebel- oder Spritzwasserbereich) oder durch „starken" chemischen Angriff nach DIN 4030 | bis 28 | 4,0 | 5,0 |

Bei Beton ≧ B 35 dürfen die Mindest- und Nennmaße um 0,5 cm verringert werden. Die Mindestmaße dürfen aber nicht kleiner als der Stabdurchmesser bzw. 1,0 cm sein.

Beton B 15 darf für Stahlbetonbauteile nur bei Umweltbedingungen nach Zeile 1 verwendet werden. Dann sind bei Stabdurchmessern bis 12 mm Mindest- und Nennmaß um 0,5 cm zu vergrößern.

**Betondeckung der Bewehrung**

Der Verbund zwischen Bewehrung und Beton ist durch eine ausreichend dicke, dichte Betondeckung zu sichern. Sie muß in der Lage sein, den Stahl dauerhaft gegen Rosten zu schützen. Die Betondeckung jedes Bewehrungsstabes (auch der Bügel) darf nach Verlegen der Bewehrung bei Normalbeton die Werte min *c* nicht unterschreiten.

Um min *c* einhalten zu können, sind dem Entwurf und der Ausführung die um ein Vorhaltemaß $\Delta c$ vergrößerten Nennmaße nom *c* zugrunde zu legen: nom$c$ = min $c + \Delta c$.

Das Vorhaltemaß $\Delta c$ beträgt meist 1,0 m. Werden die Richtwerte für die Anordnung der Abstandhalter nach Tab. **10.44** eingehalten, darf das Vorhaltemaß auf 0,5 cm verringert werden.

Das Nennmaß nom *c* ist auf der Bewehrungszeichnung anzugeben, beim Ermitteln der Maße der Biegeformen und der Abstandhalter zu beachten und dem Standsicherheitsnachweis zugrundezulegen.

Eine Vergrößerung der Betondeckung kann auch mit Rücksicht auf den Brandschutz oder bei Betonflächen, die durch Verschleiß stark abgenutzt werden, notwendig sein.

Tabelle **10.44** **Abstandhalter-Richtwerte (Abstände, Anzahl, Anordung)**

## Platten

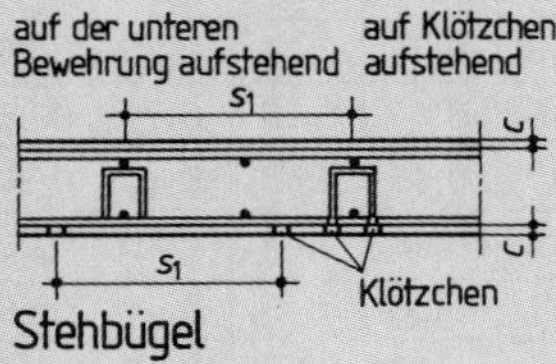


Stabdurchmesser für Stichbügel

| Plattendicke *d* | Stabdurchmesser |
|---|---|
| bis 15 cm | Ø 8 mm |
| 15 bis 30 cm | Ø 12 mm |
| 30 bis 50 cm | Ø 14 mm |
| über 50 cm | Sonderlösung |

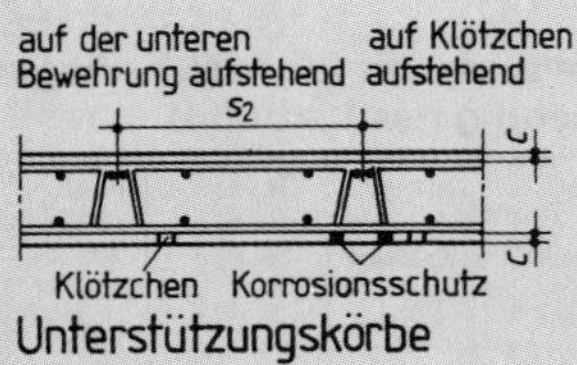


| Ø Trägstäbe | Punktförmige Abstandhalter | | Linienförmige Abstandhalter | |
|---|---|---|---|---|
| | max $s_1$ | Stück/m² | max $s_2$ | lfm/m² |
| bis 6 mm | 50 cm | 4 | 50 cm | 2 |
| 8 bis 14 mm | 50 cm | 4 | 70 cm | 1,4 |
| über 14 mm | 70 cm | 2 | 100 cm | 1 |

## Balken, Stützen

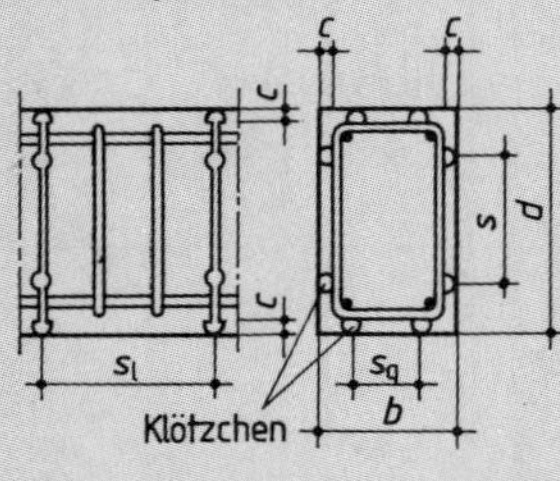


Klötzchen in Längsrichtung

| Ø Längsstäbe | max $s_1$ |
|---|---|
| bis 10 mm | 50 cm |
| 12 bis 20 mm | 100 cm |
| über 20 mm | 125 cm |

Klötzchen in Querrichtung

| *b* bis *d* | Anzahl |
|---|---|
| bis 100 cm | 2 Klötzchen |
| über 100 cm | 3 und mehr Klötzchen max $s_q$ = 75 cm |

## Wände

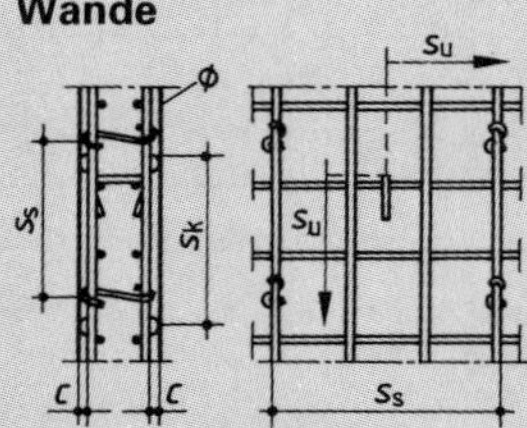


| Ø Trägstäbe | Klötzchen | | S-Haken (nur erforderlich bei $e \leq 2$ Ø) | | U-Haken | |
|---|---|---|---|---|---|---|
| | max $s_k$ | Stück je m² Wand | max $s_s$ | Stück je m² Wand | max $s_u$ | Stück je m² Wand |
| bis 8 mm | 70 cm | 4 | | | | |
| 10 bis 14 mm | 100 cm | 2 | | | 100 cm | 1 |
| über 14 mm | 100 cm | 2 | 50 cm | 4 | | |

c [cm] Betondeckung [Nennmaß] gemäß Bewehrungszeichnung

| | | |
|---|---|---|
| Punktförmige Abstandhalter: |  | z. B. Klötzchen |
| |  | Stehbügel |
| |  | U-Haken |
| |  | S-Haken |
| Linienförmige Abstandhalter: |  | z. B. Unterstützungskorb |

# Ergebnisse der Übungen

1. Beispiele: Mauerpfeiler, Stahl- und Stahlbetonstütze, Holzbalken, Stahlträger und Stahlbetonbalken.
2. Winddruck auf einen hohen Blechschornstein: Gleichgewicht durch die Zugkräfte der Spannseile. Belastung eines Deckenbalkens: Der Balken wird gebogen; der Belastung des Balkens wird durch den Widerstand des Mauerwerks unter den Auflagern (durch die Auflagerdrücke) das Gleichgewicht gehalten. Belastung einer Stahlstütze: Die Stütze wird auf Knikkung beansprucht. Der Stützenlast hält der Widerstand des Fundamentes und des Baugrunds das Gleichgewicht.
3. 4,57 kN/m² Eigenlast + 3,5 kN/m² Verkehrslast = 8,07 kN/m²
4. 0,35 kN/m Eigenlast, 1,6 kN/m Verkehrslast
5. 141,67 kN/m² < 200 kN/m²
6. 218,75 kN/m² > 150 kN/m² Fundament verbreitern
7. $b \sim 60$ cm
8. Fußplatte 33 × 33 cm, Fundament gew. 95 × 95, $d$ gew. = 65 cm
9. gewählt: Vormauerziegel VMz 20 in Mörtelgruppe III Auflagerlänge ≥ 17,4 cm, Untermauerungshöhe ≥ 50,1 cm, -länge ≥ 46,3 cm
10. Auflagerlänge 28 cm, Quader: $b$ = 30,0 cm, erf $l$ = 52 cm, erf $h$ = 42 cm ausgeführt 30 × 61,5 × 50
11. Pfeiler 49 cm × 49 cm, Fundament 1,25 cm × 1,25 cm × 1,00 m
12. 36,5 cm
13. $h_k = 2{,}48$ m
14. $h_k = 2{,}25$ m, $k_1 = 1$, $k_2 = 0{,}36$, $k = 0{,}36$, zul $\sigma_D = 0{,}58$ MN/m²
15. $\beta = 0{,}85$, $k_1 = 1$, $k_2 = 1$, $k_3 = 0{,}74$ $h_k = 2{,}23$ m, zul $\sigma_D = 1{,}04$ MN/m²
16. 37,5 mm
17. U 80 mit vorh $A$ = 11 cm²
18. 244,8 kN
19. 2 · $b/d$ = 10/15 (cm)
20. 2 U 100
21. 16 cm
22. 44 cm, ausgef. 49 cm
23. 56 cm
24. 46 cm
25. a) Brechstange, Beißzange, Schraubenschlüssel, Rundstahlbiegemaschine u. a.
    b) Türklinken, Nußknacker, Hebel an Klappfensterbeschlägen u.a.
26. a) 0,94 kN b) 1,04 kN
    c) 5,94 kN d) 2,14 kN
27. a) 6,63 kN b) 3,76 kN c) 25,33 kN
28. a) $A$ = 46,2 kN $B$ = 43,8 kN
    b) $A$ = 3,39 kN $B$ = 8,01 kN
    c) $A = B$ = 20 kN
    d) A = $B$ = 20 kN
    e) $A = B$ = 60 kN
    f) $A = B$ = 25,1 kN
    Bei symmetrischer Belastung trägt jedes Auflager die halbe Last.
29. Auflagerdruck 46,76 kN, Pfeilermaße 24 cm × 24 cm
30. a) $A$ = 13,26 kN $B$ = 10,74 kN
    b) $A$ = 26,4 kN $B$ = 25,4 kN
    c) $A$ = 19,908 kN $B$ = 37,492 kN
31. a) $A$ = 21,67 kN $B$ = 24,33 kN
    b) $A$ = 21,1 kN $B$ = 11,7 kN
    c) $A$ = 40,64 kN $B$ = 14,56 kN
32. a) $A$ = 27,21 kN $B$ = 59,86 kN
    b) Vormauerziegel VMz 20 in Mörtelgruppe III
33. $R$ = 542,4 kN $e$ = 96 cm von der linken Fundamentkante

34. $e_1$ = 0,426 m von der linken Kante
$e_1$ = 1,46 m von der Unterkante

35. $e$ = 39,3 cm von der linken Steinkante; Kippsicherheit genügt nicht

36. $e$ = 84,5 cm von der linken Mauerkante; Kippsicherheit vorhanden

37. a) $M = -1{,}2$ kNm
b) $M = -17{,}4$ kNm
c) $M = -4{,}35$ kNm

38. s. Tab. **10**.21 und **10**.22

39. **5**.35 b: 8/8 cm, **5**.35 c; I 160,
**5**.35 a: 8/10 cm,
**5**.36 b; 20/24 cm
oder I 180, oder IPB 120,
**5**.36 c: 12/16 cm oder I 100

40. a) $M = 8{,}96$ kNm z. B. 12/24 cm oder I 140
b) $M = 23{,}6$ kNm z. B. 20/28 cm oder I 200
c) $M = 12{,}46$ kNm z. B. 12/26 cm oder I 160

41. a) $M = 12$ kNm 16/22 oder I 160 oder IPB 100
b) $M = 87{,}08$ kNm I 300

42. a) $M = 4{,}39$ kNm 12/16 cm
b) $M = 10{,}32$ kNm 16/20 cm
c) $M = 28$ kNm I 200

43. a) $M = 49$ kNm I 240
b) $M = 30$ kNm I 200
c) $M = 33{,}6$ kNm I 220

44. a) $M = 13{,}2$ kNm I 160
b) $M = 36{,}6$ kNm I 220
c) $M = 35{,}9$ kNm I 220

45. I 160

46. I z. B. I 260

47. I 180 oder z. B. 16/26

48. I 320

49. a) $b/d$ = 10/16
b) $M$ max = 24,10 kNm
c) 2 · I 180 DIN 1025 St 27-2
d) 2 · I 80 DIN 1025 St 37-2
e) Stein der Festigkeitsgruppe 12 in Mörtelgruppe II
f) $b/d$ = 40/80 (in cm)

50. a) $R_v$ = 44,6 kN
b) $e_y$ = 0,045 m
c) $W_y$ = 0,027 $m^3$
d) $\sigma_{links}$ = 185,6 $kNm^2$ < 200
e) $\sigma_{rechts}$ = 37,4 $kN/m^2$ < 200
f) $b'_y$ = 0,31 m
g) $A'$ = 0,31 $m^2$
h) $\sigma_{or}$ = 143,9 $kN/m^2$ < 200

51. a) $G_1$ = 17,52 kN
$G_2$ = 11,04 kN
b) $W$ = 1,26 kN
c) $M_K$ = 1,70 kNm
d) $M_s$ = 3,20 kNm
e) $\eta_K$ = 1,88 > 1,5
f) $M$ = 2,46 kNm
g) $R_v$ = 28,56 kN
h) $e_y$ = 0,086 m < $b_y/G$ = 13,33
i) $\sigma_{links}$ = 58,8 $kN/m^2$
$\sigma_{rechts}$ = 12,64 $kN/m^2$
k) $b'_y$ = 0,628 m
l) $\sigma_{or}$ = 45,48 $kN/m^2$

52. –

53. $R$ = 49 kN

54. $G$ = 24,64 kN $R$ = 28,2 kN
nicht kippsicher

55. $R$ = 265 kN

56. –

57. $R$ = 42,5 kN

58. $R$ = 45,5 kN

59. $G$ = 276 kN $R$ = 402,5 kN

60. $G$ = 17,6 kN $R$ = 20 kN

61. $G$ = 16,4 kN $W$ = 1,5 kN
Mauer ist standsicher

62. $S_1$ = 20 kN $S_2$ = 35 kN

63. $S$ = 9 kN $F$ = 500 $cm^2$
25 cm × 25 cm

64. $Z$ = 32 kN $S$ = 36 kN

65. $G_1$ = 72,13 kN $G_2$ = 79,39 kN
$G_3$ = 71,80 kN $G_4$ = 64,63 kN
$R$ = 287,95 kN

66. $G_1$ = 180 kN $G_2$ = 48 kN
$R$ = 288 kN

67. $R$ = 28 kN

68. –

69. $K_1$ = 12,8 kN $K_2$ = 27,2 kN

70. ohne Pfeilergewicht:
$S_1$ = 152,5 kN $S_2$ = 127,5 kN
mit Pfeilergewicht u. Fundament:
$S_1$ = 187,5 kN $S_2$ = 162,5 kN

71. a) $A = 33{,}7$ kN  $B = 36{,}3$ kN
max $M = 36{,}3$ kNm I 220
b) $A = 56{,}6$ kN  $B = 40{,}4$ kN
max $M = 60{,}6$ kNm I 260

72. $B = 90$ kN  $M_a = 230$ kNm

73. $A = 8{,}7$ kN  $B = 6{,}82$ kN
max $M = 10{,}46$ kNm, I 120

74. a) $A = 2{,}37$ kN  $B = 16{,}63$ kN
max $M = 2{,}60$ kNm
min $M = -4{,}8$ kNm 12/16 cm
b) $A = 34{,}16$ kN  $B = 15{,}8$ kN
max $M = 9{,}48$ kNm
min $M = -14{,}2$ kNm 16/24 cm

75. a) $I_y = 1440$ cm$^4$  $I_z = 1000$ cm$^4$
b) $I_y = 6804$ cm$^4$  $I_z = 4116$ cm$^4$
c) $I_y = 29293$ cm$^4$  $I_z = 17333$ cm$^4$
d) $I = 2485$ cm$^4$

76. Ø 18 cm, Hartholz

77. IPB 180 z. B.

78. 40 cm × 40 cm

79. Pfeilerseite 25 cm,
Fundament 95 × 75 × 50 cm

80. a) 49 cm × 49 cm
b) 25 cm × 25 cm
c) Ø 22 cm  d) 20/20 cm
e) I 240 z. B.  f) IPB 120

81. $O_1 = O_4 = -24{,}0$ kN
$O_2 = O_3 = -19{,}3$ kN
$U_1 = U_3 = +19{,}5$ kN
$D_1 = D_4 = -6{,}6$ kN
$D_2 = D_3 = +6{,}4$ kN
$U_2 = +13{,}1$ kN

82. $O_1 = 32{,}5$ kN  $O_2 = 18{,}5$ kN
$U_1 = U_2 = 18{,}5$ kN
$V_1 = -24{,}5$ kN  $V_2 = 0$
$D = -18{,}25$ kN

83. $d = 14$ cm, gew. R 377

84. $d = 16$ cm,
erf $a_s = 4{,}61$ cm$^2$, gew R 513

85. erf $a_s = 3{,}26$ cm$^2$, gew. R 377

86. erf $a_s = 4{,}17$ cm$^2$, gew. R 443

87. $d = 12$ cm, erf $a_s = 4{,}65$ cm$^2$,
gew. R 317

88. erf $A_s = 5{,}3$ cm$^2$,
gew. 5 Ø 12 BSt IV S

89. erf 6,37 cm$^2$,
gew. z. B. 6 Ø 12 BSt 500 S

90. erf $A_s = 7{,}86$ cm$^2$,
gew. 4 Ø 16 BSt IV S

91. a) $\tau_o = 0{,}95$ N/mm$^2$
b) $\tau_o = 0{,}55$ N/mm$^2$
c) $\tau_o = 1{,}04$ N/mm$^2$

92. 34/60 cm, 7 Ø 12, davon
aufgebogen 4 Ø 12
Bügel 8 Ø 8/m

93. aufgebogen 2 × Ø 16,
Bügel 4 Ø 6/m

# Sachwortverzeichnis